C++ 面向对象程序设计

李丽平　丁宏伟◎主　编

石彦芳　刘丽华◎副主编

清华大学出版社

北　京

内容简介

C++是一种面向对象的程序设计语言，提供了类、模板、函数重载和运算符重载设计等功能，充分支持抽象、继承和多态等面向对象程序设计的特征，方便大型软件的开发。学习 C++语言，就是要掌握面向对象的程序设计思想和解决实际问题的方法。

本书全面讲述了 C++的内容，从基本知识到核心概念，涉及了 C++开发所需的必备知识。在编写过程中，面向对象的思想贯穿始终，并辅以大量有针对性的实例，可以让读者更好地理解各种概念和方法。在每章的后面还提供了丰富的上机实践和习题。

本书既可作为普通高等院校和高职高专院校计算机、软件等相关专业的教材，也可作为所有想全面学习 C++开发技术的人员和使用 C++进行开发的工程技术人员的工具书。

图书在版编目（CIP）数据

C++面向对象程序设计/李丽平，丁宏伟主编．—北京：清华大学出版社，2011.9 (2024.1 重印)

ISBN 978-7-302-27002-7

I. ①C… II. ①李… ②丁… III. ①C 语言-程序设计 IV. ①TP312

中国版本图书馆 CIP 数据核字（2010）第 193141 号

责任编辑：贾小红
封面设计：刘 超
版式设计：文森时代
责任校对：姜 彦
责任印制：杨 艳

出版发行：清华大学出版社
网 址：https://www.tup.com.cn, https://www.wqxuetang.com
地 址：北京清华大学学研大厦 A 座 邮 编：100084
社 总 机：010-83470000 邮 购：010-62786544
投稿与读者服务：010-62776969，c-service@tup.tsinghua.edu.cn
质量反馈：010-62772015，zhiliang@tup.tsinghua.edu.cn
印 装 者：三河市人民印务有限公司
经 销：全国新华书店
开 本：185mm×260mm 印 张：19 字 数：439 千字
版 次：2010 年 9 月第 1 版 印 次：2024 年 1 月第 12 次印刷
定 价：69.80 元

产品编号：044208-04

前　言

C++语言是当今 IT 领域最流行的程序设计语言之一，广泛应用于系统软件及各种大型应用软件的开发。目前，国内高校普遍开设了"面向对象程序设计"类的课程，一些院校更是将 C++语言作为程序设计语言课程的首选。为此，我们在总结多年的教学、培训及开发实践经验的基础上编写了本书。

本书针对程序设计的初学者，以面向对象的程序设计思想为主线，以通俗易懂的方式介绍 C++语言，引导读者以最自然的方式将人类惯有的面向对象的思维方法运用到程序设计中来。本书的宗旨是培养读者面向对象编程的基本能力，因此，在知识体系设计与章节安排上独具匠心，并通过先进的教学理念和深入浅出的讲解风格，循序渐进地展开教学内容。本书具有以下特点：

1．直接提出面向对象的设计思想，读者更容易接受与理解

由于 C++语言既支持面向过程的程序设计方法，又支持面向对象的程序设计方法，所以传统的 C++教材都是先从面向过程的设计思想开始讲授。这样做的缺点是，从面向过程转向面向对象时，读者接受起来会非常困难。本书直接讲授面向对象的程序设计思想，读者更容易接受和理解。

2．概念讲解形象、贴切、透彻，适合初学者学习

本书语言形象生动，在讲解各类概念时，多给予了形象、具体的解释，并且通过实例做了进一步阐述，使读者不仅能知其然，还能知其所以然，在第一次接触这些概念时就能迅速掌握。

3．实例丰富，加深读者的理解

本书在讲解知识点时，贯穿了大量有针对性的实例，使读者在实际的编程体验中能更好地理解各种概念和方法，加深其对 C++语言内涵和精髓的理解程度。

本书共分为 12 章，全面介绍了 C++面向对象程序设计的有关概念与语法，每个章节后还配备了上机实践与习题。书中所有实例程序均在 Visual C++ 6.0 上运行通过。

各章内容如下：

第 1 章 引入面向对象方法。主要介绍面向对象的程序设计方法与思想，并通过一个简单的 C++示例使读者对 Visual C++ 6.0 运行环境有一定的了解。

第 2 章 类和对象的初步认识。主要介绍类和对象的概念以及定义方法；C++的变量与函数、运算符与表达式。

第 3 章 类和对象的提高篇。在第 2 章的基础上进一步讨论类和对象，包括构造函数、析构函数和静态成员等。

第 4 章 流程控制。重点介绍流程控制语句，包括顺序控制语句、选择控制语句和循环控制语句。利用这些流程控制语句，可以让程序的执行逻辑更合理，编码更简单。另外，还简单介绍了变量的作用域。

第 5 章 数组与指针。主要介绍一维数组的定义、初始化与引用；字符数组；指针的用法以及函数参数的传递方式等。

第 6 章 友元。友元机制是对封装机制的补充，它给了程序员更大的灵活性，可以提高程序的运行效率。本章主要介绍友元函数与友元类。

第 7 章 多态性。主要介绍静态多态性，包括函数重载与运算符重载。

第 8 章 继承性与派生类。继承是面向对象程序设计的重要特征，是使代码可以复用的最重要的方法之一。本章详细介绍 C++继承和派生的方法。

第 9 章 动态多态性。多态性是面向对象程序设计的重要特征之一。本章重点介绍动态多态性，包括虚函数，抽象类等。

第 10 章 异常。主要介绍 C++中异常的概念以及处理异常的方法。

第 11 章 模板。主要介绍模板的概念，包括函数模板与类模板。

第 12 章 文件的输入与输出。主要介绍文件、文件流的概念，以及如何从文件中输入数据并将处理的结果输出到文件等。

本书由李丽平、丁宏伟主编，石彦芳、刘丽华任副主编，赵清晨参编。其中，第 6、7、9、11 章由李丽平编写，第 1、2、8 章由丁宏伟编写，第 4、5 章由石彦芳编写，第 3、10 章由刘丽华编写，第 12 章由赵清晨编写。全书的整理、审校工作由李丽平、丁宏伟负责。

由于作者水平有限，书中难免有不足之处，恳请读者批评指正。

编　者

2011 年 8 月

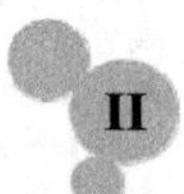

目　　录

第1章　引入面向对象方法

20世纪90年代以来，面向对象的程序设计（Object Oriented Programming，OOP）方法迅速地在全世界流行，并一跃成为程序设计的主流技术。现在，越来越多的软件开发人员采用面向对象的程序语言进行软件开发，这主要是因为面向对象的程序开发模式更接近于人的思维活动，可以在很大程度上提高开发人员的编程能力，并有效减少软件的后期维护成本。

本章主要介绍面向对象的程序设计方法，并通过一个简单的C++示例使读者对Visual C++ 6.0的运行环境有一定的了解。面向对象的程序设计方法和我们之前接触到的编程方法有很大的区别，并且在理解上有一些难点，希望读者能认真体会。

1.1　程序设计基础

1.1.1　计算机语言的种类

我们都知道，使用计算机进行工作时，需要通过操作相应的软件来实现。例如，使用Word软件可以进行文字处理，使用Excel软件可以进行数据统计和表格处理，使用数据库软件可以实现大量数据的存储与管理等。这些软件都是由专业的软件开发人员设计和编写的。

一般来说，日常工作中遇到的问题多数都可以借助现成的应用软件完成，但有时仍然需要为某个具体问题自行开发一些软件。特别是在工程应用领域，经常会遇到大量的具体问题，因此在使用通用软件时，不仅效率低下，而且可能无法完成任务。在这种情况下，自行编制一些具有针对性的应用软件可能是解决问题的唯一方法。

为计算机编写软件时需要使用程序设计语言。目前可用的计算机语言种类非常多，总的来说可以分成机器语言、汇编语言和高级语言3大类。

早期的程序员们使用机器语言编写程序。机器语言由0、1二进制代码构成，是计算机唯一能够识别和执行的语言，因此执行效率极高。但由于机器语言难以记忆和识别，因此手工编写机器语言程序非常繁琐，且非常容易出错。

为了克服机器语言难读、难编、难记和易出错的缺点，人们将一些使用频率较高的算法，用能帮助人们记忆的英文缩写来表示（如用ADD表示加法），于是出现了汇编语言，也叫助记符语言。汇编语言比用机器语言的二进制代码编程要方便些，在一定程度上简化了编程过程。

但汇编语言和机器语言在本质上是相同的，都属于低级语言，即都是面向机器的语言。这类语言和具体机器的指令系统有着密切的关系，由于不同型号的计算机其汇编语言指令系统是不相同的，因此，针对同一问题编制的汇编语言程序在不同种类的计算机间是互不相通的。而且，使用汇编语言，要求程序员必须十分熟悉计算机的硬件结构和其工作原理，这对于非计算机专业的人员来说是很难做到的，对计算机的应用推广也非常不利。

高级语言指的是像 C/C++、Basic、Pascal 等与具体机器无关的语言。采用高级语言进行编程，程序员就不再需要了解计算机的内部结构，而只要按照程序的语法编写程序即可。高级语言具有更强的表达能力，可方便地表示数据的运算和程序的控制结构，能更好地描述各种算法，而且易于学习和掌握，是目前绝大多数编程者的选择。

高级语言所编制的程序称为源程序，不能直接被计算机识别和执行，必须经过转换才能被执行。转换的方式有解释和编译两种。

解释方式类似于日常生活中的口译，即一边将应用程序源代码由相应语言的解释器“翻译”成目标代码（机器语言程序），一边执行，因此效率比较低，而且不能生成可独立执行的可执行文件，应用程序不能脱离其解释器，但这种方式比较灵活，可以动态地调整和修改应用程序。

编译方式可以在应用程序执行之前就将源代码“翻译”成目标代码（机器语言程序），因此其目标程序可以脱离其语言环境独立执行，使用方便，效率较高。但应用程序一旦需要修改，必须先修改源代码，再重新编译生成新的目标文件才能执行，只有目标文件而没有源代码，修改起来很不方便。现在大多数的编程语言都是编译型的，如 C++、Delphi 等。

1.1.2　面向对象程序设计

程序设计指的是设计、编写和调试程序的方法与过程。程序是软件的本体，软件的质量主要通过程序的质量来体现，因此，研究一种切实可行的程序设计方法至关重要。

1．面向过程的程序设计方法

所谓“面向过程”，是指从功能的角度分析问题，将待解决的问题分解成若干个功能模块，每个功能模块描述一个操作的具体过程。结构化程序设计方法是一种典型的面向过程的设计方法，它由 E・W.dijkstra 在 1969 年提出，是以模块化设计为中心，将待开发的软件系统划分为若干个相互独立的模块，使完成每一个模块的工作变得单纯而明确，为设计一些较大的软件打下良好的基础。

结构化程序设计方法的核心包括以下几个方面。

（1）自顶向下、逐步求精的开发方法。结构化程序设计方法将分析问题的过程划分成若干个层次，每一个新的层次都是对上一个层次的细化，即步步深入，逐层细分。

（2）模块化的组织方式。结构化程序设计方法将整个系统分解成若干个模块，每个模块实现特定的功能，最终的系统将由这些模块组装而成。模块之间通过接口传递信息，模块划分应尽可能达到高内聚，低耦合。

（3）结构化的语句结构。结构化程序设计方法只使用顺序、选择和循环 3 种基本结构进行程序设计，任何算法功能都可以通过这 3 种基本结构组合、嵌套构成。

结构化程序设计仍然存在诸多问题，如抽象级别较低、封装性较差、软件代码重用程度较低和软件维护困难等。针对结构化程序设计的缺点，人们提出了面向对象的程序设计

方法。

2．面向对象的程序设计方法

所谓“面向对象”，是指以对象为中心分析、设计和构造应用程序的机制。面向对象的程序设计方法，则是指用面向对象的方法指导程序设计的整个过程。

（1）对象

对象是面向对象程序设计方法中最基本和最核心的概念。

现实世界中，任何事物都是一个对象，它可以是一个有形的、具体存在的事物，如一本书、一辆汽车、一个工厂，甚至一个地球；它也可以是一个无形的、抽象的概念或事件，如学校的校规、企业规章、一场乒乓球比赛、一次到商场的购物过程等。对象既可以很简单，也可以很复杂，复杂的对象可以由若干简单的对象构成，整个世界可以认为是一个非常复杂的对象。

不同的对象具有不同的特征和功能。例如，工厂具有工厂的特征和功能，购物过程具有购物过程的特征和功能。由此可见，现实世界中的对象具有如下 3 个特征。

① 有一个名字用来唯一标识该对象。

② 用一组状态来描述对象的某些特征。

③ 用一组操作来实现其功能。

例如，有一个学生对象，姓名叫王小五，性别为男，学历为大专，专业为软件开发与设计，可从事软件开发、软件测试的工作。这里，“王小五”是这个对象的名字，“男性”、“软件开发与设计专业”和“大专学历”是这个学生的特征，“能从事软件开发、软件测试的工作”是这个学生具有的能力（功能）。

面向对象程序设计中的“对象”和现实世界中“对象”的概念相似，指描述其状态的数据以及对这些数据施加的一组操作封装在一起构成的统一体。简单地说，对象就是数据和操作的封装体。现实世界中，对象的能力通常称为操作或行为；面向对象的程序设计方法中，对象的能力通常称为方法或服务，对象的状态数据通常称为属性。在各种不同的支持面向对象的高级语言中，数据和操作的术语是不同的。在 C++语言中，属性称为数据成员，而服务称为成员函数。图 1-1 形象地描绘了对象。

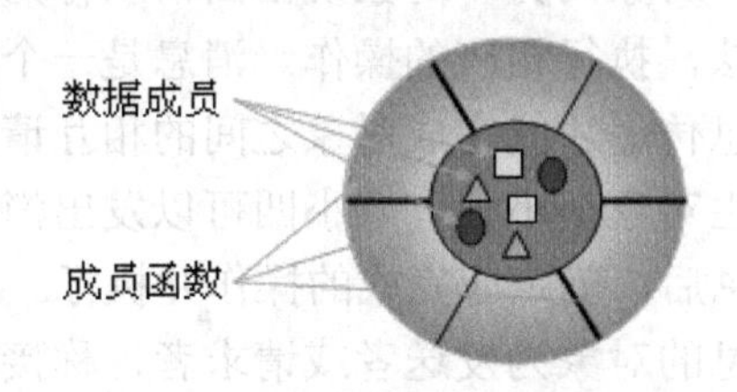

图 1-1　对象

（2）类

类是面向对象程序设计方法中的另一个重要概念。现实世界中，类是对一组相似对象的抽象描述。例如，作为学生对象，有张小三、李小四、王小五等，每个对象有不同的性别、专业和学历特征，有从事不同行业的能力。而学生类则是对学生这类对象所应具有的共同特征和能力集合的抽象描述，即学生这类对象应具有性别、专业和学历特征，应具有从事某种行业的能力。

类和对象之间的关系是抽象和具体的关系。类是对多个对象进行综合抽象的结果，一个对象是类的一个实例。例如，“学生”是一个类，它是由千千万万个具体的学生抽象而来的一般概念。而具体到某一个学生对象王小五，则是学生类的一个实例。图 1-2 描述了类和对象之间的关系。

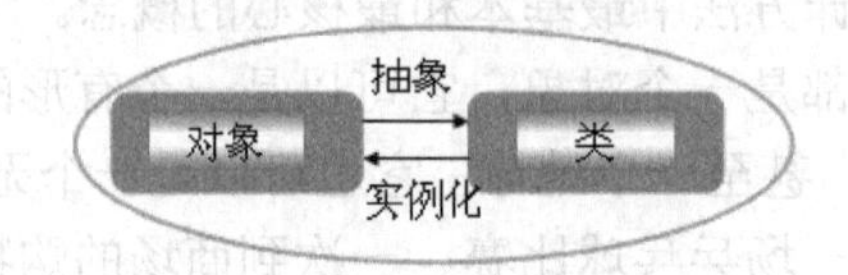

图 1-2　类和对象之间的关系

在面向对象的程序设计方法中，类是具有相同属性和服务的一组相似对象的抽象，或者说，类所包含的属性和服务描述了一组对象的共有属性和服务。也可以这么理解，类是建立某个具体对象时使用的“模型”或“模板”。编程时，总是先声明类，再由类生成对象。因为类是建立对象的“模板”，按照该“模板”可以建立多个具体的对象或实例。

这就好比月饼的制作过程：先雕刻一个有凹下图案的木模，然后抹油并将事先揉好的面塞进木模里，用力挤压后，将木模反扣在桌上，一个漂亮的月饼就制作好了。反复操作，可以制作出多个外形一模一样的月饼。这里，木模就好比是“类”，月饼就好比是“对象”。

（3）消息

现实世界中的对象不是孤立存在的实体，它们之间存在着各种各样的联系，正是它们之间的相互作用、联系和连接，才构成了世间各种不同的系统。同样，在面向对象方法中，对象之间也需要联系，称为对象的交互。面向对象程序设计技术必须提供一种机制，允许一个对象与另一个对象的交互，这种机制称为消息传递。

以实际生活为例，每个人可以为他人服务，也可以要求他人为自己服务。当需要别人为自己服务时，必须告诉他们我们需要的是什么服务，也就是说，要向其他对象提出请求，其他对象接到请求后，才会提供相应的服务。

在面向对象方法中，一个对象向另一对象发出的请求称为消息。当对象接收到发向它的消息时，就调用有关的方法，执行相应的操作。消息是一个对象要求另一对象执行某个操作的规格的说明，通过消息传递才能完成对象之间的相互请求或相互协作。例如，有一个教师对象张大三和一个学生对象李小四，李小四可以发出消息，请求张大三演示一个实验，当张大三接收到这个消息后，确定应完成的操作并执行。

一般情况下，称发送消息的对象为发送者或请求者，称接收消息的对象为接收者或目标对象。对象中的联系只能通过消息传递来进行。接收者或目标对象只有在接收到消息时，才能被激活，然后根据消息的要求完成相应的功能。

（4）面向对象程序设计的基本特征

面向对象程序设计方法模拟人类习惯的解题方法，代表了计算机程序设计的新颖的思维方法。这种方法的提出是对软件开发方法的一场革命，是目前解决软件开发面临困难的

最有希望、最有前途的方法之一。面向对象程序设计具有以下4个基本特征。

① 抽象

抽象是人类认识问题最基本的手段之一，它忽略了一个主题中与当前目标无关的那些方面，以便更充分地注意与当前目标有关的方面。抽象是对复杂世界的简单表示，强调感兴趣的信息，忽略不重要的信息。例如，在设计一个学籍管理系统的过程中，考察某个学生对象时，只关心他的姓名、学号和成绩等，而可以忽略他的身高、体重等信息。

抽象在系统分析、系统设计以及程序设计的发展中一直起着重要的作用。在面向对象程序设计方法中，对一个具体问题的抽象分析的结果，是通过类来描述和实现的。

例如，在学籍管理系统中，对学生进行归纳、分析，抽取出其中的共性，可以得到姓名、学号和成绩等共同的属性，它们组成了学生的数据抽象部分；数据输入、修改和输出等共同的行为，则构成了学生的行为抽象部分。

如果开发一个学生健康档案程序，所关心的特征就有所不同了。可见，即使对同一个研究对象，由于所研究问题的侧重点不同，也可能产生不同的抽象结果。

② 封装

在现实世界中，所谓封装就是把某个事物包围起来，使外界不知道该事物的具体内容。在面向对象程序设计中，封装是指把数据和实现操作的代码集中起来放在对象内部，并尽可能隐蔽对象的内部细节。对象好像是一个不透明的黑盒子，表示对象属性的数据和实现各个操作的代码都被封装在黑盒子里，从外面是看不见的，更不能直接访问或修改这些数据及代码。使用一个对象时，只需知道它向外界提供的接口形式而无需知道它的数据结构细节或实现操作的算法。

对象的封装机制可以将对象的使用者与设计者分开，使用者不必知道对象行为实现的细节，只需要使用设计者提供的接口让对象去执行。封装的结果实际上隐藏了复杂性，并提供了代码重用性，从而降低了开发一个软件系统的难度。

③ 继承

继承在现实生活中是一个很容易理解的概念。例如，每个人都从父母身上继承了一些特性，如种族、血型和眼睛的颜色等。我们身上的特性来自于父母，也可以说，父母是我们所具有的属性的基础。

再以动物学中对动物继承性的研究为例。图 1-3 说明了哺乳动物、狗和柯利狗之间的继承关系。哺乳动物是一种热血、有毛发、用奶哺育幼仔的动物；狗是哺乳动物，具有哺乳动物的所有特性，同时还具有区别于其他哺乳动物（如猫、大象等）的特征，如有犬牙、食肉、特定的骨骼结构、群居等；柯利狗是尖鼻子、身体红白相间、适合放牧的狗，同样具有狗的所有特征。

在继承链中，每个类继承了它前一个类的所有特性，图 1-3 中的继承关系是：狗是哺乳动物，柯利狗是狗，即狗类继承了哺乳动物类的特性，柯利狗类继承了狗类的特性。

以面向对象程序设计的观点，继承所表达的是类之间相关的关系，这种关系使得某一类可以继承另外一个类的特征和能力。例如，可以定义一个描述哺乳动物的类 Mammal，通过继承机制定义类 Dog，类 Dog 自动拥有类 Mammal 的所有特征和能力，并且在定义类

Dog时，除了继承类Mammal的所有特征和能力外，还可添加新的特征和能力以区别于其他哺乳动物。这时，称被继承的类Mammal为基类或父类或超类，而称继承类Dog为Mammal的派生类或子类。同时也可以说，类Dog是从类Mammal中派生出来的。

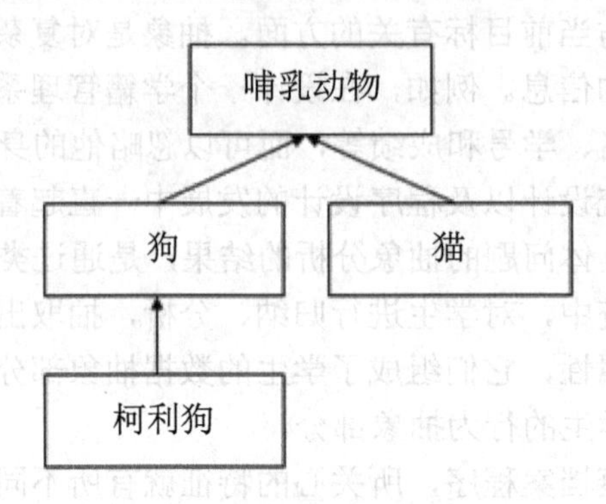

图1-3　动物学中的继承性

图1-3中，狗类是从哺乳动物类派生出来的，而柯利狗类又是从狗类派生出来的，这就构成了类的层次。哺乳动物类是狗类的直接基类，是柯利狗类的间接基类，柯利狗不但继承它的直接基类的所有特性，还继承它的所有间接基类的特征。

面向对象程序设计为什么要提供继承机制？或者说继承有什么作用？继承的作用有两个：一是避免公用代码的重复开发，减少代码和数据冗余；二是通过增强一致性来减少模块间的接口和界面。

如果没有继承机制，那么每次软件开发都要从零开始，并且类的开发者在构造类时"各自为政"，使类与类之间没有什么联系，分别是一个个独立的实体。继承使程序不再是毫无关系的类的堆砌，而是具有良好的结构。

继承机制为程序员提供了组织、构造和重用类的一种手段。继承使得基类的属性和操作被派生类重用，在派生类中只需描述其基类中没有的属性和操作即可。这样就避免了公用代码的重复开发，增加了程序的可重用性，减少了代码和数据的冗余。

继承机制是面向对象方法的关键技术。这是因为类的继承性所构成的层次关系和人类认识客观世界的过程和方法吻合，从而使得人们能够用和认识客观世界一致的方法来设计软件。

④ 多态性

面向对象程序设计的另一个重要特性是多态性。所谓多态，是指一个名字有多种语义。下面我们考察多态性问题的一个类比问题。假设一辆汽车停在了属于别人的车位上，司机可能会听到这样的要求：请把车挪开。司机在听到请求后，所做的反应应该是把车开走；在家里，一把小椅子挡住了孩子的去路，她可能会请求妈妈：请把小椅子挪开，妈妈过去搬起小椅子，放到一边。在这两件事情中，司机和妈妈的工作都是挪开一样东西，但是他们在听到请求以后的行为是截然不同的。对于挪开这个请求，还可以有更多的行为与之对应。"挪开"从字面上看是相同的，但由于作用的对象不同，操作的方法也就不同。

与此类似，面向对象程序设计中的多态性是指不同的对象收到相同的消息时产生多种

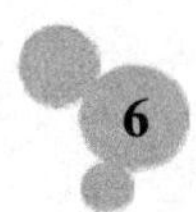

不同的行为方式。例如，有一个窗口（Window）类对象，还有一个扑克牌（PlayingCard）类对象，现在对它们都发出“移动”的消息，“移动”操作在 Window 类对象和 PlayingCard 类对象上可以有不同的行为。

C++语言支持两种多态性，即编译时的多态性和运行时的多态性。编译时的多态性是通过重载来实现的，运行时的多态性是通过虚函数来实现的（详细内容见第 7 章和第 9 章）。多态性增强了软件的灵活性和重用性，为软件的开发和维护提供了极大的便利，尤其是采用了虚函数和动态联编机制后，允许用户以更为明确、易懂的方式去建立通用的软件。

（5）面向对象程序设计的优点

面向对象程序设计方法是软件开发史上的一个重要里程碑。这种方法从根本上改变了人们以往设计软件的思维方式，程序员将精力集中于要处理对象的设计和研究上，极大地减少了软件开发的复杂性，提高了软件开发的效率。面向对象程序设计主要具有以下优点。

① 真实的建模

因为我们生活在对象世界中，面向对象程序设计方法能更精确地模仿现实世界，符合人们习惯的思维方法，便于分解大型的、复杂多变的问题。

② 可提高程序的可重用性

重复使用一个类，可以方便地构造出软件系统，加上继承机制，极大地提高软件的开发效率。

③ 可改善程序的可维护性

用传统程序设计语言开发出来的软件很难维护，这是长期困扰人们的一个严重问题，是软件危机的突出表现。但面向对象程序设计方法所开发的软件可维护性较好。在面向对象程序设计中，对对象的操作只能通过消息传递来实现，所以只要消息模式即对应的方法界面不变，方法体的任何修改都不会导致发送消息的程序的修改，这显然为程序的维护带来了方便。此外，类的封装和信息隐藏机制使得外界对其中的数据和程序代码的非法操作成为不可能，这也就大大地减少了程序的错误率。

由于面向对象程序设计具有上述优点，它是目前解决软件开发面临难题的最有希望、最有前途的方法之一。

1.2　C++语言的产生和特点

1.2.1　C++语言的产生

FORTRAN 语言是世界上第一种计算机高级语言，诞生于 1954 年，其后出现了多种计算机高级语言，其中使用最广泛、影响最大的是 BASIC 语言和 C 语言。

BASIC 语言于 1964 年在 FORTRAN 语言的基础上简化而成，它是为初学者设计的小型高级语言。C 语言是一种高效的编译型结构化程序设计语言，于 1972 年由美国贝尔实验室的 Dennis Ritchie 研制成功。C 语言最初用作 UNIX 操作系统的描述语言，其功能强、性能好，能像汇编语言那样高效、灵活，又支持结构化程序设计。随着 UNIX 操作系统的广泛应用，C 语言赢得了程序员们的青睐，到了 20 世纪 80 年代已经广为流行，成为一种应用广泛的程序设计语言。

但 C 语言也存在如下局限性。

（1）C 语言类型检查机制较弱，这使得程序中的一些错误不能在编译阶段被发现。

（2）C 语言本身几乎没有支持代码重用的机制，这使得各个程序的代码很难被其他程序所用。

（3）C 语言不适合大型项目的开发，当项目的规模达到一定程度时，程序员很难控制项目的复杂性。

为满足日益增长的软件开发需求，1980 年，美国贝尔实验室的 Bjarne Stroustrup 博士及其同事开始对 C 语言进行改编，在其基础上增加了面向对象的特性，开发出一种过程性与面对象性结合的程序设计语言。最初，他们把这种新的语言叫做"带类的 C"，1983 年，这种语言被正式命名为 C++。

C++语言继承了 C 语言的原有精髓，如高效率、灵活性等，增加了对开发大型项目颇为有效的面向对象机制，弥补了 C 语言不支持代码重用、不适宜开发大型项目的不足，成为一种既可用于表现过程模型，又可用于表现对象模型的优秀的程序设计语言。

1.2.2　C++语言的特点

C++语言得到了越来越广泛的应用，它继承了 C 语言的优点，并拥有一些自己的特点，主要表现在以下几个方面。

（1）C++语言包含了 C 语言的全部特征、属性和优点。可以认为 C 语言是 C++语言的一个子集。C++语言全面兼容 C 语言，许多 C 语言代码不经修改就可以直接为 C++语言所用，用 C 语言编写的众多库函数和实用软件也可以自由地应用于 C++环境中。

（2）C++语言增加了面向对象的编程机制，可以方便地构造出模拟现实问题的实体和操作。C++语言和 C 语言的本质区别在于：C++语言是面向对象的，而 C 语言是面向过程的。

（3）用 C++语言编写的程序可读性更好，代码结构更为合理，生成代码的质量高，运行效率仅比汇编语言代码段慢 10%~20%。

（4）节省开发时间和开发费用，且所开发软件的可重用性、可扩充性、可维护性和可靠性等性能有了很大的提高，使得大中型项目的开发设计变得更加容易。

目前，C++语言已经成为广泛使用的通用程序设计语言，国内外使用和研究 C++语言的人迅猛增加，优秀的 C++版本和配套的工具软件不断涌现。

1.3　C++程序中的类和对象

1.3.1　C++程序中的类

C++语言是在 C 语言的基础上扩充了面向对象机制而形成的一种面向对象的程序设计语言，支持类、对象、派生、继承和多态等概念和语言机制。下面给出一个简单的 C++示

例，以便读者对 C++中的类能有一个初步的了解。

例 1-1 一个简单的 C++示例。

```
#include <iostream.h>
//类的声明部分
class Car
{
private:
      char color[10];
public:
      void honk() //类 Car 中的成员函数
      {
            //语句
            cout<<"BEEP BEEP!";
      }
};
```

上述代码的说明如下：

❶ class 关键字用来声明一个类，大括号用来指明类体的开始和结束，分号用来结束类的声明。例如，

```
class Car
{
    … …
};
```

❷ class 关键字之后为类的名字。这里，Car 是类名。类名必须遵守一定的命名规则，并应尽量遵守命名惯例。

- 命名规则：类名必须由字母、数字和下划线（_）组成，且不能以数字开头；关键字（如 if、class 等）不可用作类名。
- 命名惯例：类名应该是有意义的；类名最好是名词；如果类名包含一个以上的单词且不用下划线的话，则类名中每个单词的第一个字母应采用大写。例如，描述职工家属的类名可以为 Employee Dependent。
- 命名规则是创建类时必须要遵守的，而命名惯例则不是强制性的，是开发人员在编码过程中应遵循的约定，或者说是初学者应努力养成的良好习惯。

❸ 在Car这个类中，color是其数据成员，用来描述Car的颜色属性。

❹ 对象通过传递消息和对消息的响应发生彼此交互，C++中传递消息的任务可通过成员函数来完成。函数是为响应消息而执行特定任务的一组语句。对象的函数称为成员函数，需要在类体内声明。例如，

```
class Car
{
    //成员函数
    void honk()
    {
```

```
        //语句
    }
};
```

❺ 在 Car 类的成员函数 honk()中包含一条语句“cout<<"BEEP BEEP!";”，该语句的功能是在显示器上输出字符串“BEEP BEEP!”。C++包含许多预定义类。cout 对象是预定义类 ostream 的实例。类 ostream 与标准输出设备相关联，这意味着传递给 cout 对象的任何值都将在屏幕上显示。输出操作符“<<”用来引导数据到标准的输出设备。例如，

```
cout<<"Hello"<<endl<<"World"<<endl;
```

将在屏幕上显示：

```
Hello
World
```

其中，endl 是操纵符，表示将光标带到新行的命令。

❻ 由于流对象 cout、“<<”和 endl 的定义均包含在文件 iostream.h 中，因此在程序开始时需要有“#include<iostream.h>”的声明。C++语言中，以# 开头的行称为编译预处理行，#include 称为文件包含预处理命令。因此，“#include <iostream.h>”语句的作用是在编译之前将文件 iostream.h 的内容包含到本程序中，作为其一部分使用。

1.3.2 C++程序中的对象

例 1-1 中仅包含类 Car 的声明部分。通过前面面向对象程序设计方法的介绍我们知道，类是抽象的，是建立某个具体对象时使用的模型或模板。在编程时，总是先声明类，再由类生成其对象。因此面向对象的程序除了包含类的声明部分外还需包含类的使用部分。

例 1-2 类的使用。在例 1-1 的基础上增加 main()函数，并在 main()中使用类。

```
#include <iostream.h>
//类的声明部分
class Car
{
private:
    char color[10];
public:
    void honk() //类 Car 中的成员函数
    {
        //语句
        cout<<"BEEP BEEP!";
    }
};

//main()函数
void main()
{
```

```
    //类的使用
    Car c1;  //由类生成对象 c1
    c1.honk();//向对象 c1 发送消息，调用成员函数 honk()
}
```

说明：

❶ main()表示主函数，是程序的入口。每一个 C++程序必须有一个 main()函数。main()前面的 void 表示该 main()函数没有返回值。函数体用花括号{}括起来。需注意，main()函数是在类 Car 的外面定义的，不是类 Car 的成员函数。

❷ main()函数中的第一条语句“Car c1;”的功能是由类 Car 生成对象 c1。

❸ main()函数中的第二条语句“c1.honk();”的功能则是向对象 c1 发送消息，调用成员函数 honk()完成对该消息的响应。

1.3.3 C++程序的书写格式

C++程序的书写格式比较自由，但也需注意以下问题。

（1）C++程序中每一条语句必须以分号（;）结束，一行内可以写多条语句（语句之间用“;”隔开），一个语句也可以分成几行来写。

为了便于程序的阅读、修改和相互交流，程序中语句的书写应符合以下基本规则：

① 同层次语句必须从同一列开始书写，同层次的花括号必须与对应的闭括号在同一列上。

② 属于内一层次的语句必须缩进几个字符，通常缩进 2 个、4 个或 8 个字符的位置。

（2）C++程序严格区分字母的大小写。例如：

```
class Car
{
        //...
};
class car
{
        //...
};
```

上述代码是合法的，表示声明了两个不同的类：Car 和 car。

（3）要适当使用 C++注释。注释是对源程序起解释说明作用的文本信息，适当使用注释，可以增强程序代码的可读性和可维护性。

C++支持两种格式的注释：行注释和块注释。行注释用两个连续的“/”字符开始，它表示从此开始到本行结束的内容都为注释内容。块注释用“/*”和“*/”把注释内容括起来，其中可以包含一行或多行内容。例如，

```
//类的声明部分
/* 这是块注释 */
```

1.4 编写和执行C++程序

在1.3节中，我们编写了一个简单的C++程序。接下来，该如何运行这个C++程序呢？首先来了解一下C++程序的开发环境。

1.4.1 C++程序的开发环境

使用C++语言开发一个应用程序首先要选择编译器。目前可以使用的C++编译器比较多，本书选择Visual C++ 6.0（简称VC++ 6.0），书中的所有实例都是在VC++ 6.0中调试通过的。下面简单介绍在VC++ 6.0集成开发环境下运行C++程序的方法，初步掌握C++的上机操作。

如图1-4所示为VC++ 6.0的集成开发环境（IDE）。和传统的Windows界面一样，VC++ 6.0界面包含菜单栏、工具栏、状态栏以及工作窗口。

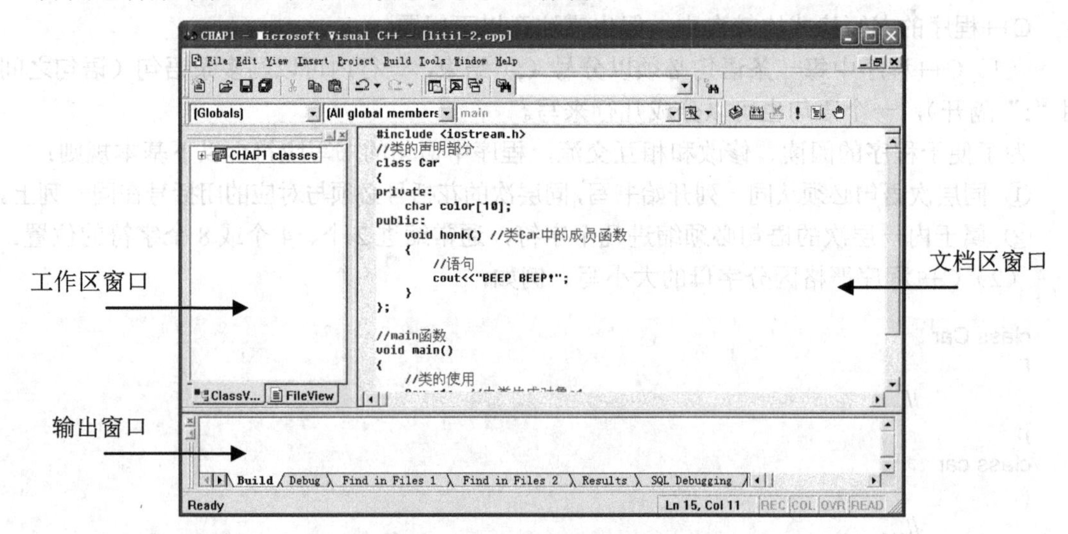

图1-4 VC++ 6.0集成开发环境

VC++6.0的主界面分为3部分：文档区窗口、工作区窗口和输出窗口。

（1）文档区窗口

文档区窗口可以显示各种类型的文档，如源代码文件、头文件和资源文件等。可以同时打开多个文档窗口，程序的编辑工作都在这些窗口中完成。

（2）工作区窗口

在工作区窗口中列出了工程中的所有文件和资源，用户可以快速地在项目中的各个文件之间切换，查看类的定义及其文件的内容。此窗口有3个选项卡：ClassView、ResourceView和FileView。

① ClassView选项卡：项目中的所有类、全局变量和全局函数等以树状形式显示在该选项卡中。用户可以在此查看某个类的数据成员和成员函数，并可添加新类。

② ResourceView选项卡：项目中所用到的资源以树状形式显示在该选项卡中。

③ FileView 选项卡：项目中的所有文件，包括.h 的头文件、.cpp 的源文件等以树状形式显示在该选项卡中。双击某一个文件名便可以打开对应的编辑器编辑该文件。在该选项卡中也可向项目中添加、删除文件。

（3）输出窗口

输出窗口显示编译的提示信息，帮助程序员检查程序中的语法错误。如图 1-5 所示，程序在编译时报错，出错信息显示在输出窗口中。

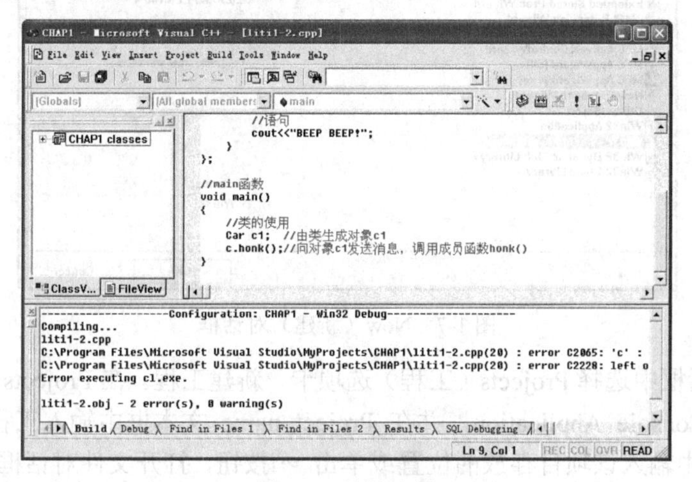

图 1-5　编译出错

1.4.2　C++程序的编译、链接和运行

下面以例 1-2 为例说明 C++程序从编写到最后运行得到结果要经历的步骤。

（1）根据用户需求，编写 C++源程序

在 VC++ 6.0 的编辑器中，将设计好的 C++源程序输入到计算机中，并保存为.cpp 文件。具体步骤为：

① 单击“开始”菜单，选择“程序”→Microsoft Visual Studio 6.0→Microsoft Visual C++ 6.0 命令，启动 VC++ 6.0，如图 1-6 所示。

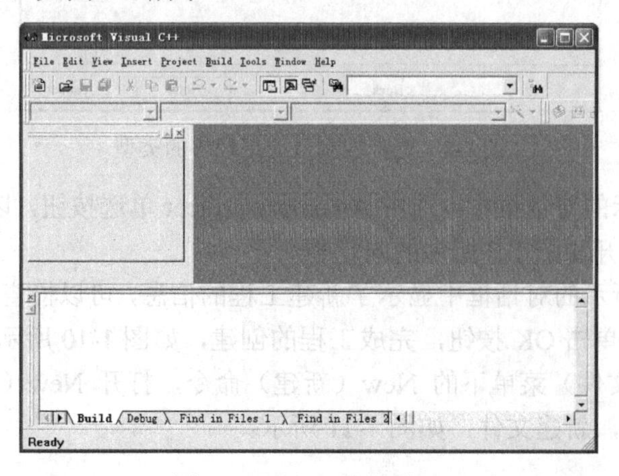

图 1-6　VC++ 6.0 主窗口

② 选择 File（文件）菜单下的 New（新建）命令，打开 New（新建）对话框，如图 1-7 所示。

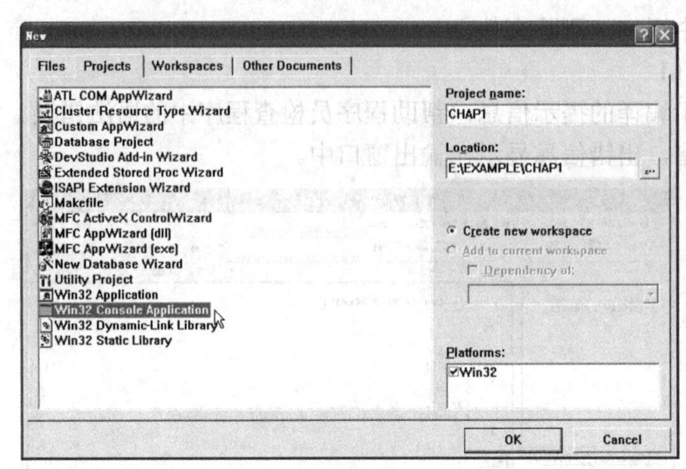

图 1-7　New（新建）对话框

在 New 对话框中选择 Projects（工程）选项卡，新建工程。在 Projects 选项卡中选择工程类别 Win32 Console Application，并在 Project name 文本框中输入工程名 CHAP1，在 Location 文本框中输入该项目存放的位置或单击 ··· 按钮，打开文件对话框选择项目存放的位置。单击 OK 按钮，打开如图 1-8 所示的对话框。

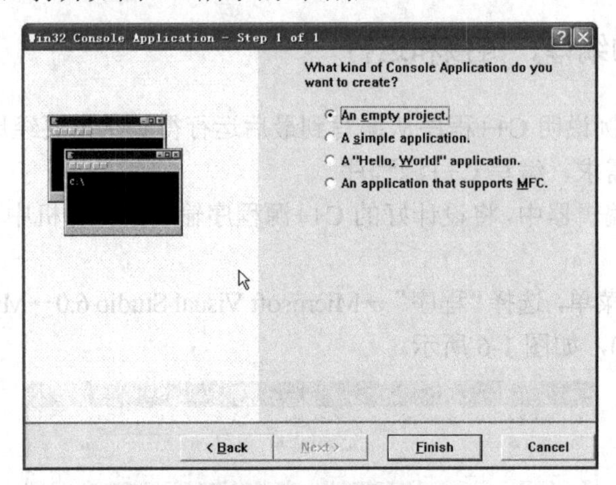

图 1-8　选择控制台应用程序的类型

③ 在图 1-8 所示的对话框中，选中 An empty project 单选按钮，以创建一个空的项目，单击 Finish 按钮，打开如图 1-9 所示的对话框。

④ 在如图 1-9 所示的对话框中显示了新建工程的信息，可以检查一下相关选项是否选择正确。如果无误，单击 OK 按钮，完成工程的创建，如图 1-10 所示。

⑤ 选择 File（文件）菜单下的 New（新建）命令，打开 New（新建）对话框，选择 Files（文件）选项卡，新建文件，如图 1-11 所示。

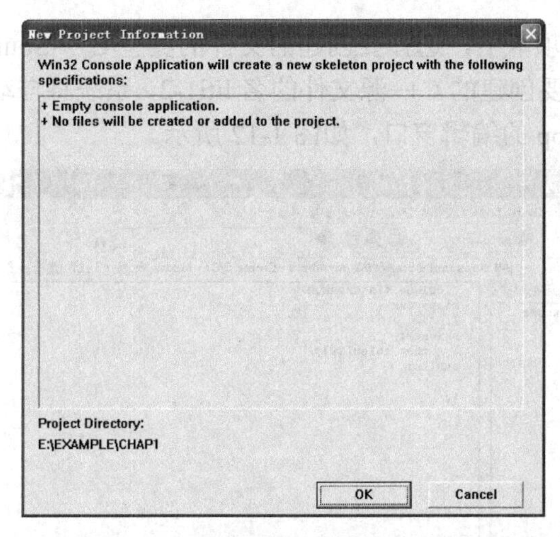

图 1-9　New Project Information（新建项目信息）对话框

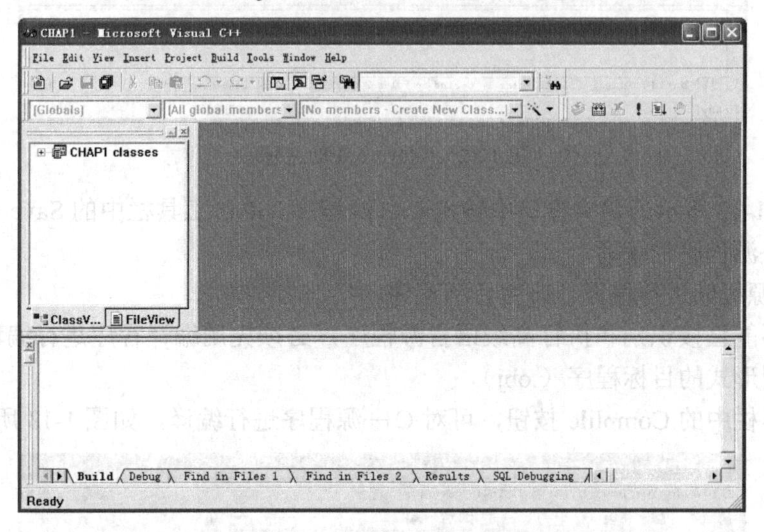

图 1-10　VC++ 6.0 的主窗口

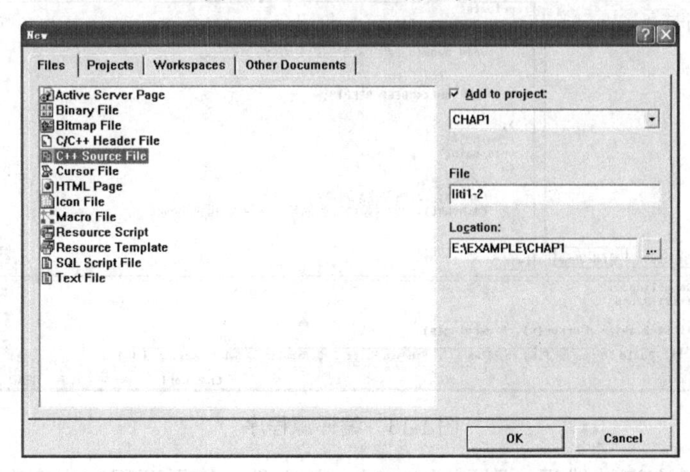

图 1-11　New（新建）对话框

在 Files（文件）选项卡中，选择要创建的文件的类型 C++ Source File（C++源文件），并在 File 文本框中输入要创建的 C++源文件的名 liti1-2，系统将自动添加扩展名.cpp。单击 OK 按钮，打开 liti1-2.cpp 的编辑窗口，如图 1-12 所示。

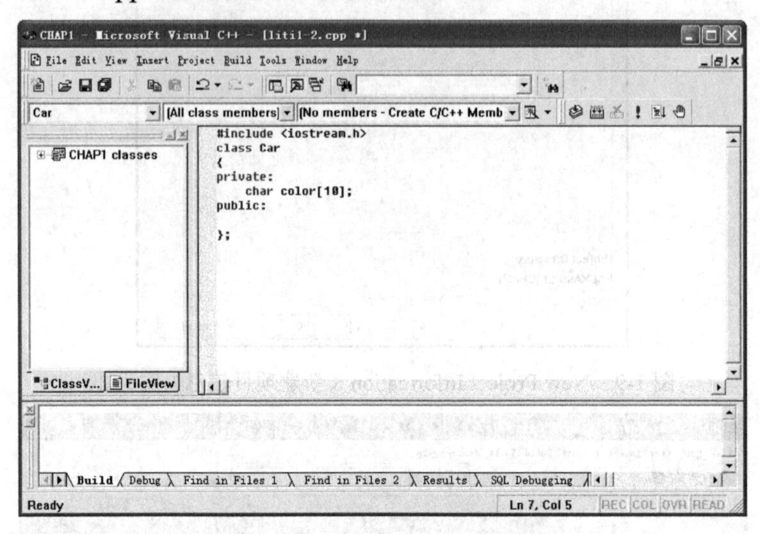

图 1-12 VC++ 6.0 的主窗口

⑥ 在图 1-12 所示的编辑窗口中输入 C++源程序。单击工具栏中的 Save（保存）按钮，即可完成 C++源程序的编写。

（2）对源程序进行编译，产生目标程序

计算机不能直接识别和执行高级语言源程序，必须先用编译程序进行编译，将源程序翻译成二进制形式的目标程序（.obj）。

单击工具栏中的 Complile 按钮，可对 C++源程序进行编译，如图 1-13 所示。

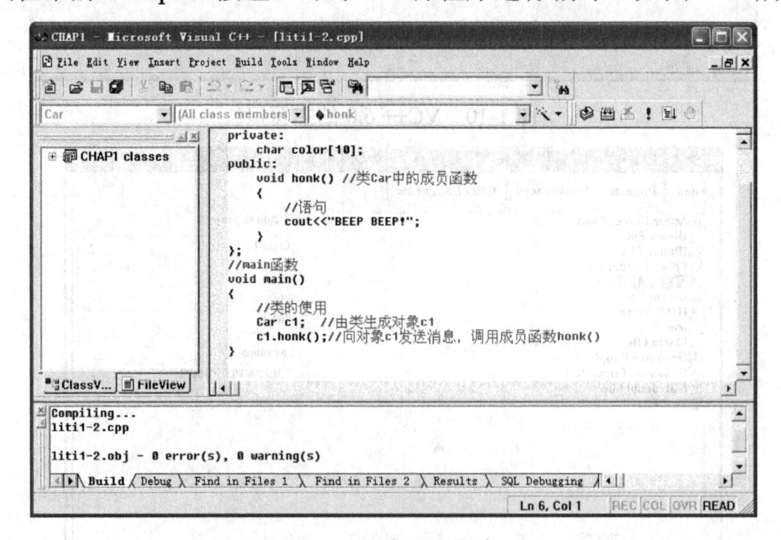

图 1-13 编译源程序

如果源程序没有语法错误，则生成 liti1-2.obj 文件；如果源程序中存在语法错误，则在

输出窗口中显示相应的错误信息，程序员根据错误提示修改源程序，然后重新编译，直到没有错误，生成相应的目标文件为止。

（3）将目标文件链接成可执行文件

源程序经过编译程序的编译，生成一个或多个目标文件。目标文件虽然是二进制形式，但还不能执行，需使用系统提供的链接程序将一个程序的所有目标程序和系统的库文件以及系统提供的其他信息链接起来，最终形成一个可执行的二进制文件，扩展名为.exe。

单击工具栏中的 Build 按钮进行链接，生成 liti1-2.exe 文件，链接信息将显示在输出窗口中，如图 1-14 所示。

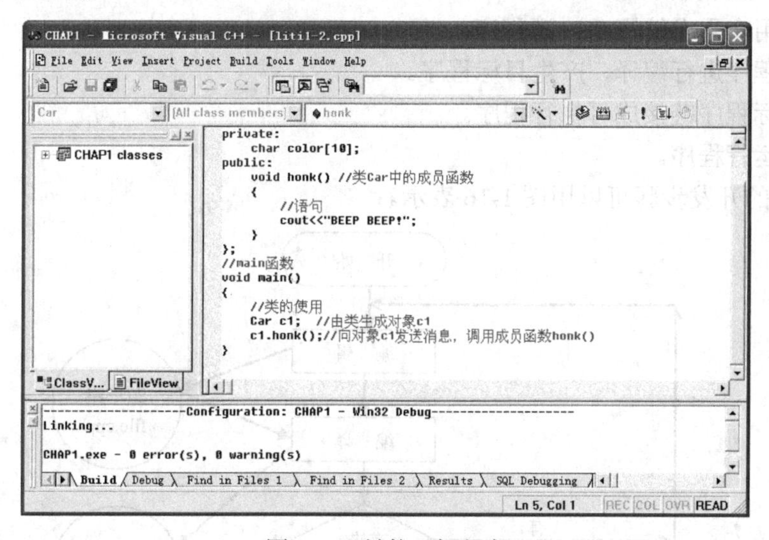

图 1-14　链接目标程序

（4）调试运行程序

运行可执行文件，输入测试数据，得到运行结果，分析运行结果是否正确，如果不正确，应检查源程序是否有误。

单击工具栏中的 Build Execute 按钮，运行 liti1-2.exe 文件，打开如图 1-15 所示的运行窗口，该例不需输入数据，只是在运行窗口中输出一行信息。按任意键可以返回编辑窗口。

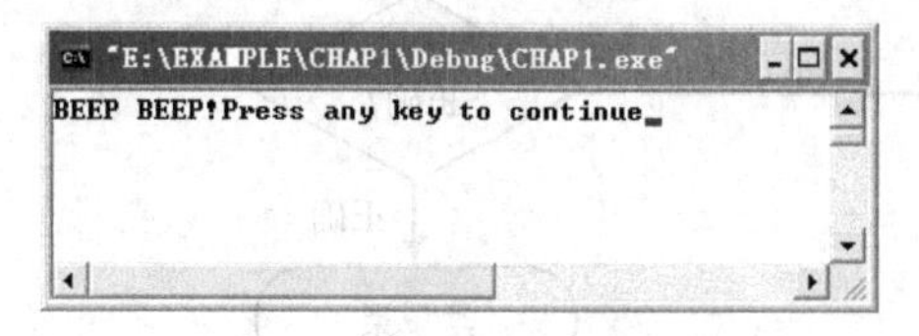

图 1-15　程序运行结果

至此，一个程序从编辑、编译、链接到运行的全过程完成。

1.5　小　　结

（1）本章重点介绍了面向对象程序设计方法，包括以下基本概念。

① 对象：描述其状态的数据以及对这些数据施加的一组操作封装在一起构成的统一体。

② 类：类是具有相同属性和服务的一组相似对象的抽象，或者说，类所包含的属性和服务描述了一组对象的共有属性和服务。在编程时，总是先声明类，再由类生成其对象。因为类是建立对象的模板，按照该模板建立一个个具体的对象或实例。

③ 消息：一个对象向另一对象发出的请求被称为消息。当对象接收到发向它的消息时，就调用有关方法，执行相应的操作。对象之间通过发送消息进行交互。

（2）面向对象程序设计方法的 4 个基本特性是抽象、封装、继承和多态。

（3）C++程序的开发步骤如下。

① 根据用户需求编写 C++源程序。

② 对源程序进行编译，产生目标程序。

③ 将目标程序链接成可执行程序。

④ 调试运行程序。

C++程序的开发步骤可以用图 1-16 表示。

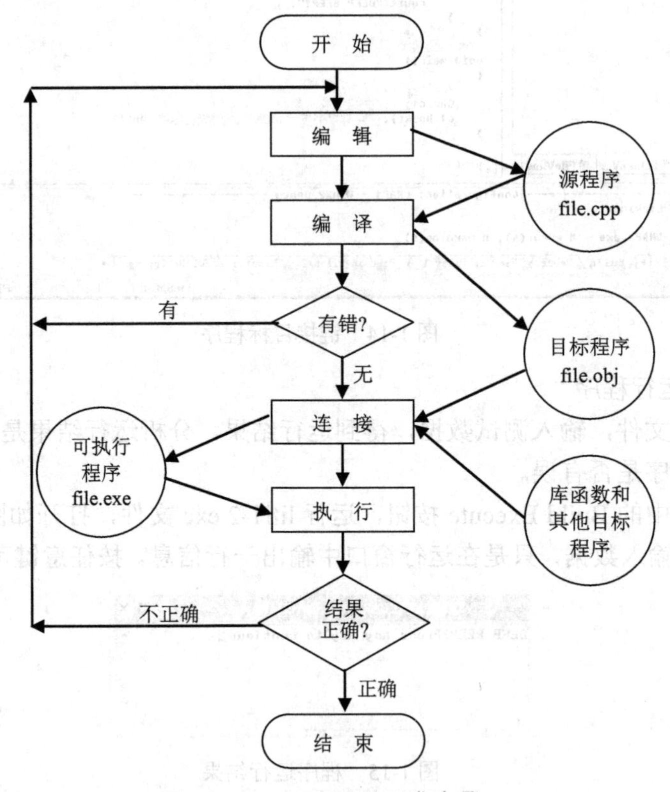

图 1-16　C++程序的开发步骤

1.6 上 机 实 践

1．熟悉 VC++ 6.0 集成开发环境。

2．在 VC++ 6.0 集成开发环境下编写应用程序，熟悉 C++程序的开发步骤。程序源代码如下。

```
#include <iostream.h>
//类的声明部分
class Customer
{
    public:
        void accept()
        {
            cout<<"Accepting Customer Details"<<endl;
        }
        void display()
        {
            cout<<"Displaying Customer Details"<<endl;
        }
};
//main()函数
void main()
{
    //类的使用部分
    Customer c1;
    c1.accept();
    c1.display();
}
```

习　　题

单项选择题

1．C++语言属于（　　）。

A．机器语言　　B．低级语言　　C．中级语言　　D．高级语言

2．C++程序运行时，总是起始于（　　）。

A．程序中的第一条语句　　B．预处理命令后的第一条语句

C．main()　　D．预处理指令

3．下列说法正确的是（　　）。

A．用 C++语言书写程序时，不区分大小写

B．用 C++语言书写程序时，每行必须有行号

C．用 C++语言书写程序时，一行只能写一个语句

D．用 C++语言书写程序时，一个语句可分几行写

4．下列选项中，均为合法的类名的选项是（　　）。

A．program　a&b　2me　　B．ccnu@mail　C++　a_b

C．$学生　a　ab　　D．_Line　_123　Cout

第 2 章　类和对象的初步认识

类和对象是实现 C++面向对象程序设计的基础。对象是具体的，是数据（属性）和作用在这些数据上的操作（服务）的封装体；类则是抽象的，是多个具有相同属性和服务的对象进行综合抽象的结果。本章详细介绍 C++中类和对象的定义及使用方法。

2.1　类

在面向对象方法中，类所包含的属性和服务描述了一组对象的共有属性和服务，是建立某个具体对象时使用的模板。因此，在编程时，总是先定义类，再由类生成对象。

2.1.1　类的定义

定义类要定义类的名字、类中所包含的属性和服务。类名用于在程序中唯一地标识一个类；类中所包含的属性和服务是该类的成员，类的属性是类的数据成员，用于描述该类对象的某些状态特征，而类的服务是类的成员函数，用于对数据成员进行各种操作。按访问权限划分，数据成员和成员函数又可分为 3 种，分别是公有的数据成员和成员函数、保护的数据成员和成员函数以及私有的数据成员和成员函数。类的一般定义格式如下。

```
class   <类名>
{
private:
    〈私有的数据成员和成员函数〉
protected:
    〈保护的数据成员和成员函数〉
public:
    〈公有的数据成员和成员函数〉
};
```

说明：

❶ class 是定义类的关键字。关键字又称为保留字，是系统预先定义的、具有特殊含义的单词，因此不允许用户重新定义，即关键字在程序中不得挪做他用。C++中的关键字如表 2.1 所示。

表 2.1　C++中的关键字

asm	auto	break	case	catch	char	class
const	continue	default	delete	do	double	else
enum	extern	float	for	friend	goto	if

续表

inline	int	long	new	operator	overload	private
protected	public	register	return	short	signed	sizeof
static	struct	switch	this	template	throw	try
typedef	union	unsigned	virtual	void	volatile	while

❷ “<类名>”必须是一个合法的C++标识符，在一定范围内是唯一的。标识符是由若干个字符组成的字符序列，用来命名程序中的一些实体，可用作变量名、函数名、类名、对象名以及类型名等。标识符的命名规则包括：

- ❑ C++的标识符有效长度不能超过 247 个字符，可由大小写字母、数字字符（0~9）或下划线（_）组成，必须以字母或下划线开头，后面可以是字母、数字或下划线。
- ❑ C++标识符中不可以含有任何嵌入的空白或非法字符，在需要空白的地方可以使用下划线替代。
- ❑ C++标识符对大小写字母是敏感的，即大小写字母被认为是两个不同的标识符，如 sum 和 Sum 被认为是两个不同的标识符。
- ❑ 关键字不能作为新的标识符在程序中使用。

例如，book、BOOK、student_name、a1、intx 和 myclass 都是合法的标识符。

❸ 大括号内是类的说明部分，也称为类体，用来说明该类的所有数据成员和成员函数，大括号用来指出类体的开始和结束，类体后面有一个分号。

❹ 关键字 private、protected 以及 public 是访问权限控制修饰符，用来限定数据成员和成员函数的访问权限，在类体中的顺序是无关紧要的，既可以先定义私有成员，也可以先定义保护成员或公有成员。同一访问权限修饰符在类体内可以反复使用，如果没有使用访问权限修饰符，默认为 private 访问控制。访问控制权限修饰符的限定范围是从该关键字后的第一个成员开始，直到下一个访问权限限定修饰符出现之前的所有成员。

例 2-1　定义一个描述点的类。

```
class Point
{
private:
    int x,y;
public:
    void setValue()
    {
        cout<<"请输入点的坐标：";
        cin>>x>>y;
    }
    void disp()
    {
        cout<<"点的坐标为"<<"("<<x<<","<<y<<")"<<endl ;
    }
};
```

其中，class 关键字后是类的名字 Point，把数据成员 x 和 y 定义为私有的访问权限，成员函数 setValue()和 disp()定义为公有的访问权限。定义类时，不仅访问权限修饰符的顺序可以随意设定，成员顺序也可以随意设置，既可以先定义数据成员，也可以先定义成员函数，还可以混合在一起定义，前面定义的成员函数可以访问在后面定义的数据成员或成员函数，但是为了使类的结构清晰，建议在定义类时，先集中定义数据成员，再定义成员函数。

需注意，在成员函数 setValue()和 disp()中使用了输入/输出流对象（cin/cout）。

（1）cin 对象。C++中包含许多预定义类，cin 是一个预定义的输入流对象，可以通过 cin 接收用户从键盘输入的数据，再由提取运算符“>>”赋给指定的变量。格式为：

```
cin>>变量 1>>变量 2>>...>>变量 n;
```

例如，“cin>>x>>y；”语句的作用是通过 cin 对象把从键盘读取的两个整型数据赋值给数据成员 x 和 y。

（2）cout 对象。cout 是一个预定义的输出流对象，用来处理标准输出，将数据显示到显示器。也就是说，传递给 cout 对象的任何值将在屏幕上输出。使用格式为：

```
cout<<表达式 1<<表达式 2<<...<<表达式 n;
```

其中，“<<”称为插入运算符，其作用是将其后面的表达式的值输出到显示器当前光标所在的位置，每个 cout 后可以有若干个“<<”运算符；endl 指将当前光标移向下一行。例如，“cout<<"Hello World"<<endl;”语句将在屏幕上显示字符串 Hello World 并且光标移向下一行。

2.1.2 数据类型与类的数据成员

从前面的实例可以看到，在定义一个类的数据成员时，需要指明它所属的数据类型。本节先来介绍 C++中的数据类型。

1. 数据类型

数据类型是对数据进行划分的基本方法，是数据结构的一种体现，只有确定了数据类型才能确定变量所占内存的大小和其所对应的操作。C++提供了十分丰富的数据类型，如图 2-1 所示。

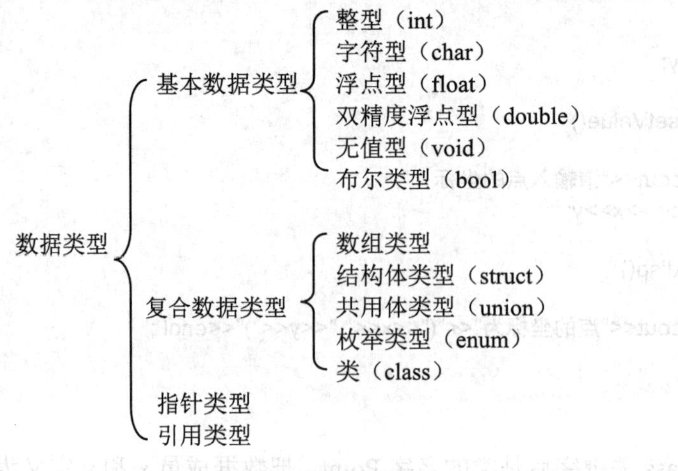

图 2-1　C++的数据类型

C++的复合数据类型、指针类型以及引用类型将在后面的章节中详细介绍，本节先来认识一下 C++中的 6 种基本数据类型：整型（int）、字符型（char）、浮点型（float）、双精度浮点型（double）、无值型（void）和布尔类型（bool）。

（1）整型（int）数据是没有小数部分的数，如 1、123、-123。

（2）浮点型（float）数据是有小数部分的数据，如 1.23、-123.23。

（3）双精度浮点型（double）数据和浮点型一样，也有小数部分，只是精度更高一些。

（4）字符型（char）数据表示单个字符，一个字符用一个字节存储。

（5）无值型（void）数据一般表示函数无返回值。

（6）布尔类型（bool）是一种逻辑数据类型，只能取 true（真）或 false（假）两种值，bool 类型的值可以被转换成 int 类型的值，它是一种特殊的 int 类型，true 对应的整数值为 1；false 对应的整数值为 0。

C++提供的 6 种基本数据类型，其数据的长度和范围会随着处理器和编译器的不同而不同。一般来说，字符类型占用 1 个字节（8 个二进制位）；整型与 CPU 字长相等，一般为 2 个字节或 4 个字节；浮点型数据的长度一般为整型数据的 2 倍；双精度浮点型数据的长度为浮点型的 2 倍。不过各种数据类型具体占多少位由不同的机器确定。表 2.2 列出了大多数 32 位系统中基本数据类型的存储字节数和取值范围。

表 2.2　大多数 32 位系统中基本数据类型的取值范围

数据类型名称	所占字节数	最　小　值	最　大　值	精　　度
int	4	$-2147483648(-2^{31})$	$2147483647(2^{31}-1)$	
short [int]	2	$-32768(-2^{15})$	$32767(2^{15}-1)$	
long [int]	4	$-2147483648(-2^{31})$	$2147483647(2^{31}-1)$	
unsigned int	4	0	$4294967295(2^{32}-1)$	
unsigned short [int]	2	0	65535	
unsigned long [int]	4	0	$4294967295(2^{32}-1)$	
char	1	-128	127	
unsigned char	1	0	255	
float	4	-3.4E+38	3.4E+38	6 位数字
double	8	-1.7E+308	1.7E+308	15 位数字
long double	10	-3.4E+4932	3.4E+4932	17 位数字

除 void 类型外，基本数据类型的前面可有各种修饰符，用来改变基本数据类型数据的定义，以便适应不同的需求，这些修饰符包括：

- short，表示短类型。
- long，表示长类型。
- signed，表示有符号类型。
- unsigned，表示无符号类型。

说明：

（1）表中带[]的部分表示是可以省略的，例如，short [int]可以写成 short int，也可简写为 short，两者的含义是相同的。

（2）4 种修饰符都可以用来修饰整型和字符型。用 signed 修饰的类型的值可以为正数或负数，而用 unsigned 修饰的类型的值只能是正数。

2．常量

常量是在程序运行过程中不能改变的值，按照数据类型可以分为整型常量、浮点型常量、字符型常量和字符串常量。

（1）整型常量

整型常量表示通常意义上的整数，如 123、0、-11。整型常量可以用十进制、八进制或十六进制表示，八进制整数只能包含数字 0~7 以及正、负号，而且必须以数字 0 开头，如 027；十六进制整数只能包含数字 0~9、字母 A~F（或 a~f）以及正、负号，而且必须以 0x 或者 0X 开头，如 0x15。

需要注意，C++语言还允许在整数后面加上一些字符作为后缀修饰数据类型，用作后缀的字符有：

- 小写字母 l 或大写字母 L，表示该数据为长整型（long int 类型），如 20000L、0234L、0x36a12L。
- 小写字母 u 或大写字母 U，表示该数据是无符号整数，如 2010u、030005u、0xf1002u。
- 字母 l 或 L 与字母 u 或 U 的组合，表示无符号长整数，如 323ul、323lu。

（2）浮点型常量

浮点型常量即实数，由整数部分和小数部分组成。在 C++中，一个浮点型常量可以用科学计数法和通常的十进制表示法表示。

① 通常的十进制表示法：由整数和小数两部分组成，中间用十进制的小数点隔开，如 1.2、3.14。浮点型常量默认为双精度（double）类型，可在其后加字符 f 或 F 作为后缀表示单精度数，如 1.2f、3.1415f。

② 科学计数法：由尾数和指数两部分组成，中间用 E 或 e 隔开，如，1.23e3 表示 1.23×10^3，1e-8 表示 10^{-8}。注意，e 或 E 之前必须有数字，e 或 E 之后的指数部分只能是整数。

（3）字符型常量

字符型常量是用单引号括起来的单个字符或转义字符，如'a'、'2'和'\n'等。一个字符常量在存储时占用一个字节，在该字节中存放的并不是字符本身，而是该字符的 ASCII 码值（ASCII 码表参见附录 II），例如，'a'的 ASCII 码值为 97，'A'的 ASCII 码值为 65，'0'的 ASCII 码值为 48。

由于字符常量存储的是 ASCII 码值（是一个整数），所以它可以像整数一样参与数值运算。例如，'a'+5 的结果为 102，是字符'f'的 ASCII 码值；'A'+32 的结果为 97，是字符'a'的 ASCII 码值。因此在 C++中，大小写字母的转换是非常容易的，只需将大写字符加上 32 就能得到对应小写字符的 ASCII 码值，而将小写字符减去 32 就能得到对应大写字符的 ASCII 码值。

大多数字符是可以显示的，如 ASCII 码为 8 的字符表示 Backspace 键，ASCII 码为 13 的字符表示 Enter 等。一些特殊字符无法正常显示，就需要使用特殊的方法——转义字符'\'

来表示。在 C++中，转义字符是一种特殊表示形式的字符，它以“\”开头，后跟一些字符组成的字符序列，表示一些特殊的含义。C++中常用的转义字符及其功能如表 2.3 所示。

表 2.3 常用的转义字符及其功能

符 号	功 能
\0	空字符
\n	换行符
\f	换页
\r	回车
\b	退格
\a	响铃
\t	水平制表
\v	垂直制表
\\	反斜线
\?	问号
\'	单引号
\"	双引号
\000	三位八进制数代表的一个 ASCII 字符
\xhh	两位十六进制数代表的一个 ASCII 字符

（4）字符串常量

字符串常量是用双引号（" "）括起的 0 个或多个字符，如" "、"a"或"hello\t world\n"，如果想把一个字符串写在多行上，可用反斜线“\”表示下一行字符串是这一行字符串的延续。例如，

```
"this is a test,\
We want to describe something."
```

注意：

- 字符串以双引号为定界符，双引号不作为字符串的一部分。
- 字符串中可以包含空格符、转义字符或其他字符。
- 字符串中的字符数称为该字符串的长度，在存储时，系统自动在字符串的末尾加上字符串结束标志，即转义字符“\0”。

例如，字符串常量"hello\tworld\n"的长度为 12，在内存中占 13 个字节，存储情况如图 2-2 所示。

h	e	l	l	o	\t	w	o	r	l	d	\n	\0

图 2-2 字符串在内存中的存储情况

字符串常量不同于字符型常量，两者是有区别的，主要表现在以下两个方面。

① 字符型常量的定界符是单引号，字符串常量的定界符是双引号。

② 字符型常量和字符串常量的存储方式不同，如字符串"s"和字符型常量's'的存储方式如下所示。

"s"　　//字符串常量 | s | \0 |

's'　　//字符型常量 | s |

字符串常量"s"占两个字节，一个字节存放字符 s 的 ASCII 码，另一个字节存放字符串结束标志"\0"；而字符型常量's'仅占一个字节，用来存放字符 s 的 ASCII 码。

例 2-2　不同类型常量应用实例。

阅读下列程序，写出运行结果。

```
#include <iostream.h>
class DisplayConstValue
{
public:
    void display()
    {
        //100 为十进制数据，0144 为八进制数据，0x64 为十六进制数据
        cout<<100<<"  "<<0144<<"  "<<0x64<<endl;
        cout<<3.14159<<"  "<<1.2e-6<<endl;
        //字符型数据和整型数据一起进行算术运算
        cout<<'a'<<"  "<<'a'-32<<endl;
        //输出字符串，转义字符"\130"为字符 X、"\x59"为字符 Y、"\n"为回车换行符
        cout<<"\130 \x59 Z\n";
        cout<<"\nI say:\"Good Morning!\"\n";
    }
};
void main()
{
    DisplayConstValue obj;
    obj.display();
}
```

程序的运行结果如图 2-3 所示。

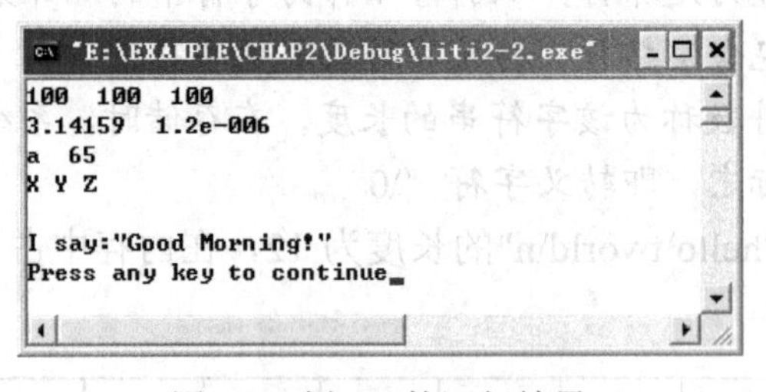

图 2-3　例 2-2 的运行结果

分析：

① 类 DisplayConstValue 中有一个公有的成员函数 display()。

② 在 main()函数中将类 DisplayConstValue 实例化为对象 obj，通过 obj 调用成员函数 display()实现输出功能。

③ 语句“cout<<"\130 \x59 Z\n";”中，“\130”是转义字符，代表 ASCII 码为八进制数 130 的字符 X；“\x56”表示 ASCII 码为十六进制数 56 的字符 Y；“\n”表示回车换行符，因此该语句输出的结果为 X Y Z。

④ 语句“cout<<"\nI say:\"Good Morning!\"\n";”中，“\"”表示字符双引号，因此该语句输出的结果为 I say:"Good Morning!"。

3．变量

程序中的变量用于保存程序运算过程中所需要的原始数据、中间结果和最终结果，因此每一个变量就相当于一个容器，对应着计算机内存中的某一块存储单元。

变量具有 3 个基本要素：变量名、变量的类型和变量的值。

- ❑ 变量名对应着一个存储数据的空间，是变量的唯一标识，由用户定义，它必须符合标识符的命名规则。
- ❑ 每个变量都有确定的数据类型，每一种类型都定义了变量的存储方式、取值范围及在其上的操作。
- ❑ 变量的值在程序运行过程中可以改变，具有以下两个特点。
  - ✧ “一充即无”，即将一个新数据存放到一个变量中时，该变量原来的值被新的值覆盖。
  - ✧ “取之不尽”。可将某个变量的值读取出来与程序中其他数据进行各种运算，在运算过程中，如果没有改变该变量的值，那么不管读取该变量的值进行多少次运算，其值始终保持不变。

例如，整型的变量 val 对应着内存中 4 个字节的存储空间，val 是该变量的名字，而 35 则是变量 val 的值，如图 2-4 所示。

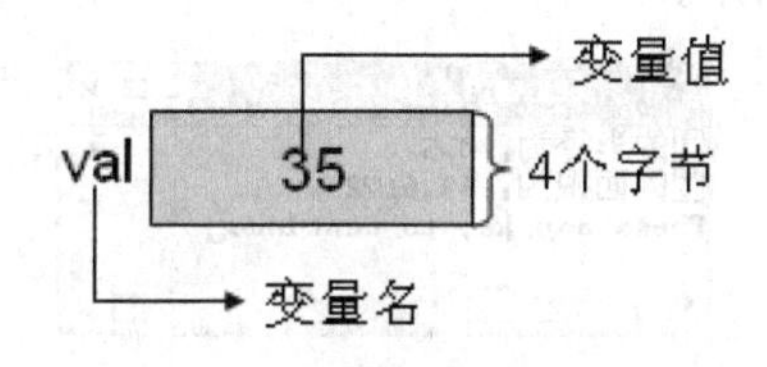

图 2-4　整型变量 val

（1）变量的定义

变量在使用之前一定要先定义，定义变量的格式为：

```
[修饰符] 数据类型 变量名;
```

其中，“修饰符”是可选的，可以有也可以没有；“数据类型”是变量所存放的数据的类型；“变量名”必须符合标识符的命名规则。例如，

```
int x, y;                //定义整型变量 x 和 y
double area,r;           //定义双精度浮点型变量 area 和 r
char ch ;                //定义字符型变量 ch
```

相同类型的变量可以放在一个语句中定义，变量名之间用逗号隔开。“数据类型”可以是基本数据类型、构造类型、指针类型或其他合法的数据类型。变量定义后，系统会根据变量的类型为其分配相应大小的存储空间。

例 2-3　变量的定义和使用。

阅读下列程序，写出运行结果。

```
#include <iostream.h>
class Circle
{
public:
	void calArea()
	{
		double r,area;				//定义 double 型变量 r 和 area
		r=4.5;					//将 4.5 赋值给变量 r
		area=3.14159*r*r;			//读取 r 中的值进行算术运算，并将结果存入 area 中
		cout<<"圆的半径为："<<r<<endl;		//输出变量 r 的值
		cout<<"圆的面积为："<<area<<endl;//输出变量 area 的值
	}
};
void main()
{
	Circle cobj;
	cobj.calArea();
}
```

程序的运行结果如图 2-5 所示。

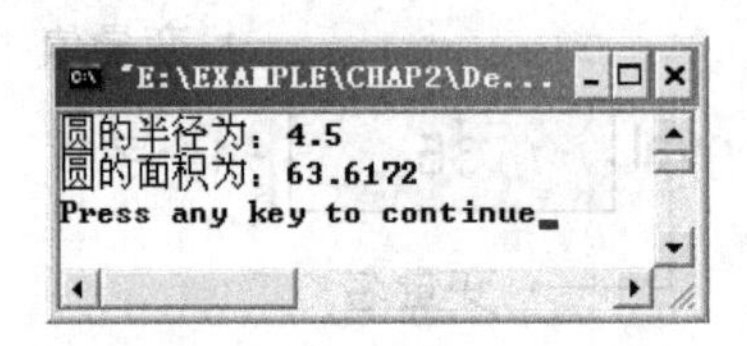

图 2-5　例 2-3 的运行结果

在类 Circle 的公有成员函数 calArea()中，定义了两个 double 型的变量 r 和 area，通过赋值运算符“=”将 4.5 存入变量 r 中，然后读取变量 r 中的值，进行表达式 3.14159*r*r 的计算，并将结果存入变量 area 中，最后输出变量 r 和 area 的值。变量定义语句也可改为 double r=4.5, area;。

（2）变量的初始化

在定义变量的同时给变量赋一个初值称为变量的初始化，初值可以是一个常量值，也可以是一个能计算出结果的表达式。例如，

```
int i=1;			//定义整型变量 i 并赋初始值 1
int x=10,y=x+5;		//定义整型变量 x 赋初值 10，定义整型变量 y 赋初始值 15
```

4. 类的数据成员

在例 2-3 中，变量 r 和 area 的定义位置在成员函数 calArea()的内部。

```
class Circle
{
public:
          void calArea()
        {
              double r,area; //变量 r 和 area 的定义在成员函数 calArea()体内部
函数体            …
        }
};
```

在函数体内部定义的变量称为局部变量，局部变量只在定义它的函数体内部起作用，离开该函数体后该变量就被释放，不再起作用。因此不同函数体内部可以定义相同名称的变量，而互不干扰。

例 2-4　局部变量的定义和使用。

程序如下：

```
class LocalVal
{
public:
      void fun1()
      {
            int i=10;          //在函数 fun1()中定义的局部变量 i
            cout<<"在 fun1 中的 i="<<i<<endl;
      }
      void fun2()
      {
            int i=20;          //在函数 fun2()中定义的局部变量 i
            cout<<"在 fun2 中的 i="<<i<<endl;
      }
};
void main()
{
      LocalVal lobj;
      lobj.fun1();
      lobj.fun2();
}
```

程序的运行结果为：

```
在 fun1 中的 i=10
在 fun2 中的 i=20
```

在例 2-4 中，类 LocalVal 中定义了两个成员函数 fun1()和 fun2()，这两个成员函数内都定义了变量 i，虽然同名，但系统会分配不同的内存空间，两个局部变量互不干扰。

除了可以在成员函数体内部定义局部变量外，还可以在类的内部、成员函数的外面定义变量，即类的数据成员，也称类的成员变量。类的成员变量的定义格式为：

```
class 类名
{
[private|protected|public:]
      数据类型 成员变量名表;
      ...
};
```

由于成员变量在类体内定义，因此在类的范围内都可访问类的成员变量。

例 2-5　类的数据成员的定义。

程序如下：

```
class Circle
{
private:
      double r,area;                    //定义了成员变量 r 和 area
public:
      void inputData()
      {
            cout<<"请输入圆的半径：";
            cin>>r;                     //r 是类 Circle 的成员变量，在类的成员函数中可访问
      }
      void calArea()
      {
            area=3.14159*r*r;     //area、r 都是成员变量，因此可在成员函数中访问
      }
      void outputData()
      {
            cout<<"圆的半径为："<<r<<endl;
            cout<<"圆的面积为："<<area<<endl;
      }
};
void main()
{
      Circle cobj ;
      cobj.inputData() ;
      cobj.calArea() ;
      cobj.outputData() ;
}
```

程序的运行结果如图 2-6 所示。

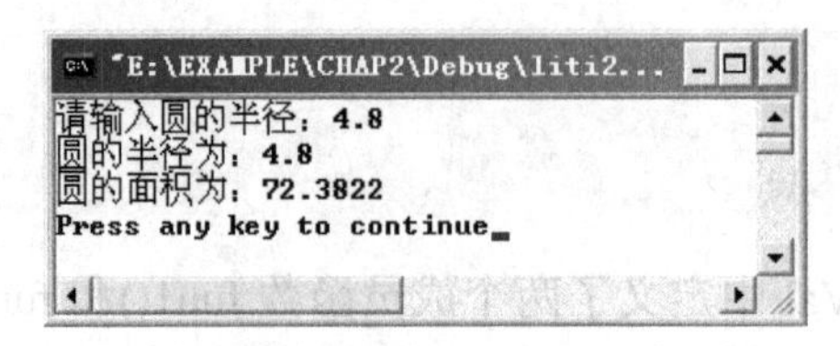

图 2-6　例 2-5 的运行结果

例 2-5 与例 2-3 的区别是变量 r 和 area 是类 Circle 的成员变量还是类 Circle 的成员函数 calArea()中的局部变量。例 2-5 中，变量 r 和 area 是类 Circle 中的成员变量，因此在类 Circle 的范围内都可以访问它们，因此在类的成员函数 inputData()中通过输入流对象接收用户从键盘输入的半径值存入成员变量 r 中，在成员函数 calArea()中可以读取成员变量 r 的值计算圆的面积并存入成员变量 area 中，也可以在成员函数 outputData()中输出成员变量 r 和 area 的值；而例 2-3 中，变量 r 和 area 是类 Circle 的成员函数 calArea()中的局部变量，只能在该成员函数的内部访问，而不能在该类的其他成员函数中访问它们。

注意：

- 成员变量的数据类型可以是基本数据类型，也可是复合数据类型。
- 在定义类时，只是定义了一种新的数据类型，并没有给所定义的类分配内存空间，因此，类中的成员变量也不能初始化。

2.1.3　类的成员函数

函数是用来操作数据的功能模块，是程序的基本功能单位。在 C++中，可以把函数分为两大类：属于某个类的成员函数以及不属于任何类的普通函数。在学习类的成员函数前，先来认识一下普通函数。

1．普通函数的定义与使用

所谓函数就是一系列指令或语句的组合体，是具有特定功能的模块。使用函数主要有两个目的。

- 在设计一个大型程序时，如果将程序按功能划分成较小的功能模块，然后按这些较小的功能要求编写函数，不仅可以使程序更简单，同时也使程序调试更方便。
- 在一个程序中，有些语句会重复出现在不同的地方。若能将这些重复的语句编写成一个函数在需要时调用，不仅可以减少编辑程序的时间，同时也使程序简洁、清晰。

每一个 C++程序都必须有并且只能有一个 main()函数。程序从主函数 main()开始运行，然后通过一系列的函数调用来实现各种功能，main()函数可以调用其他函数，其他函数之间也可以相互调用。

调用函数的基本流程如图 2-7 所示，从图中可以看到，当一个程序在调用某个函数时，C++会自动跳转到被调用的函数体中执行，执行完后再回到原先程序执行的位置，继续执行下一条语句。

（1）C++中普通函数的分类

C++中的普通函数包括系统库函数和用户自定义函数。

① 库函数

库函数也叫做标准函数，是 C++系统中已经预先定义好的函数，这些函数实现了一些常用的操作，如常用的数学计算函数、图形处理函数和标准输入/输出函数等。系统按照库函数的功能进行分类，不同类型的库函数包含在不同的头文件中，用户在编写程序时，只需将头文件引入，就可以使用该头文件中的所有库函数。

② 用户自定义函数

用户自定义函数是用户根据需要而设计的、能够完成一定功能的自定义函数。

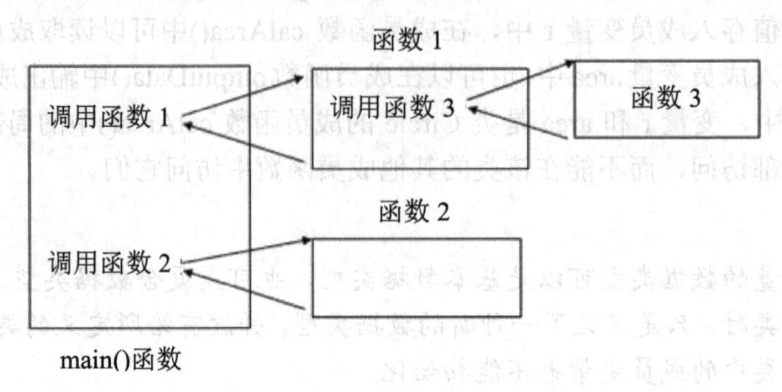

图 2-7　函数调用图

例 2-6　库函数和用户自定义函数的使用。

程序如下：

```
//由于需要调用系统库函数 sqrt()，因此需将 math.h 包含到本文件中
#include <math.h>
#include <iostream.h>
//用户自定义的函数，功能是输出字符串
void func()
{
    cout<<"自定义函数"<<endl;
}
//main()函数
void main()
{
    int i=10;
    double r=sqrt(i);           //sqrt()是系统库函数，功能是求 i 的平方根
    cout<<"main()函数："<<i<<","<<r<<endl;
    func();                     //调用用户自定义函数
}
```

程序的运行结果如图 2-8 所示。

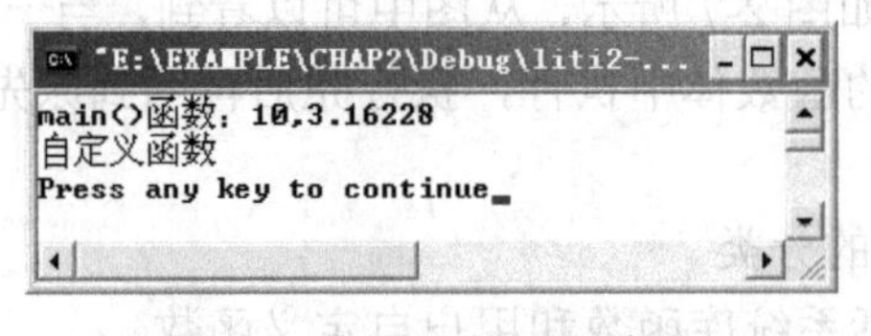

图 2-8　例 2-6 的运行结果

在例 2-6 中，用户定义了一个函数 func()，该函数的功能是在屏幕上输出字符串“自定义函数”，虽然该函数的定义位置在 main()函数的前面，但系统也不会先执行 func()函数，而是从 main()函数开始执行，并根据运算的需要，调用系统的库函数 sqrt()以及用户自定义

的函数 func()。库函数 sqrt()的功能是求变量 i 的平方根，因为 sqrt()函数的原型声明在头文件 math.h 中，因此在本程序的开头用#include 将 math.h 包含进来。

（2）用户自定义函数的定义

在使用函数时，一定要遵循先定义后使用的原则。C++中函数的定义格式如下：

```
函数类型 函数名（[函数参数列表]）//函数首部
{
    //函数体
}
```

说明：

❶ 函数由函数首部与函数体构成。

❷ 函数类型是函数的返回值类型，可以是任意的 C++有效数据类型，也就是说它既可以是基本数据类型，也可以是复合数据类型，如果函数没有返回值，那么返回值类型是 void。

❸ 函数名是用户自定义的、有效的合法标识符，其后面必须跟一对圆括号“()”，以区别于变量名及其他用户定义的标识符。

❹ 函数名后的圆括号里是函数的参数列表。函数定义中的参数称为形式参数或形参，由参数的类型和参数名表示，格式为：类型 形参 1,类型 形参 2,…。

❺ 形参的个数没有限制，可以没有也可以有多个。如果没有任何形参，圆括号内是空的，但圆括号不能省略，这样的函数叫做无参函数；如果圆括号里的形参多于一个，各形参之间一定要用逗号“,”隔开，并且每个参数都要有类型说明。

❻ 函数体由一对花括号中的若干条语句组成，用于实现该函数执行的功能。花括号用来标识函数体的开始和结束。如果函数体内是 0 条语句，该函数称为空函数，空函数不能完成任何操作。

例 2-7　用户自定义函数的定义。

程序如下：

```
#include <iostream.h>
//①
void dispString()
{
    cout<<"函数 dispString()，没有形参，没有返回值"<<endl;
}

//②
void dispInt(int val)
{
    cout<<"函数 dispInt()，有形参，没有返回值。"<<endl;
    cout<<"形参的值为："<<val<<endl;
}

//③函数类型为 int，表明该函数有返回值，返回值通过 return 语句返回
int dispSum(int x,int y)
```

```
{
    int sum;
    sum=x+y;
    cout<<"函数 dispSum()，有形参，有返回值"<<endl;
    return sum;            //将 sum 变量的值返回
}
```

在例 2-7 中，定义了 3 个函数，分别是 dispString()、dispInt()和 dispSum()。函数 dispString()是一个没有形参和返回值的函数，功能是将字符串“函数 dispString()，没有形参，没有返回值”输出在屏幕上；函数 dispInt()带有一个 int 类型的形式参数 val，该函数的功能是输出相关字符串和形参 val 的值；函数 dispSum()则带有两个 int 类型的形式参数 x 和 y，该函数的功能是对 x 和 y 求和并将结果返回。

注意：

- 不允许在函数体语句中再定义另外一个函数，即函数不能嵌套定义。
- 如果函数类型是除 void 类型外的其他数据类型，函数体中一定要有对应的 return 语句返回和函数类型一致的数据。return 语句的格式为：

```
return 表达式;
```

或

```
return (表达式);
```

或

```
return;
```

- return 语句可使程序控制从被调用函数返回到调用函数中，同时把表达式的值带给调用函数。return 后可以有表达式，也可以没有。前者返回一个值给调用函数，后者返回到调用函数处，但不返回值。
- 函数体中可以有多个 return 语句，但是，只要遇到一个 return 语句就返回到调用函数处；若无 return 语句，遇到函数体的“}”时，自动返回到调用函数处。
- return 语句只能返回一个值，若函数类型与 return 语句中表达式的类型不一致，以函数类型为准，将 return 语句中的表达式的结果进行自动类型转换。
- 一旦执行 return 语句，就不再执行函数体内其后面的语句。

（3）函数的调用

定义函数的目的是为了使用函数的功能完成对数据的处理，函数的功能是通过函数的调用来实现的。在主函数或其他函数中直接或间接地调用函数，把程序执行流程跳转到被调函数的函数体语句执行，执行完被调函数的函数体后，再将执行流程转回到函数调用处继续执行后面的语句。函数调用的格式如下：

```
函数名([实参列表]);
```

说明：

❶ “函数名”是用户自定义的或是 C++提供的标准库函数的名字。

❷ 调用函数时，在函数名后的参数列表是实际参数列表，简称实参表。实参表中参数个数可以为 0 个，也可为 1 个或多个，如果不止 1 个参数，参数之间用逗号隔开，但是要注意，实参的个数、类型以及顺序必须和函数定义时的形参个数、类型以及顺序一一对应。

❸ 在 C++中，调用一个函数的方式可以有很多，例如，

- 调用的是没有返回值的函数，则该函数调用可以作为一条语句，直接在函数调用后加分号“;”。
- 调用的是有返回值的函数，则该函数调用可以作为表达式的一部分，用函数的返回值参与表达式的计算。

例 2-8　用户自定义函数的调用。

程序如下：

```
#include <iostream.h>
//①
void dispString()
{
	cout<<"函数 dispString()，没有形参，没有返回值"<<endl;
}//程序执行到此时，执行流程会返回到调用该函数的位置继续执行
//②
void dispInt(int val)
{
	cout<<"函数 dispInt()，有形参，没有返回值。"<<endl;
	cout<<"形参的值为："<<val<<endl;
}

//③函数类型为 int，表明该函数有返回值，函数的返回值通过 return 语句返回
int dispSum(int x,int y)
{
	int sum;
	sum=x+y;
	cout<<"函数 dispSum()，有形参，有返回值"<<endl;
	return sum;                    //将执行流程返回到调用函数处，并带回 sum 变量的值
}
void main()
{
	int i=10,j=20;
	int result;
	//函数①没有参数和返回值，因此将该函数的调用作为一条语句
	dispString();                  //程序执行到该语句时会跳转到 dispString()的函数体处执行

	//函数②同样没有返回值，因此也可将该函数的调用作为一条语句
	//函数②在定义时有 int 型的形参，因此在调用该函数时需提供一个 int 型的实参
	dispInt(i);
```

```
    //函数③有返回值，该返回值可以作为表达式的一部分，参与表达式的运行
    //函数③有两个 int 型的形参，因此在调用该函数时需提供两个 int 型的实参
    result=dispSum(i,j);          //将调用 dispSum()函数得到的返回值赋值给变量 result
    cout<<result<<endl;
}
```

程序的运行结果如图 2-9 所示。

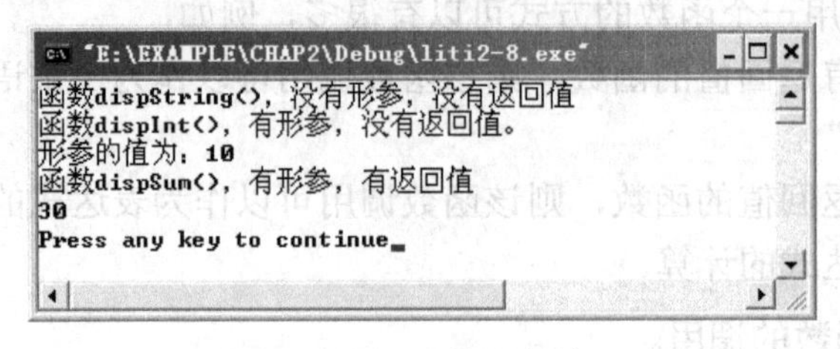

图 2-9　例 2-8 的运行结果

（4）函数的参数

① 形参

定义函数时，在函数名后面的圆括号中的参数称为形式参数，简称形参。所有形参总称为形参表。对形参的说明如下：

- 形参表由 0 个、1 个或多个形参组成。
- 每个形参都要说明其类型和名字，即使多个形参具有相同的类型，也要分别说明其类型。
- 在函数被调用前，形参不占用内存；在函数调用时，为形参分配内存；当函数调用结束时，形参所占的内存被释放。

② 实参

调用函数时，函数名后面圆括号中的表达式称为实在参数，简称实参。所有实参总称为实参表。对实参的说明如下：

- 实参表由 0 个、1 个或多个实参构成。
- 实参可以是常量、变量或表达式，但必须有确定的值。
- 实参要与形参在个数、类型以及顺序上一一对应。

③ 函数参数的传递

在函数调用前，函数的形参不占用内存，当发生函数调用时，系统会为形参分配内存空间，并将对应实参的值赋给形参，然后执行函数体。

例如，例 2-8 中的如下程序：

```
//函数的定义，这时 x 和 y 并不占内存
int dispSum(int x,int y)
{
    int sum;
    sum=x+y;
    cout<<"函数 dispSum()，有形参，有返回值"<<endl;
    return sum;
}
```

```
void main()
{
    int i=10,j=20;
    int result;
    ...
    result=dispSum(i,j);          //函数的调用
    cout<<result<<endl;
}
```

程序从函数 main()开始执行，首先给变量 i 和 j 以及 result 分配内存并初始化变量 i 的值为 10、变量 j 的值为 20，如图 2-10（a）所示。

在调用函数 dispSum()时，系统给形参 x、y 以及函数内部定义的局部变量 sum 分配内存，并将对应实参 i 的值赋给 x，实参 j 的值赋给 y。内存的分配情况如图 2-10（b）所示。

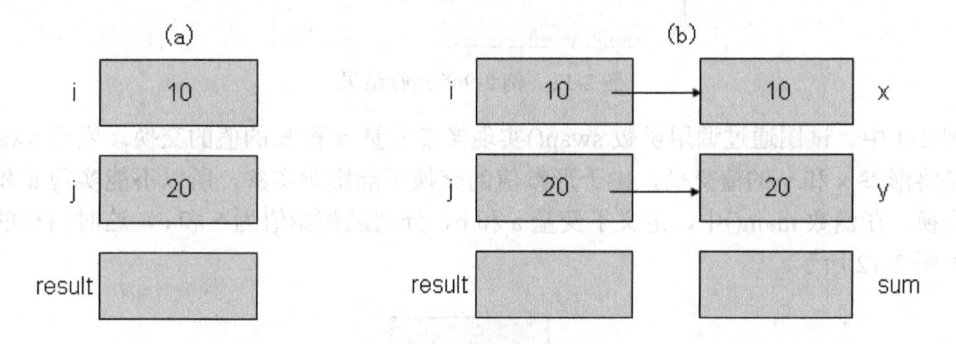

图 2-10　函数调用时内存的分配情况

然后执行流程跳转到函数 dispSum()的函数体处，开始执行函数体中的语句，将形参 x 和 y 的值相加，并将结果 30 赋给变量 sum。最后，通过 return 语句将 sum 的值带回到函数 main()中，并将该返回值赋给变量 result。这时函数调用结束，形参 x 和 y 以及 sum 所占的内存被释放。

因此调用函数 dispSum()后得到的返回值为 30。

在函数调用过程中，形参和对应的实参在内存中占据不同的内存单元，因此在函数体执行过程中，形参的值发生变化不会影响到对应实参的值，这种参数传递方式称为单向的值传递。

例 2-9　函数参数的单向值传递方式。

程序如下：

```
#include <iostream.h>
void swap(int x,int y)
{
    int temp;
    temp=x;
    x=y;
    y=temp;
```

```
    cout<<"在函数 swap()内："<<x<<","<<y<<endl;
}
void main()
{
    int a=5,b=6;
    cout<<"交换前："<<a<<","<<b<<endl;
    swap(a,b);
    cout<<"交换后："<<a<<","<<b<<endl;
}
```

程序的运行结果如图 2-11 所示。

图 2-11　例 2-9 的运行结果

例 2-9 中，试图通过调用函数 swap()实现实参变量 a 和 b 的值的交换。函数 swap()的功能是将形参 x 和 y 的值交换，由于形参值的交换不能影响实参，所以不能实现 a 和 b 的值的交换。在函数 main()中，定义了变量 a 和 b，分别赋初始值为 5 和 6，这时内存的分配情况如图 2-12 所示。

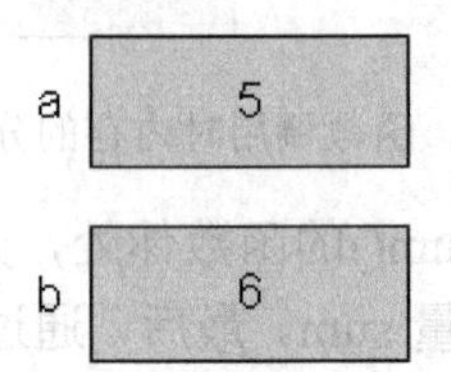

图 2-12　变量 a 和 b

调用函数 swap()时，系统给该函数的形参 x、y 以及函数内部的局部变量 temp 分配内存，并将对应实参的值传给形参。内存的存储情况如图 2-13 所示。

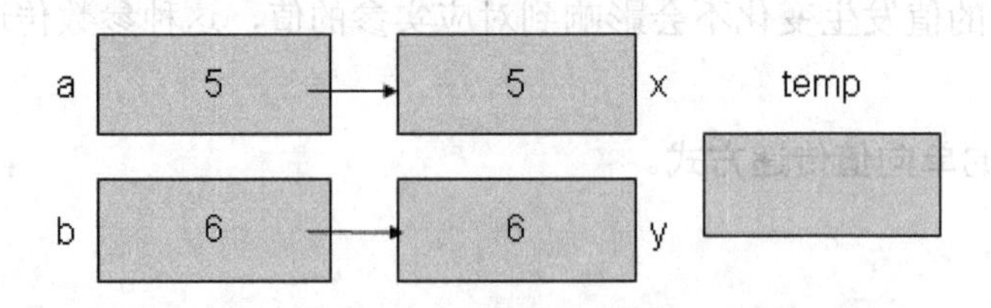

图 2-13　函数调用时形参的存储情况

在函数 swap()的内部，确实交换了形参 x 和 y 的值，交换过程如图 2-14 所示。但形参和实参占用的是不同的存储空间，形参的任何改变都无法影响到实参。因此，当函数 swap()调用结束时，形参 x、y 以及局部变量 temp 所占的内存空间被释放，实参 a 和 b 的值不变。

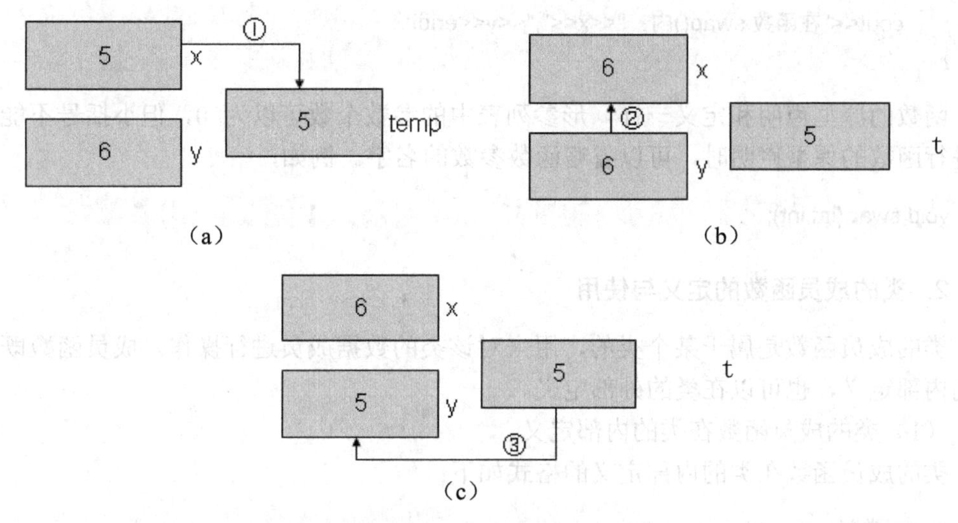

图 2-14　变量 x 和 y 的交换过程

（5）函数的原型声明

定义函数的目的是为了通过调用函数实现对数据的操作，但如果调用函数在定义函数之前，就会发生编译错误。有时，为了使程序结构清晰，会把主函数写在前面，导致函数的调用在函数定义之前，此时，需要通过函数的原型声明解决先调用后定义引起的编译错误。也就是说，不管函数在什么地方定义，只要在使用前进行了声明，就可保证函数的合法性，避免发生编译错误。虽然函数的声明位置不要求固定，但为了程序的可读性，最好在程序前面，将几个函数的声明放到一起。

函数声明的格式如下：

```
函数类型 函数名(形式参数列表);
```

可以看出来，函数的原型声明其实就是函数首部后面加一个分号。

例如，例 2-9 中的程序可做如下修改：

```
#include <iostream.h>
void swap(int x,int y);                //函数的原型声明
void main()
{
    int a=5,b=6;
    cout<<"交换前："<<a<<","<<b<<endl;
    swap(a,b);                         //函数的调用
    cout<<"交换后："<<a<<","<<b<<endl;
}
void swap(int x,int y)                 //函数定义在调用之后
{
    int temp;
    temp=x;
    x=y;
    y=temp;
```

```
    cout<<"在函数 swap()内："<<x<<","<<y<<endl;
}
```

函数的原型声明和定义一样，形参列表中的参数个数可以为 0，但小括号不能省略。在进行函数的原型声明时，可以省略函数参数的名字。例如，

```
void swap(int,int);
```

2．类的成员函数的定义与使用

类的成员函数是属于某个类的，用来对该类的数据成员进行操作。成员函数既可以在类的内部定义，也可以在类的外部定义。

（1）类的成员函数在类的内部定义

类的成员函数在类的内部定义的格式如下：

```
class 类名
{
[private:|protected:|public:]
    //成员变量的定义
    函数类型 成员函数名([形参表])
    {
    //成员函数的函数体
    }
    …
};
```

例 2-10　定义一个矩形类，求矩形的周长和面积并且输出结果。

程序如下：

```
#include <iostream.h>
class Rectangle
{
public:
    double circ(double x,double y)
    {
        double result=(x+y)*2;
        return result;
    }
    double area(double x,double y)
    {
        double a=x*y;
        return a;
    }
};
void main()
{
    Rectangle rec;
    double len=10.5,wid=7.9;
```

```
    cout<<"矩形的周长为："<<rec.circ(len,wid)<<endl;
    cout<<"矩形的面积为："<<rec.area(len,wid)<<endl;
}
```

程序运行结果为：

```
矩形的周长为：36.8
矩形的面积为：82.95
```

在例 2-10 中定义了类 Rectangle，在该类的内部定义了两个成员函数 circ()和 area()，分别用于计算矩形的周长和面积。这时需特别注意，circ()和 area()是类的成员函数，其调用方式和普通函数的调用方式不同——如果在类的内部调用该类的成员函数，可直接调用；如果在类的外部调用某个类的成员函数，则必须通过类的对象调用，格式如下：

```
对象名.成员函数名([实参表]);
```

因此在 main()方法中，先定义了 Rectangle 类的对象 rec，然后再通过对象 rec 调用成员函数 circ()和 area()。

（2）类的成员函数在类的内部声明，而在类的外面进行定义

类的成员函数也可在类外定义，但前提是在类的内部有该成员函数的声明。格式如下：

```
class 类名
{
[private:|protected:|public:]
    //成员变量的定义
    函数类型 成员函数名([形参表]);
        …
};
函数类型 类名::成员函数名([形参表])
{
    //成员函数的函数体
}
```

在类外定义类的成员函数时，需要使用作用域运算符“::”，用于表明该函数不是一个普通的函数，而是属于指定类的。因为类的成员变量和成员函数属于所在的类域，在域内可以直接使用成员名字，在域外使用时，需要加上类域的说明或类对象的名称。

例如，可以将例 2-10 中的程序改为如下形式：

```
#include <iostream.h>
class Rectangle
{
  public:
    double circ(double x,double y);              //成员函数的声明
    double area(double x,double y);              //成员函数的声明
};
double Rectangle::circ(double x,double y)        //成员函数的定义
{
   double result=(x+y)*2;
```

```
    return result;
}
double Rectangle::area(double x,double y)        //成员函数的定义
{
    double a=x*y;
    return a;
}
void main()
{
    Rectangle rec;
    double len=10.5,wid=7.9;
    cout<<"矩形的周长为："<<rec.circ(len,wid)<<endl;
    cout<<"矩形的面积为："<<rec.area(len,wid)<<endl;
}
```

在类的内部定义函数的优点是可以使整个类的代码集中在一起，缺点是增加了类体的代码规模和复杂性，增加了程序的内存开销，所以大多情况下是在类的内部声明成员函数，在类体外定义成员函数。

注意：

- 在类体内声明的成员函数在类体外定义时，需要在函数名前加上类作用域运算符“::”，以表明类的成员函数属于所在的区域。
- 在类域的范围内，调用该类的成员函数可直接调用，而在类外调用该类的成员函数时，需要加上对象名和“.”运算符，即通过该类的对象进行调用。

2.2 访问权限

在类的声明中，类的成员前面使用 public、private 和 protected 关键字来修饰，这些修饰符称为成员访问权限限定符，用来决定其他类或函数可否访问该类的成员变量或成员函数。

2.2.1 私有成员访问控制

用关键字 private 修饰的成员称为私有成员，私有数据成员和成员函数只能在该类的内部使用，即私有数据成员只允许被该类中的成员函数访问，私有成员函数只允许被该类中的其他成员函数调用。private 为类默认的访问权限限定符。

例 2-11　测试私有成员的访问权限。

程序如下：

```
#include <iostream.h>
class MyClass
{
private:
     int x,y;
```

```
    void set(int a,int b)
    {
        x=a;
        y=b;
    }
public:
    void show()
    {
        set(2,3);     //正确，可以调用该类中私有成员函数
        //正确，可以访问该类中私有成员变量
        cout<<"x="<<x<<'\t'<<"y="<<y<<endl;
    }
};
void main()
{
  MyClass obj1;
  obj1.x=5;              //错误，在类体外不能访问私有数据成员
  obj1.y=6;              //错误，在类体外不能访问私有数据成员
  obj1.set(1,2);         //错误，在类体外不能调用私有成员函数
  obj1.show();
}
```

程序的运行结果如图 2-15 所示。

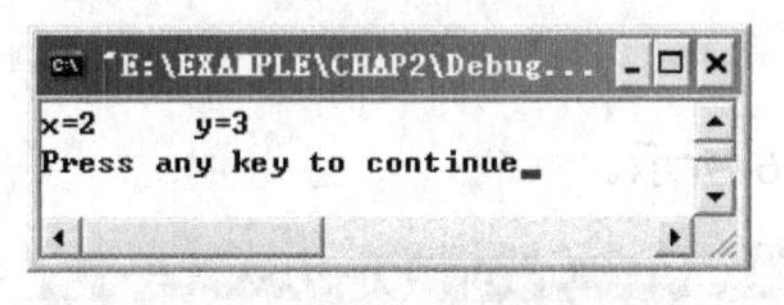

图 2-15　私有成员的访问控制

2.2.2　保护成员访问控制

用关键字 protected 修饰的成员称为保护成员，保护数据成员只允许被本类以及其子类的成员函数访问，保护成员函数只允许在本类以及其子类中调用。保护成员与私有成员类似，区别在于保护成员可以在其所在类的子类的成员函数中访问。

例 2-12　测试保护成员的访问权限。

程序如下：

```
#include <iostream.h>
class MyClass
{
protected:
    int x,y;
    void set(int a,int b)
    {
        x=a;
        y=b;
```

```
    }
};
class SubClass:public MyClass        //类 SubClass 是 MyClass 的派生类
{
public:
    void show()
    {
        x=2;                         //可以访问从父类中继承的 protected 的成员变量 x 和 y
        y=3;
        cout<<"x="<<x<<endl;
        cout<<"y="<<y<<endl;
        cout<<"使用 set()方法设置 x 和 y 的值后："<<endl;
        set(8,9);                    //可以调用从父类中继承的 protected 的成员函数
        cout<<"x="<<x<<endl;
        cout<<"y="<<y<<endl;
    }
};
void main()
{
   MyClass obj1;
   obj1.x=5;                         //错误，在类体外不能访问保护数据成员
   obj1.y=6;                         //错误，在类体外不能访问保护数据成员
   obj1.set(1,2);                    //错误，在类体外不能调用保护成员函数
   SubClass obj2;
   obj2.show();
}
```

程序的运行结果如图 2-16 所示。

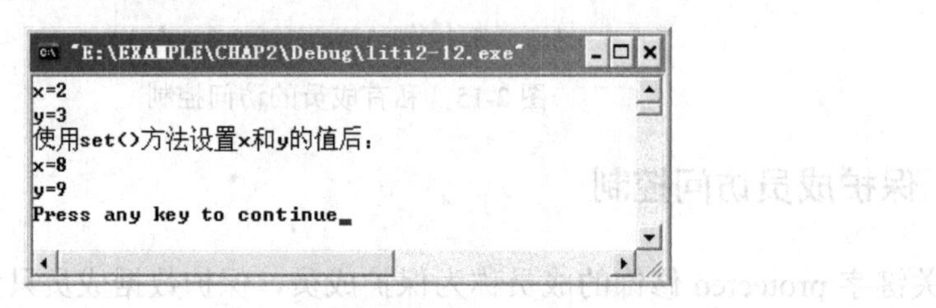

图 2-16　保护成员的访问控制

2.2.3　公有成员访问控制

用关键字 public 修饰的成员称为公有成员，公有数据成员不仅可以在类的内部访问，而且可以在类的外面访问，公有成员函数可以在类的内部和外部调用。

例 2-13　测试公有成员的访问权限。

程序如下：

```
#include <iostream.h>
class MyClass
{
public:
    int x,y;
```

```
        void set(int a,int b)
        {
            x=a;
            y=b;
        }
        void show()
        {
          cout<<"x="<<x<<endl;
          cout<<"y="<<y<<endl;
        }
};
void main()
{
    MyClass obj1;
    cout<<"在类体外设置 x 和 y 的值后："<<endl;
    obj1.x=5;
    obj1.y=6;
    obj1.show();
    cout<<"使用 set()方法设置 x 和 y 的值后："<<endl;
    obj1.set(1,2);
    obj1.show();
}
```

程序的运行结果如图 2-17 所示。

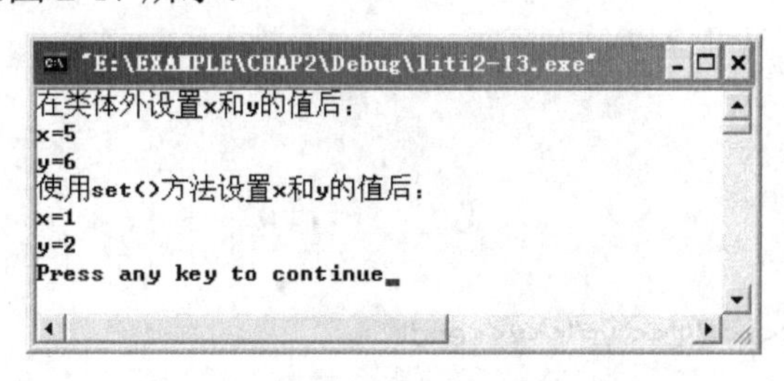

图 2-17　公共成员的访问控制

注意：

- 如果没有给出成员访问控制修饰符，默认的访问控制是私有的。
- 一旦给出了成员的访问控制修饰符，其后面的成员都具备该访问控制权限，直到出现另外一个访问控制修饰符或类声明结束。

一般来说，公有成员是类的对外接口，而私有成员和保护成员是类的内部实现，是不希望被外界所了解的。将类的成员划分为不同的访问权限有两个好处：一是信息隐藏，即实现的封装，将类的内部实现和外部接口分开，这样使用该类的程序时不需要了解类的详细实现；二是数据保护，即将类的重要信息保护起来，以免其他程序不恰当地修改。

2.3　对　　象

C++中，类的声明描述了该类的所有对象具有的特征和行为。但类只是一个数据类型，

系统不会给类分配内存空间，为了使用类，还必须定义类的对象，只有在定义类对象时才会给对象分配相应的存储空间，才能对对象进行操作。

2.3.1 对象的定义

类是一个用户自定义的数据类型，一旦声明了一个类，就可以用它作为数据类型来定义对象，所以类对象也叫做类变量或类的实例。定义类对象的格式如下：

```
类名 对象名表;
```

说明：

❶“类名”是声明过的某个类的名字。

❷“对象名表”中是要定义的对象的名字，对象名必须是C++中合法的标识符。

❸“对象名表”中可以有一个或多个对象名，多个对象名之间用逗号隔开。

❹“对象名表”中可以是一般的对象名，也可以是对象数组名、对象引用名或指向对象的指针变量名（有关数组、指针、引用的知识参见第5章）。

例 2-14 类对象的定义。

程序如下：

```
class MyClass
{
public:
    int x,y;
    void show()
    {
        cout<<"x="<<x<<'/t'<<"y="<<y<<endl;
    }
};
void main()
{
MyClass obj1,obj2;          //定义 MyClass 类型的对象 obj1、obj2
    obj1.x=100;             //通过对象 obj1 访问其成员变量 x
    obj1.y=200;             //通过对象 obj1 访问其成员变量 y
    obj1.show();            //通过对象 obj1 调用其成员函数 show()
}
```

在例 2-14 中，先定义了类 MyClass，在函数 main()中定义了 MyClass 类型的对象 obj1 和 obj2，由于 MyClass 类中的成员变量和成员函数都是 public 的访问权限，因此可以在 MyClass 类的外面，通过 obj1 对象访问其成员变量和成员函数。

也可以在定义类的同时定义对象，例如，可将例 2-14 中的程序改写成如下形式：

```
class MyClass
{
public:
    int x,y;
```

```
    void show()
    {
        cout<<"x="<<x<<'/t'<<"y="<<y<<endl;
    }
}obj1,obj2;              //定义类的同时定义对象 obj1 和 obj2
void main()
{
    obj1.x=100;     //通过对象 obj1 访问其成员变量 x
    obj1.y=200;     //通过对象 obj1 访问其成员变量 y
    obj1.show();    //通过对象 obj1 调用其成员函数 show()
}
```

这时，对象 obj1 和 obj2 是在函数 main()外面定义的，是全局的对象，有效的作用范围是从定义位置开始到文件末尾。而例 2-14 中，对象 obj1 和 obj2 是在函数 main()里面定义的，是局部的对象，有效的作用范围仅仅在函数 main()内部（关于变量作用域参见第 4 章）。

2.3.2　对象成员的访问方法

创建了对象，就可以通过对象访问该对象中的成员。

1．对象的成员变量的访问方式

对象的成员变量的访问格式如下：

```
对象名.成员变量名
```

其中，“.”是成员运算符，用于表示对象的成员。

例如，例 2-14 中通过对象 obj1 访问 obj1 的成员变量 x 和 y 的格式为：obj1.x、obj1.y。

2．对象的成员函数的调用方法

调用对象的成员函数的格式如下：

```
对象名.成员函数名([实参表])
```

其中，“实参表”为可选项，成员函数在定义时有形参，则调用该成员函数时需提供实参。

例如，例 2-14 中通过对象 obj1 调用其成员函数 show()的格式为 obj1.show()。

例 2-15　演示对象成员的访问方法。

程序如下：

```
#include <iostream.h>
class Point
{
    int x,y;
public:
    void setPoint(int x1,int y1)
    {
```

```
        x=x1;
        y=y1;
    }
    void showPoint()
    {
        cout<<"("<<x<< ","<<y<<")"<<endl;
    }
};
void main()
{
    Point p1;
    p1.x=10;        //错误，因为 Point 类中的 x 成员为私有的，在类外不能访问
    p1.y=20;        //错误，因为 Point 类中的 y 成员为私有的，在类外不能访问
    p1.setPoint(10,20) ;
    p1.showPoint();
}
```

程序运行结果为：（10,20）。这时需注意在类的外面通过“对象名. 成员变量”方式访问对象成员变量或通过“对象名. 成员函数()”方式调用成员函数时，成员变量和成员函数的访问权限应为 public，否则编译报错。

2.3.3 对象的存储空间

在定义类时，系统不会给类分配内存空间，只有创建对象时，C++才会为每一个对象分配内存空间。C++给对象分配内存实际上是为每一个对象的数据成员分配内存空间，因此 C++给对象分配的内存的大小为该对象的数据成员所占的内存数的总和，而类中的所有成员函数只生成一个副本，该类的每个对象执行相同的成员函数副本。

例 2-16 分析对象所占存储空间大小。

程序如下：

```
#include <iostream.h>
class VolTest
{
    char ch;
    int x;
    double y;
public:
    void setValue(char c, int a,double b)
    {
        ch=c ;
        x=a;
        y=b;
    }
    void printValue()
    {
        cout<<"ch="<<ch <<","<<"x="<<x<<","<<"y="<<y <<endl;
```

```
    }
};
void main()
{
    VolTest vt1,vt2;
    vt1.setValue('A',2,3.5);
    vt1.printValue();
    vt2.setValue('B',4,7.9);
    vt2.printValue();
    cout<<"对象 vt1 所占空间大小为："<<sizeof(vt1)<<endl;
    cout<<"对象 vt2 所占空间大小为："<<sizeof(vt2)<<endl;
}
```

程序的运行结果如图 2-18 所示。

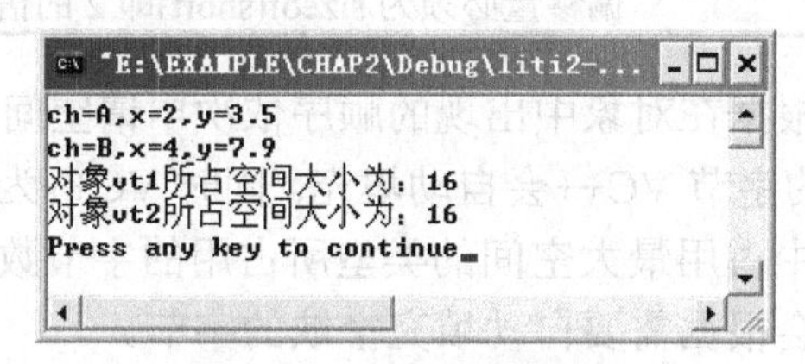

图 2-18　对象的存储空间测试

从图 2-18 中可以看到，为对象 vt1 和 vt2 分配的内存空间均为 16 个字节 （sizeof(ch)+sizeof(x)+sizeof(y)），是对象 vt1 和 vt2 中成员变量占用的内存空间之和。图 2-19 显示了对象 vt1 和 vt2 中相应成员变量的值。

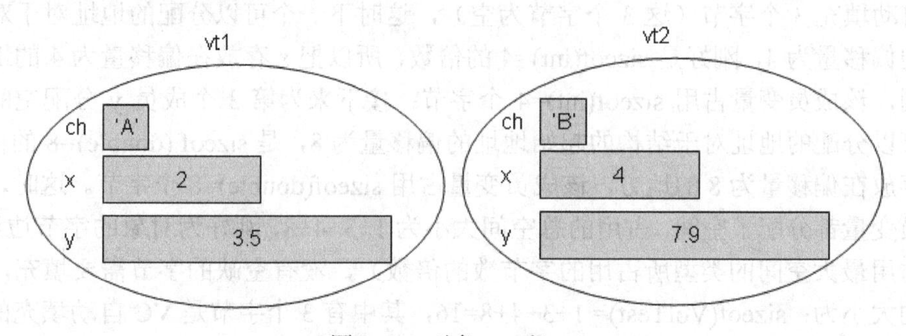

图 2-19　对象 vt1 和 vt2

类 VolTest 中的成员函数均放在公用区中，并且只保存一份，每个函数代码有一个地址，类 VolTest 的每个对象中只存放自己的数据成员值和指向公用区中对应成员函数的地址。这种对象的存储空间分配方式不仅节省了存储空间，而且各个对象的成员变量分别存放，互不干扰。

这时，读者可能还有这样的疑问：从运行结果中可以看出给对象 vt1 和 vt2 分配的内存空间为 16 个字节，可是从对象的成员变量来看，字符变量所占内存为 1 个字节，整型变量所占内存为 4 个字节，双精度类型占 8 个字节，总共为 13 个字节。这是由于 C++中为对象分配内存空间时遵循“对齐”原则造成的。如果成员变量是基本类型，则遵循基本类型对齐原则，如果没有任何成员变量，类对象占用一个字节的空间。

什么是对齐原则？为了提高 CPU 的存储速度，VC++对一些变量的起始地址做了“对齐”处理。在默认情况下，VC++规定对象各成员变量存放的起始地址相对于对象的起始地址的偏移量必须为该变量的类型所占用的字节数的倍数。常用类型的对齐方式（VC++ 6.0，32 位系统）如表 2.4 所示。

表 2.4 常用类型的对齐方式

类　型	对齐方式（变量存放的起始地址相对于结构的起始地址的偏移量）
char	偏移量必须为 sizeof(char)即 1 的倍数
int	偏移量必须为 sizeof(int)即 4 的倍数
float	偏移量必须为 sizeof(float)即 4 的倍数
double	偏移量必须为 sizeof(double)即 8 的倍数
short	偏移量必须为 sizeof(short)即 2 的倍数

各成员变量在存放时根据在对象中出现的顺序依次申请空间，同时按照表 2.4 所示的对齐方式调整位置，空缺的字节 VC++会自动填充。同时 VC++为了确保对象的大小为对象的字节边界数（即该对象中占用最大空间的类型所占用的字节数）的倍数，在为最后一个成员变量申请空间后，还会根据需要自动填充空缺的字节。

在例 2-16 中，类 VolTest 中有 3 个成员变量，因为为对象 vt1 分配内存空间时，VC++根据成员变量出现的顺序和对齐方式，先为第一个成员 ch 分配空间，其起始地址与对象的起始地址相同，该成员变量占用 sizeof(char)=1 个字节；接下来为第 2 个成员 x 分配空间，这时下一个可以分配的地址对于对象的起始地址的偏移量为 1，不是 sizeof(int)的倍数，因此 VC 自动填充 3 个字节（这 3 个字节为空），这时下一个可以分配的地址对于对象的起始地址的偏移量为 4，刚好是 sizeof(int)=4 的倍数，所以把 x 存放在偏移量为 4 的地方满足对齐原则，该成员变量占用 sizeof(int)=4 个字节；接下来为第 3 个成员 y 分配空间，这时下一个可以分配的地址对于结构的起始地址的偏移量为 8，是 sizeof (double)=8 的倍数，所以把 y 存放在偏移量为 8 的地方，该成员变量占用 sizeof(double)=8 个字节。这时，整个对象的成员变量都分配了空间，占用的总空间大小为 1+3+4+8，刚好为对象的字节边界数（即对象中占用最大空间的类型所占用的字节数的倍数），没有空缺的字节需要填充，所以整个对象的大小为：sizeof(VolTest)= 1+3+4+8=16，其中有 3 个字节是 VC 自动填充的，没有放任何有意义的东西。

根据“对齐”原则，如果把字符变量 ch 放到双精度变量后面，对象所占空间为 24 个字节，读者可自行分析。

2.4 运算符和表达式

用来表示各种运算的符号称为运算符。例如，数值运算中经常用到的加、减、乘、除等符号就是运算符。C++提供了丰富的运算符，主要包括：

- 算术运算符：+、-、*、/、%。

- ❑ 赋值运算符：基本赋值运算符（=）、复合赋值运算符（+=、-=、*=、/=、%=、<<=、>>=、&=、|=、^=）。
- ❑ 自增、自减运算符：++、--。
- ❑ 关系运算符：<、<=、>、>=、==、!=。
- ❑ 逻辑运算符：&&、||、!。
- ❑ 条件运算符：? :。

参与运算的数据称为操作数。用运算符把操作数连接起来，并符合 C++语法规则的式子称为表达式，其中的运算符表明对操作数进行何种操作，而操作数可以是常量、变量和函数等。例如，(a-b)/c+4、a>3 && a<10、10*max(a,b)等都是 C++的合法表达式。注意，声明过的单个变量或常量就是一种最简单的表达式。

在学习运算符和表达式时，应从以下几个方面进行考虑：

（1）运算符的功能，即该运算符要实现什么运算，完成什么功能。例如，“*”表示求积，“<<”表示左移。

（2）运算符与操作数的关系。首先，需要考虑运算符所需操作数的个数。根据运算符所需操作数的个数的不同，分为：

- ❑ 单目运算符，即只需一个操作数的运算符，如++x。
- ❑ 双目运算符，需要两个操作数的运算符，如 x+y。
- ❑ 三目运算符，需要 3 个操作数的运算符，C++中只有一个三目运算符，即条件运算符? :。

其次，需考虑运算符所需操作数的类型，如“%”要求两个操作数都是整型数据。

（3）运算符的优先级。当表达式中包含多个运算符时，系统会按照运算符的优先级来控制运算符执行顺序。例如，表达式 5+x*8 将先进行 x*8 乘法运算，再将其结果与 5 进行加法运算，因为运算符“*”的优先级高于运算符“+”。

（4）运算符的结合方向。只了解运算符的优先级还不足以确定一个表达式的求值次序，例如，在表达式 x+5-3 中，“+”与“-”的优先级是相同的，应该先计算哪个？在优先级相同的情况下，应按照“结合方向”来处理表达式，结合方向规定了一个运算符自左向右（左结合性）求值，还是自右向左（右结合性）求值。在表达式 x+5-3 中，算术运算符的结合性是左结合性，因此 5 先和左边的+号结合，即先和 x 做加法运算，再减去 3。

C++中各种运算符的优先级和结合方向可参考附录Ⅰ。

（5）结果的类型。例如，5/2 的结果并不是 2.5 而是 2，这是因为整数相除结果只能是整型数据。

综上所述，只有从以上 5 个方面对运算符有一个比较清楚的认识，才能对一个表达式正确求值。

2.4.1　算术运算符和算术表达式

1．算术运算符

算术运算符是对数值型数据进行算术运算的运算符。表 2.5 列出了各种算术运算符的功能及用法。

表 2.5 算术运算符

类 型	运算符	功 能	结合性	用 法
双目运算符	+	加法运算符，计算两个数的和	自左向右	a+b
	−	减法运算符，计算两个数的差	自左向右	a−b
	*	乘法运算符，计算两个数的乘积	自左向右	a*b
	/	除法运算符，计算两个数的商	自左向右	a/b
	%	取模运算符（取余），计算两个数相除以后得到的余数	自左向右	a%5
单目运算符	+	正值运算符	自右向左	+a
	−	负值运算符	自右向左	−a

使用表 2.5 中运算符时需注意以下几点：

（1）运算符+、−为单目运算符时，表示正值运算符和负值运算符。例如，+8 的结果是正整数 8，−8 的结果为负数 8。

（2）两个整数相除（/）的商只保留整数部分，小数部分被截断。例如，3/2 的结果是 1 而不是 1.5。如果参与除法（/）运算的操作数有一个为实数，则结果为实数。例如，3.0/2 或 3/2.0 的结果为 1.5。

（3）取模运算符（%）是求两个整数相除得到的余数，该运算符要求两个操作数均为整型数据，例如，10%3 是合法的表达式，其值为 1，而 10.5%3 是不合法的表达式，并且取模运算结果的符号与被除数的符号相同。例如，3%2=1、(−3)%2=−1、3%(−2)=1。

2．算术表达式

由各种算术运算符和常量或变量构成的，符合 C++语法规则的式子叫做算术表达式。算术表达式的操作数主要是数值类型和字符类型的数据。例如，下面都是有效的算术表达式：

```
4*5+a
(1+x)/(3*x)
b*b−4.0*a*c
3.14*sqrt(r)
'a'−32
```

当多个算术运算符出现在同一个表达式中时，首先按运算符的优先级别，先计算优先级高的运算符，然后再计算优先级低的运算符。如果优先级一样，再按照运算符的结合性进行计算。如果表达式中有圆括号，那么先执行圆括号里边的运算（利用圆括号可以改变表达式的计算顺序）。算术运算符中，正值运算符（+）、负值运算符（−）是单目运算符，优先级为 3，而乘（*）、除（/）、取模（%）运算符的优先级为 4，高于加（+）、减（−）。各运算符的结合性见表 2.5。

例 2-17 算术表达式的计算。

程序如下：

```
#include <iostream.h>
class TestCalc
```

```
{
private:
    int i,j,k;
public:
    void calc()
    {
        int x,y,z;
        i=5;
        j=6;
        k=8;

        //"+"和"-"的优先级相同，结合性为自左向右，因此 j 先和 i 相加，结果再减去 k
        x=i+j-k;                        //x 被赋值为 3
        cout<<"x="<<x<<endl;            //输出 x=3

        //先计算圆括号中的 i+j
        //"*"和"/"优先级相同，结合性自左向右，因此 k 先和（i+j）相乘，乘积除以 3
        x=(i+j)*k/3;
        cout<<"x="<<x<<endl;            //输出 x=29

        x=25*4/2%k;
        cout<<"x="<<x<<endl;            //输出 x=2

        //圆括号可改变运算符的优先级别
        y=(1+x)/(3*x);
        cout<<"y="<<y<<endl;            //输出 y=0

        z=(((2.2*x-3.6)*x+2)*x)-5;
        cout<<"z="<<z<<endl;            //输出 z=2
    }
}
void main()
{
    TestCalc tc;
    tc.calc();
}
```

3．类型转换

表达式中数据类型的转换分为两种：隐式转换和显式转换。

（1）隐式转换

如果在一个表达式中出现不同数据类型（字符型、整型、浮点型）的数据进行混合运算，C++用特定的转换规则将两个不同类型的操作数自动转换成同一类型的操作对象，然后再进行计算，这种隐式转换的功能也称为自动类型转换。隐式类型转换的规则如图 2-20 所示。

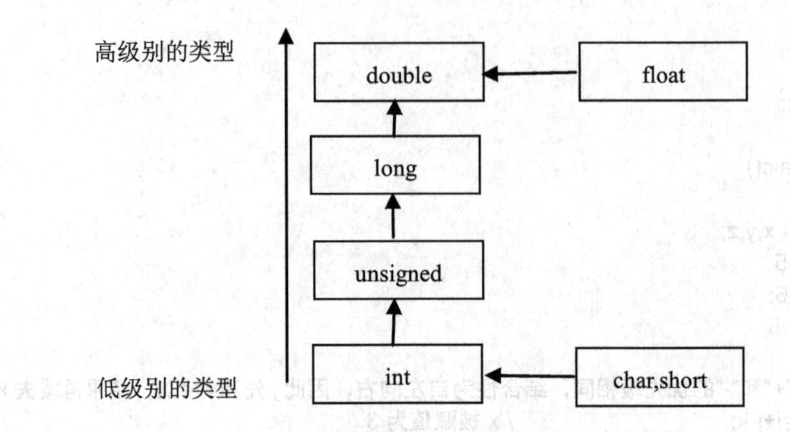

图 2-20　隐式类型转换的规则

在图 2-20 中，纵向的箭头表示在类型不一致时的转换顺序，横向的箭头表示必定的转换，即即使操作数的类型一致，也需要先转换后运算。例如：

```
float x=2.3,y=4.5;
```

在计算表达式 x+y 的值时，虽然 x，y 同为 float 类型，也需要首先转换为 double 类型，然后再相加。这就是一种必定的转换。再如，

```
char ch;
int i;
float f;
double d;
```

若计算表达式 ch/i+f*d 的值，需先将 ch 转换为 int 类型，然后计算 ch/i，结果为 int 类型，计算 f*d 时，将 f 转换为 double 类型，然后计算，结果为 double 类型，最后相加时，把 int 转换为 double，所以整个表达式的结果类型为 double。

例 2-18　在程序中定义了如下所示的变量，并进行了初始化，计算表达式 i+c1-f*2.0+r 的值，并判断结果的数据类型。

```
int i=3;
char c1='b';
float f=1.32f;
double r=8.52;
```

分析：

- c1 左右两边的运算符优先级相同，结合性自左向右，因此，c1 先和 i 做加法，这时，c1 自动转换为 int 型值 98 和变量 i 的值相加，结果为 101，int 型。
- f 左边为“-”，右边为“*”，“*”的优先级高于“-”，因此 f 先和 2.0 相乘，这时 f 会自动转换为 double 型的 1.32，结果为 2.64，double 型。这时表达式变为 101-2.64+8.52。
- -和+优先级相同，结合性自左向右，因此 2.64 先和 101 做减法，这时 101 会自动转换为 double 类型的 101.0，和 2.64 相减，结果为 98.36，double 型。

- 两个 double 型的值 98.36 和 8.52 相加，结果为 106.88，double 型。

（2）显示转换

显示类型转换又叫强制类型转换，是将某种类型的数据人为地转换成另外一种类型的数据。包括两种转换形式：

```
(类型名)表达式　或者　类型名(表达式)
```

强制类型转换同样是运算符，因为是单目运算符，优先级为 3，高于算术运算符，而结合性是自右向左。例如，

```
(int)(x+y)         //把 x+y 的结果强制转换为 int 类型
(int)x+y           //因强制类型转换运算符的优先级高于算术运算符，因此表达式计算时是把 x 强制转
换为 int 类型，然后与变量 y 相加
(double)(3/2)  //把 3/2 的结果强制转换为 double 类型，结果为 1.0
```

需注意，强制类型转换得到所需类型的中间结果，原变量类型不变。例如，

```
float x=3.6;
int i=(int)x;
cout<<"x="<<x<<endl;   /*x 的值仍然是 3.6，i 的值为 3*/
```

例 2-19　将 double 类型的数据和 int 类型的数据进行显示转换。

程序如下：

```
#include <iostream.h>
void main()
{
    double a=10.6;
    int b=5;
    b=b+int(a);                //将 double 类型的数据强制转换为 int 型的数据，会损失精度
    cout<<b<<endl;             /结果为：15

    char c='A';
    c=c+(char)b;               //将 int 类型的数据转换为 char 类型的数据
    cout<<c<<endl;             //变量 c 中存放的是'P'的 ASCII 码 80，结果为 P
}
```

将级别较高的数据类型强制转换为级别较低的数据类型时，可能会发生精度损失问题。在例 2-19 中，将 double 类型的变量 a 中的值强制转换为 int 类型，只能将小数部分截去，损失了有效数字。

2.4.2　赋值运算符

C++提供了两类赋值运算符：基本赋值运算符和复合赋值运算符。表 2.6 列出了赋值运算符及其功能。

表 2.6　赋值运算符及其功能

赋值运算符	功　能	优 先 级	结 合 性	实　例	说　明
=	赋值	15	自右向左	x=3*y	将表达式 3*y 的结果赋值给 x
+=	加赋值	15	自右向左	x+=y	x=x+y
-=	减赋值	15	自右向左	x-=y	x=x-y
*=	乘赋值	15	自右向左	x*=y	x=x*y
/=	除赋值	15	自右向左	x/=y	x=x/y
%=	模赋值	15	自右向左	x%=y	x=x%y

1．基本赋值运算符和赋值表达式

基本赋值运算符“=”的功能是将其右侧表达式的值赋给其左侧的变量。格式如下：

```
变量=表达式
```

例如，

```
int a,var;
a=10;            //将常量 10 赋给变量 a
var=5*a;         //将表达式 5*a 的结果 50 赋给变量 var
```

由赋值运算符将表达式连接起来，形成的符合 C++语法规则的式子称为赋值表达式。由于赋值运算符的优先级为 15 级，只高于逗号运算符，比其他运算符的优先级都低，因此总是先计算赋值运算符右侧的表达式的值，再将其赋给赋值运算符左侧的变量。赋值表达式本身的运算结果是右侧表达式的值，而结果类型是左侧变量的数据类型。

例如，表达式 a=10 是赋值表达式，表达式的结果为 10；表达式 var=5*a 是赋值表达式，赋值运算符的优先级比算术运算符的优先级低，因此先计算赋值运算符右侧的表达式 5*a 的值 50，再将 50 赋给变量 var，该赋值表达式的值为 50。

C++中采用表达式的方式实现赋值操作，这也是 C++语言的灵活性所在，赋值表达式作为表达式可以放在任何可以放置表达式的地方。例如，

```
int i,j;
j=9+(i=4)*5;
```

表达式 j=9+(i=4)*5 是合法的，用表达式 i=4 的值参与算术运算，并将整个算术表达式的值赋给变量 j。

赋值运算符的结合性是自右向左，即从右向左依次执行赋值运算，因此，C++程序中可以出现连续赋值的情况。例如，下面的赋值是合法的。

```
int a,b,c;
a=b=c=100; //等价于 a=(b=(c=100))
```

赋值表达式 a=b=c=100 等价于 a=(b=(c=100))，因此先计算 c=100，然后将该表达式的值 100 赋给变量 b，最后将表达式 b=100 的值 100 赋给变量 a。

需注意：

（1）赋值运算符左侧只能是变量，不能是常量或表达式。例如，5=a、4*b+c=10 等都是错误的。

（2）要注意赋值运算符“=”与数学中“等号”间的异同。

（3）在赋值表达式中，当左侧变量的类型与右侧表达式的类型不同时，先计算出右侧表达式的值，然后将其转换为左侧变量的类型，赋给变量。例如，

```
int m;
float f=2.664f;
m=f*3;            //m 的值为 7
```

分析：

- 按照运算符的优先级，表达式 m=f*3 应先计算 f*3 的值，这时 C++自动将变量 f 的值以及常量 3 转换为 double 类型，然后相乘，结果也为 double 类型。
- 执行赋值运算时，赋值运算符左侧的变量为 int 类型，而右侧表达式为 double 类型，C++会自动将 double 类型的值 7.992 转换为 int 类型（直接将小数部分截去），赋给变量 m，因此变量 m 的值为 7。

2．复合赋值运算符

复合赋值运算符是能够完成某种算术运算或位运算又能赋值的运算符，相当于某种算术运算符或位运算符和赋值运算符的组合功能。常见的复合赋值运算符有+=（加赋值）、-=（减赋值）、*=（乘赋值）、/=（除赋值）和%=（取模赋值）。复合赋值运算符的一般格式为：

```
变量 op= 表达式
其中，op 表示+、-、*、/、%等运算符。
该表达式等价于：
变量=变量 op 表达式
```

例 2-20　复合赋值运算符的应用。

程序如下：

```
#include <iostream.h>
void main()
{
    int a,b,c,d,e,var;
    a=b=c=d=e=10;
    var=2;
    a+=var;   //a=a+var
    b-=var;   //b=b-var
    c*=var;   //c=c*var
    d/=var;   //d=d/var
```

```
    e%=var;  //e=e%var
    cout<<a<<" "<<b<<" "<<c<<" "<<d<<" "<<e<<endl;
}
```

程序的执行结果为：12　8　20　5　0。

使用复合赋值运算符时需注意以下几点：

（1）复合赋值运算符是一个整体，优先级和结合性与基本的赋值运算符一样。例如，

```
int i=10,j=5;
i*=j+10;                    //等价于 i=i*(j+10)，因为"*="的优先级比"+"的优先级低，先计算 j+10
```

（2）复合赋值运算符的左侧只能是变量，不能是常量或表达式。

（3）复合赋值运算符的结合性是自右向左。例如，

```
int i=2;
i*=i-=i+=2;
```

表达式 i*=i-=i+=2 等价于 i*=(i-=(i+=2))，表达式和变量 i 的值都为 0，读者可自行分析。

2.4.3　自增、自减运算符

自增运算符（++）和自减运算符（--）是单目运算符，即操作数是一个，完成一个变量的加 1 或减 1 操作，最后把新值赋给该变量。需要说明的是：

（1）自增、自减运算符的操作数只能是变量，不能是常量或表达式。因为自增、自减运算最后有一个赋值的过程，如果是常量或表达式没法将新值赋给它们。

（2）参与自增、自减运算的变量只能是 int 类型的数据或 char 类型的数据。例如，

```
int b=10;
++b;
char a='A';
++a;
```

最后变量 b 的值为 11，变量 a 的值为字母 B。

自增、自减运算符既可位于变量的前面，也可位于变量的后面。位于变量前面的称为前置的自增、自减运算符，位于变量后面的称为后置的自增、自减运算符。

1．前置运算符

前置运算符是自增运算符（++）或自减运算符（--）在变量的前面给出，表示先执行变量的自增或自减运算，再使用该变量的值。

例 2-21　前置自增、自减运算符的应用。

程序如下：

```
#include <iostream.h>
void main()
```

```
{
    int a,b,c;
    a=b=10;
    c=++a;                      //先计算 a=a+1，再计算 c=a
    cout<<c<<"  "<<a<<endl;
    c=--b;                      //先计算 b=b-1，再计算 c=b
    cout<<c<<"  "<<b<<endl;
    a=b=10;
    c=0;
    c=c+(++a);                  //先计算 a=a+1，再计算 c=c+a
    cout<<c<<endl;
    c=c+(--b);                  //先计算 b=b-1，再计算 c=c+b
    cout<<c<<endl;
}
```

程序的运行结果为：

```
11  11
9  9
11
20
```

2．后置运算符

后置运算符是自增运算符（++）或自减运算符（--）在变量的后面给出，表示先使用该变量的值，再执行变量的自增或自减运算。这样，自增或自减的结果并不影响本次参与运算的表达式的值，只能影响后面再次引用该变量的表达式的值。

例 2-22　后置自增、自减运算符的应用。

程序如下：

```
#include <iostream.h>
void main()
{
    int a,b,c;
    a=b=10;
    c=a++;                 //先计算 c=a，再计算 a=a+1
    cout<<c<<"  "<<a<<endl;
    c=b--;                 //先计算 c=b，再计算 b=b-1
    cout<<c<<"  "<<b<<endl;
    a=b=10;
    c=0;
    c=c+(a++);             //先计算 c=c+a，再计算 a=a+1
    cout<<c<<endl;
    c=c+(b--);             //先计算 c=c+b，再计算 b=b-1
    cout<<c<<endl;
}
```

程序的运行结果为：

```
10  11
10   9
10
20
```

通过例 2-21 和例 2-22 可以看出，在单独的作为一个表达式时，++a 和 a++的效果一样，都是将变量 a 自增 1。但当作为一个复杂表达式的一部分，例如，

```
(a++)*b 和(++a)*b
```

那么这两个表达式的效果是不一样的，前置++表示先将其后面的变量值增 1，然后将增 1 后的变量参与表达式计算；而后置++表示将其前面的变量先参与表达式计算，然后变量本身增 1。例如，若 a=1，b=2，则(a++)*b 的结果为 2，而(++a)*b 的结果为 4。表达式计算完后，变量 a 的值都会变为 2。

自增、自减运算符是单目运算符，优先级是 3 级，与取正、取负运算符一样，而高于算术运算符和赋值运算符，其结合性为自右向左。例如，

```
int i=3;
int j;
j=-i++;     //j=?  i=?
```

表达式 j=-i++中，运算符有赋值运算符（=）、取负运算符（-）以及自增运算符（++）。赋值运算符的优先级最低，而取负运算符和自增运算符都是单目运算符，优先级相同而结合性为自右向左，因此该表达式等价于 j=(-(i++))，因此变量 j 的值为-3，整个表达式的值为-3，变量 i 的值为 4。

2.4.4　关系运算符和关系表达式

关系运算符即比较运算符，表示大小关系的比较。C++提供了 6 个关系运算符，如表 2.7 所示。

表 2.7　关系运算符

关系运算符	功　能	优先级	结 合 性	实　　例
>	大于	7	自左向右	a>b，若 a 大于 b 则关系成立，否则关系不成立
<	小于	7	自左向右	a<b，若 a 小于 b 则关系成立，否则关系不成立
>=	大于等于	7	自左向右	a>=b，若 a 大于等于 b 则关系成立，否则关系不成立
<=	小于等于	7	自左向右	a<=b，若 a 小于等于 b 则关系成立，否则关系不成立
==	相等	8	自左向右	a==b，若 a 等于 b 则关系成立，否则关系不成立
!=	不等	8	自左向右	a!=b，若 a 不等于 b 则关系成立，否则关系不成立

关系运算符是双目运算符，包括两个操作数。由关系运算符将两个表达式连接起来，形成的符合 C++语法规则的式子称为关系表达式。若关系成立，则表达式的值为真；否则，表达式的值为假。C++中用 1 表示真，用 0 表示假。例如，

```
int a=3,b=9;
a>b         //关系表达式的值为 0
a<b         //关系表达式的值为 1
a==b        //关系表达式的值为 0
```

关系运算符的优先级为 7 级和 8 级，比单目运算符、算术运算符的优先级低，但高于赋值运算符，其结合性为自左向右。

例 2-23　关系表达式的计算。

程序如下：

```
#include <iostream.h>
void main()
{
    int a=5,b=6,c;
    float x;

    c=a*a>b+10;              //a*a 的值为 25，大于 b+10 的值 16，因此关系成立，c 的值为 1
    cout<<"表达式 a*a>b+10 的值为："<<c<<endl;

    //圆括号可以改变运算符的执行顺序
    cout<<"表达式(c=a*a)>b+10 的值为："<<((c=a*a)>b+10)<<endl;
    cout<<c<<endl;           //这时 c 的值为 25

    c=(a=b);                 //a=b 是赋值表达式
    cout<<"c="<<c<<endl;

    c=(a==b);                //a==b 是关系表达式
    cout<<"c="<<c<<endl;

    x=1.0/3.0*3.0==1.0;      //浮点数的相等或不等的比较尽量不用==或!=
    cout<<"x="<<x<<endl;

    a=4;
    b=3;
    c=2;
    d=a>b>c;                 //等价于 d=(a>b)>c
    cout<<"d="<<d<<endl;
}
```

程序的运行结果如图 2-21 所示。

在例 2-23 中，需注意以下问题：

（1）注意区分运算符“=”与“==”的使用。

（2）对实型数据尽量不做相等或不等的判断，因为在计算机内，有时不能对实型数据

进行精确的表达。例如，可将表达式 1.0/3.0*3.0==1.0 改写为：

```
fabs(1.0/3.0*3.0-1.0)<1e-6          //fabs(x)是系统的库函数，用于求 x 的绝对值
```

即两个实型数据差的绝对值比一个很小的数（如 $1.0*10^{-6}$）还要小，可近似地认为这两个实型的数据相等。

（3）在数学上，a>b>c 是正确的，表明 a 比 b 大，并且 b 比 c 大，但 C++的理解却不同。在 C++中，该表达式等价于(a>b)>c，即先计算 a>b，关系成立，结果为 1，然后再计算 1>c，关系不成立，因此结果为 0。因此，一般不使用连续关系运算符的描述方式，这样的表达式的计算结果往往会出乎人们的预料。

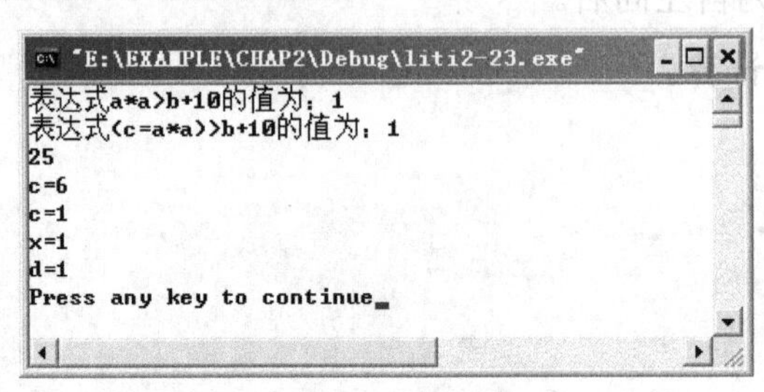

图 2-21　例 2-23 的运行结果

2.4.5　逻辑运算符和逻辑表达式

1. 逻辑运算符

逻辑运算符是对两个逻辑量进行运算的运算符，通常用它们将多个关系表达式连接起来，形成更复杂的条件表达式。逻辑运算符包括&&（与）、||（或）和！（非），如表 2.8 所示。

表 2.8　逻辑运算符

逻辑运算符	功　能	优 先 级	结　合　性	示　　例
!	逻辑非	3	自右向左	!(a>b)
&&	逻辑与	12	自左向右	(a>b) && (b>c)
||	逻辑或	13	自左向右	c==0 || c==9

逻辑运算符的优先级从高到低依次为！（非）、&&（与）、||（或）。和其他运算符相比，“！”运算符高于算术运算符、关系运算符，“&&”运算符和“||”运算符低于算术运算符和关系运算符，但高于赋值运算符。“！”是单目运算符，结合性是自右向左，而“&&”和“||”是双目运算符，结合性是自左向右。

由逻辑运算符将表达式连接起来的，符合 C++语法规则的式子称为逻辑表达式。逻辑运算符的运算对象是逻辑量。表 2.9 给出了逻辑运算符的运算法则。

表 2.9　逻辑运算符的运算法则

a	b	!a	a && b	a || b
真	真	假	真	真
真	假	假	假	真
假	真	真	假	真
假	假	真	假	假

从表 2.9 中可以看出，只有当两个操作数都为真时，与运算的结果才为真，否则为假；对于或运算来说，只要两个操作数中有一个为真，或运算就为真，两个操作数都不为真时，或运算才为假。

需要注意的是，C++中，在给出一个逻辑表达式的最终计算结果值时，用 1 表示真，用 0 表示假。但在进行逻辑运算的过程中，凡是遇到非 0 值就当真值参与运算，遇到 0 值时就当假值参与运算。

例 2-24　计算下列逻辑表达式的值。

程序如下：

```
int a,b,c;
a=5;
b=10;
c=5;
!a                          //表达式的值为 0
!!a                         //表达式的值为 1，等价与!(!a)
a>b && b！=c                //表达式的值为 0，等价于(a>b) &&(b!=c)
a>b || b!=c                 //表达式的值为 1，等价于(a>b)||(b!=c)
a && b                      //表达式的值为 1
！ a || b                   //表达式的值为 1，等价于(!a)|| b
3>2 && 4>6 && 3==4          //表达式的值为 0，等价于((3>2) && (4>6)) && (3==4)
!a || b && c                //表达式的值为 1，先计算!a，然后计算 b&&c，最后计算||（或）
```

例 2-25　判断给定的年份是否是闰年。

判断闰年的条件是年份能被 400 整除，或者能被 4 整除但不能被 100 整除。程序如下：

```
#include <iostream.h>
void main()
{
    int year=2010;
    if( year%400==0 || year%4==0 && year%100!=0   )
        cout<<year<<"年是闰年！"<<endl;
    else
        cout<<year<<"年不是闰年！"<<endl;
}
```

程序的运行结果为：2010 年不是闰年！。

在例 2-25 中用到了条件语句 if...else，该语句的功能是计算 if 后面圆括号里的逻辑表达式，如果表达式的值为非 0（真）的，则执行 if 之后的语句 cout<<year<<"年是闰年！"<<endl;，在屏幕上输出：XXXX 年是闰年！；否则，执行 else 之后的语句 cout<<year<<"年不是闰年！"<<endl;，在屏幕上输出：XXXX 年不是闰年！。

2．逻辑运算符的短路特性

为了提高程序的执行效率，当&&（与）运算符左侧的表达式为假时，不再计算右边表达式的值，因为&&（与）运算只要有一个操作数是假，那么整个运算结果就是假；当||（或）运算符左侧的表达式为真时，不再计算右侧表达式的值，因为||（或）运算只要有一个操作数是真，那么整个运算结果就是真。这就是逻辑运算符的短路特性。

例 2-26　&&（与）运算符的短路性。

程序如下：

```
#include <iostream.h>
void main()
{
    int a,b,c=0;
    a=10;
    b=5;
    cout<<((a<b)&&(c=2))<<endl;   //满足&&运算的短路性，a<b 的结果为假，则不再
                                   //执行赋值语句 c=2
    cout<<c<<endl;                 // 输出结果 0
    cout<<((a>b)&&(c=2))<<endl;   //不满足&&运算的短路性，a>b 的结果为真，继续
                                   //执行赋值语句 c=2
    cout<<c<<endl;                 // 输出结果 2
}
```

2.4.6　条件运算符

条件运算符是 C++中唯一一个三目运算符，一般格式如下：

```
表达式 1？表达式 2：表达式 3
```

条件表达式的求解过程如图 2-22 所示。先判断表达式 1 的值，如果为真，表达式 2 的值就是整个条件表达式的值，否则表达式 3 的值是整个条件表达式的值。

例如，

```
int a=10,b=5,c;
c=a>b?a+b:a-b
```

求 c 的值。

查看附录 I 可知，条件运算符（?:）的优先级是 14，比算术运算符、关系运算符的优

先级低，但比赋值运算符的优先级高，并且其结合性自右向左。因此该表达式的等价形式为 c=((a>b)?(a+b):(a-b))，若 a>b 为真，则 c 取 a+b 的值 15；否则，c 取 a-b 的值 5。

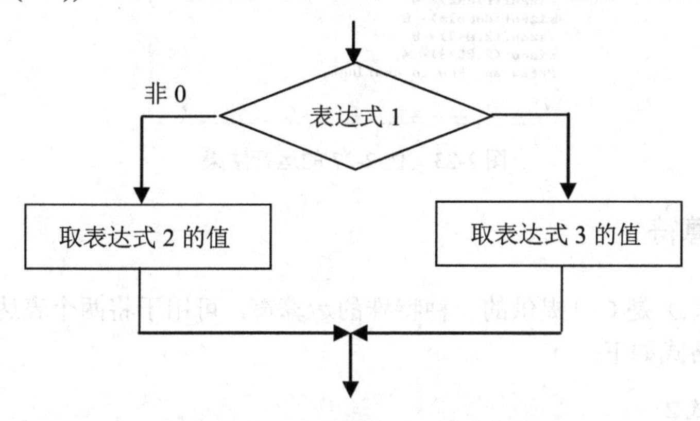

图 2-22　条件表达式的求解过程

再如，表达式 max=a>b ? a:b，是把 a 和 b 中的较大值赋给变量 max；表达式(x>=0)?x:-x 的功能是求 x 的绝对值；表达式 a>b ? a : c>d ? c : d 等价于(a>b) ? a : ((c>d) ? c : d)，即先判断是否 a>b，如果为真，则整个表达式的值为变量 a 的值；如果为假，则再进一步判断 c 是否大于 d，如果为真，则整个表达式的值为变量 c 的值，否则为变量 d 的值。

2.4.7　sizeof 运算符

运算符 sizeof 是单目运算符，用于计算某种数据类型的运算对象在内存中占用的字节数。通常可以根据 sizeof 运算符的结果来判断变量、表达式和对象的数据类型。注意，每种类型的数据占用的内存空间的长度与当前计算机的字长有关。sizeof 的一般格式如下：

```
sizeof(表达式)          //测试表达式的结果在内存中占用的字节数
sizeof(类型标识符)      //测试数据类型在内存中占用的字节数
```

例 2-27　sizeof 运算符的使用。

程序如下：

```
#include <iostream.h>
void main()
{
    int a=10;
    cout<<"sizeof(a)= "<<sizeof(a)<<endl;                //4
    cout<<"sizeof(char)= "<<sizeof(char)<<endl;          //1
    cout<<"sizeof(float)= "<<sizeof(float)<<endl;        //4
    cout<<"sizeof(double)= "<<sizeof(double)<<endl;      //8
    cout<<"sizeof(2.0+3)= "<<sizeof(2.0+3)<<endl;        //8
    cout<<"sizeof(2.0f+3)= "<<sizeof(2.0f+3)<<endl;      //4
}
```

程序的运行结果如图 2-23 所示。

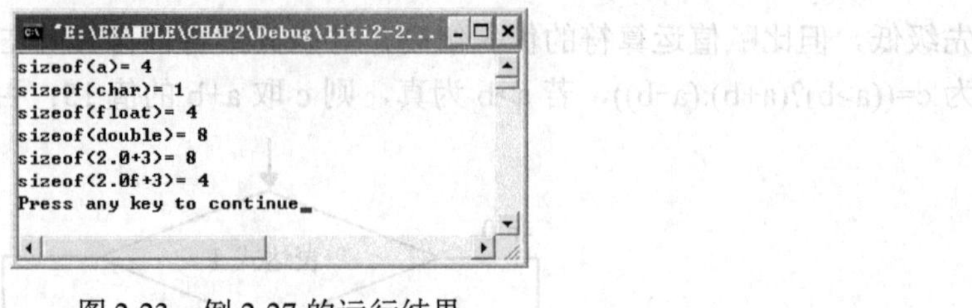

图 2-23　例 2-27 的运行结果

2.4.8　逗号运算符

逗号运算符（,）是 C++提供的一种特殊的运算符，可用于将两个表达式连接起来，构成逗号表达式。格式如下：

```
表达式 1,表达式 2
```

查看附录 I，可以发现逗号运算符（,）的优先级是最低的，其结合性为自左向右，因此逗号表达式的求值过程为：先求解表达式 1，再求解表达式 2，整个逗号表达式的值是表达式 2 的值。例如，

```
a=3*5,a*4                  //a 的值是 15，表达式的值是 60
x=(a=3,6*3)                //先计算 (a=3,6*a)的值，为 18，然后赋值给变量 x
x=a=3,6*a                  //x 与 a 的值都是 3，整个表达式的值为 18
```

在逗号表达式中，表达式 1 和表达式 2 还可以是逗号表达式，因此就有如下的扩展形式：

```
表达式 1，表达式 2，表达式 3，…
```

其运算过程是：从左到右依次求出各表达式的值，并把最后一个表达式的值作为整个表达式的值。例如，

```
int a,b=1,c=2,d=3;
a=d+4,b=b+c*2,d=d*b;     //先计算 a=d+4，再计算 b=b+c*2，最后计算 d=d*b，结果为 15
```

需注意，并不是任何地方出现的逗号都表示逗号运算符，在定义变量时，多个相同类型的变量用逗号隔开；函数的参数有多个时，也需用逗号分隔。例如，

```
int a,b=1,c=2,d=3; //这里出现的逗号用来分隔 4 个相同类型的变量
```

2.5　小　结

通过本章的学习，可以了解定义类和对象的方法，认识 C++中的几种简单数据类型（整型、单精度浮点型、双精度浮点型、字符型以及 void 类型），学习类中数据成员和成员函数的定义方法，知道类成员的访问控制修饰符（private、protected 和 public）的作用和访问权限，为今后对类和对象的进一步认识打下了基础。在本章的最后，详细介绍了 C++中各种运算符以及由运算符、运算对象构成的表达式。

2.6 上 机 实 践

1．分析以下代码，写出程序的结果。

（1）程序 1

```
#include <iostream.h>
void main()
{
    char ch='A';
    char ch1=66;
    int i=60.0;
    cout<<ch<<endl<<ch1<<endl<<i;
}
```

（2）程序 2

```
#include <iostream.h>
class Customer
{
public:
    int age;
};
void main()
{
    Customer obj1,obj2;
    Cout<<"Enter the first customer's age: ";
    cin>>obj1.age;
    obj2=obj1;
    cout<<obj1.age<<"    is the age of customer1"<<endl;
    cout<<obj2.age<<"    is the age of customer2"<<endl;
}
```

2．定义一个学生类，类中数据成员包括学号、姓名和成绩，成员函数包括设置数据成员值的 setValue()方法和显示学生信息的 printValue()方法。

3．定义一个日期类 CDate，要求满足如下条件：

（1）有 3 个数据成员：year、month、date。

（2）有设置日期的成员函数。

（3）有使用格式“月/日/年”输出日期的成员函数。

（4）有计算当前日期加一天后显示新日期的成员函数。

（5）使用类的实例测试日期的显示和计算。

4．输入下面的程序，熟悉自增、自减运算符和复合赋值运算符的用法。

```
#include<iostream.h>
void main()
{
    int x,y;
```

```
    x=10;
    cout<<"自增自减运算符的应用："<<endl;
    cout<<"x : "<<x<<endl;
    cout<<"++x : "<<++x<<endl;
    cout<<"x++ : "<<x++<<endl;
    cout<<" (y=x++) : "<<(y=x++)<<endl;
    cout<<" (y=++x) : "<<(y=++x)<<endl;
    cout<<"--x : "<<--x<<endl;
    cout<<"x-- : "<<x--<<endl;
    cout<<"x : "<<x<<endl;
    cout<<endl;
    cout<<"复合赋值运算符的应用："<<endl;
    cout<<"x+=10 : "<<(x+=10)<<endl;
    cout<<"x-=5 : "<<(x-=5)<<endl;
    cout<<"x*=8 : "<<(x*=8)<<endl;
    cout<<"x/=4 : "<<(x/=4)<<endl;
}
```

习　　题

一、单项选择题

1．在一个类的定义中，包含有（　　）成员的定义。

A．数据　　B．函数　　C．数据和函数　　D．数据或函数

2．在关键字 public 后面定义的成员为类的（　　）成员。

A．私有　　B．公用　　C．保护　　D．任何

3．在关键字 private 后面定义的成员为类的（　　）成员。

A．私有　　B．公用　　C．保护　　D．任何

4．假定 AA 为一个类，a 为该类公有的数据成员，x 为该类的一个对象，则访问 x 对象中数据成员 a 的格式为（　　）。

A．x(a)　　B．x[a]　　C．x->a　　D．x.a

5．假定 AA 为一个类，a()为该类公有的成员函数，x 为该类的一个对象，则访问 x 对象中成员函数 a()的格式为（　　）。

A．x.a　　B．x.a()　　C．x->a　　D．x->a()

6．假定 AA 为一个类，a 为该类私有的数据成员，GetValue()为该类公有成员函数，它返回 a 的值，x 为该类的一个对象，则访问 x 对象中数据成员 a 的格式为（　　）。

A．x.a　　B．x.a()　　C．x->GetValue()　　D．x.GetValue()

7．假定 AA 为一个类，int a()为该类的一个成员函数，若该成员函数在类体外定义，则函数首部为（　　）。

A．int AA::a()　　B．int AA:a()　　C．AA::a()　　D．AA::int a()

8．假定 AA 为一个类，a 为该类的数据成员，若要在该类的一个成员函数中访问它，则书写格式为（　　）。

A．a　　B．AA::a　　C．a()　　D．AA::a()

9．类中定义的成员默认为（　　）访问属性。

A．public　　B．private　　C．protected　　D．friend

10．下列关于类和对象的叙述中，错误的是（　　）。

A．一个类只能有一个对象　　B．对象是类的具体实例

C．类是对某一类对象的抽象　　D．类和对象的关系是一种数据类型与变量的关系

11．有如下类声明：class Foo｛int bar; ｝；则 Foo 类的成员 bar 是（　　）。

A．公有数据成员　　B．公有成员函数

C．私有数据成员　　D．私有成员函数

12．分析以下程序中，c 的值是（　　）。

```
int a=10,b=5,c=0;
a<b&&c++;
cout<<c<<endl;
```

A．0　　B．1　　C．2　　D．无值

二、判断正误题

1．类的私有成员只能被类中的成员函数访问，任何类以外的函数对它们的访问都是非法的。（　　）

2．使用关键字 class 定义的类中默认的访问权限是私有（private）的。（　　）

3．域运算符描述的是类和成员之间的关系。（　　）

三、程序填空题

在下面程序的横线处填上适当的语句，使该程序执行结果为 10。

```
class MyClass
{
public:
    MyClass(int a){x = a;}
    int getnum(){__________} //取 x 值
private:
    int x;
};
    void main()
{
    MyClass my(10);
    cout<<my.getnum()<<endl;
}
```

四、思考题

1．数字和数字字符的区别是什么？1 和'1'有什么不同？

2．空字符'\0'和空格字符' '的区别是什么？它们的 ASCII 码值分别是多少？

第 3 章　类和对象的提高篇

第 2 章介绍了类和对象的基础知识，本章将进一步讨论类和对象中较深入的问题，包括构造函数和析构函数、类中静态成员的使用及 const 关键字的使用等。

3.1 构造函数

构造函数是一个特殊的成员函数，其命名、定义格式和调用方式都与一般的成员函数不同。本节将详细介绍构造函数的定义与使用方法。

3.1.1　什么是构造函数

类是对象的模板，使用类可以创建无数个对象。当创建一个对象时，对象的状态（数据成员的取值）是不确定的。

例 3-1　对象的初始状态。

程序如下：

```
#include <iostream.h>
class Calculator
{
private:
	int num1,num2,result;
public:
	void add()
	{
		result=num1+num2;
	}
	void display()
	{
		cout<<"结果为："<<result<<endl;
	}
};
void main()
{
	Calculator c1;
	c1.add();
	c1.display();
}
```

程序的运行结果如图 3-1 所示。

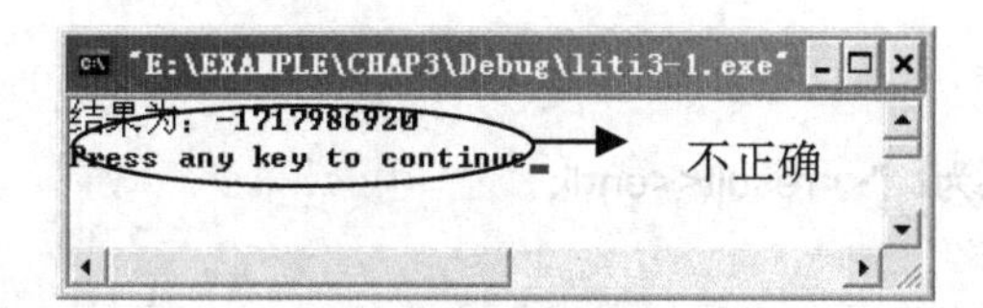

图 3-1　对象的初始状态

在例 3-1 中，定义了一个 Calculator 类型的对象 c1，定义时系统会为对象 c1 分配内存空间，如图 3-2 所示。但内存分配并不保证对象 c1 中的数据成员 num1、num2 的初始化，因此，两个数据成员相加后的结果也是不正确的。

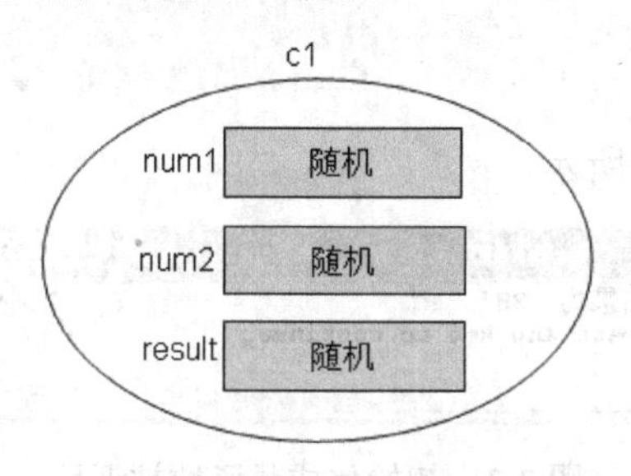

图 3-2　对象 c1 所占的内存空间

例 3-1 中的代码该如何修改才能得到正确的结果呢？C++规定，类体中不能在定义数据成员时初始化数据成员。例如，

```
class Calculator
{
private:
      int num1=10,num2=20,result;          //这是错误的，不符合 C++的语法规则
...
};
```

这个问题可通过编写一个对每个数据成员赋以初始值的初始化函数来解决，在每次使用一个新的对象前调用一下该函数即可。例如，

```
#include <iostream.h>
class Calculator
{
private:
      int num1,num2,result;
public:
      void initialize()               //初始化函数，用于初始化数据成员
      {
            num1=10;
            num2=20;
      }
      void add()
      {
            result=num1+num2;
      }
```

```
    void display()
    {
        cout<<"结果为："<<result<<endl;
    }
};
void main()
{
    Calculator c1;               //创建对象 c1
    c1.initialize();             //对象 c1 中的数据成员初始化
    c1.add();                    //使用对象 c1
    c1.display();
}
```

程序的运行结果如图 3-3 所示。

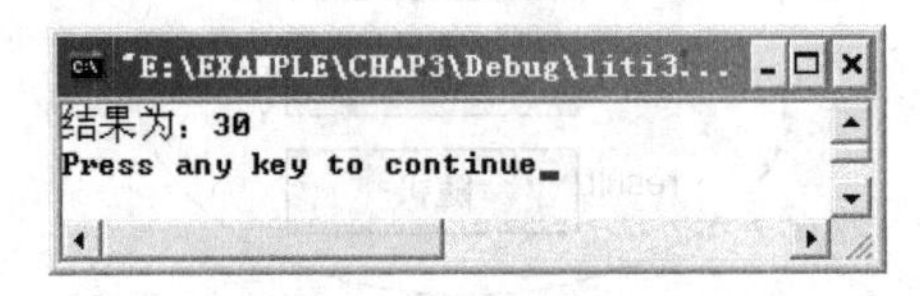

图 3-3　初始化成员函数被调用

类 Calculator 的对象 c1 必须调用成员函数 initialize()来初始化数据成员 num1 和 num2 后，才能得到正确的结果。但是，这种方法既不方便又容易忘记，如果用户不小心忘记了调用 initialize()来初始化类对象，那么结果就可能出错。

C++提供了一个更好的方法，即利用类的构造函数来初始化类的数据成员。

构造函数是类的一个特殊成员函数，它和类同名，并且没有返回值，也不用 void 声明。C++在创建对象时，会自动调用类的构造函数，在构造函数中可以执行初始化数据成员的操作。例如，

```
#include <iostream.h>
class Calculator
{
private:
    int num1,num2,result;
public:
    Calculator()          //构造函数，函数名和类名相同，没有返回值，也不需用 void 声明
    {
        num1=10;
        num2=20;
        cout<<"构造函数被调用"<<endl;
    }
    void add()
    {
        result=num1+num2;
    }
    void display()
    {
        cout<<"结果为："<<result<<endl;
```

```
    }
};
void main()
{
    Calculator c1;          //系统自动调用构造函数，将 num1 和 num2 初始化，并输出字符串
    c1.add();
    c1.display();
}
```

程序的运行结果如图 3-4 所示。

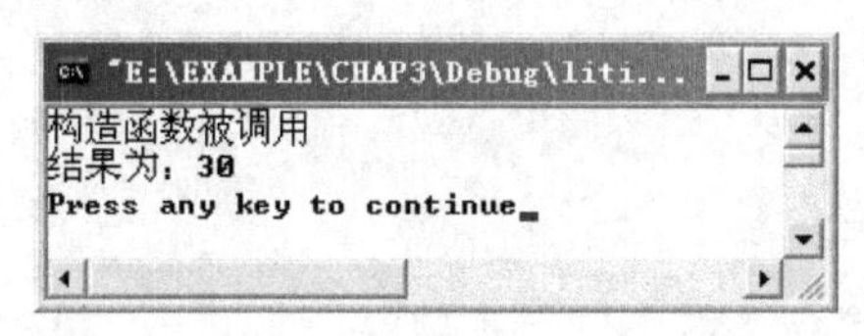

图 3-4　构造函数被调用

语句 Calculator c1;定义 Calculator 类的对象 c1，系统会自动调用构造函数，初始化对象 c1 中的 num1 和 num2，因此不需再显示调用其他初始化成员函数，也可得到正确的结果。构造函数的主要作用是在创建对象时，初始化对象中的数据成员。当然，在构造函数中，也可以执行其他命令。

构造函数是一个类的成员函数，具有成员函数的性质，又有许多方面不同于一般的成员函数，具有如下特性。

（1）构造函数的名称与类名相同。

（2）构造函数可以有任意类型的参数，但不能指定返回值类型。

（3）构造函数被声明为公有的成员函数，但它不能像其他成员函数那样被显示地调用，而是在创建对象时，由系统自动调用。

（4）如果没有为类定义构造函数，系统会自动生成一个没有参数的默认构造函数，该默认构造函数的函数体是空的，不执行初始化操作。

3.1.2　构造函数的声明与调用

构造函数可以在类的内部定义，格式如下：

```
class 类名
{
    …
public:
    类名([参数列表])
    {
        //函数体
    }
    …
};
```

说明：

❶ 访问修饰符一般是 public ，否则无法在类体外创建对象。

❷ 构造函数名和类名相同。

❸ 构造函数可以带参数，也可以没有参数。默认的构造函数没有参数。

❹ 函数体中的代码主要是对数据成员赋值的语句，当然有时候为了数据处理的需要，也可以添加其他语句。

构造函数也可在类的内部进行声明，而在类外定义，格式为如下：

```
class  类名
{
    …
    public:
    类名([参数列表]);
    …
};
类名::类名([参数列表])
{
    //函数体
}
```

例 3-2　定义一个描述“点”的类及该类的对象，并使用构造函数初始化数据成员。

```
#include <iostream.h>
class Point
{
private:
    int x,y;
public:
    Point();           //构造函数，在类中只有构造函数的声明
    void showPoint();
};
Point::Point()         //构造函数的定义放到类的外面
{
    x=0;
    y=0;
}
void Point::showPoint()
{
    cout<<"点的坐标为：("<<x<<","<<y<<")"<<endl;
}
void main()
{
    Point p;           //系统在定义对象 p 时自动调用构造函数，初始化对象 p 中的 x 和 y 成员
    p.showPoint();
}
```

程序的运行结果如图 3-5 所示。

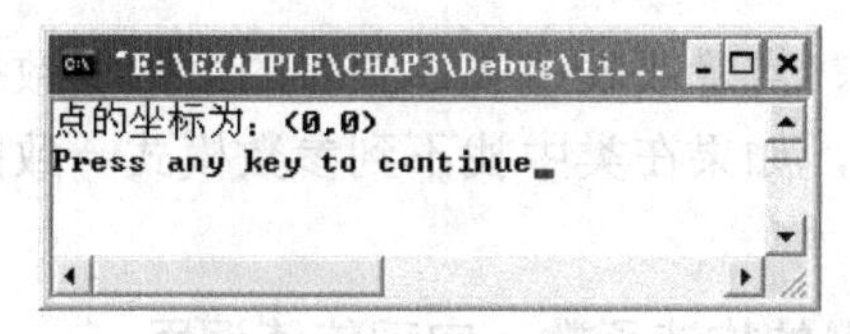

图 3-5　程序的运行结果

在例 3-2 中，类 Point 中定义了一个无参数的构造函数，为其数据成员 x、y 赋初始值 0。在函数 main()中创建类 Point 的对象 p 时，系统自动调用构造函数，为对象 p 的数据成员 x、y 赋初始值为 0。

需注意，构造函数执行时，函数体内的数据成员是当前正在创建的对象的数据成员。也就是说，正在创建哪个对象，构造函数就为哪个对象的数据成员赋值。

例 3-3　系统默认构造函数的调用。

程序如下：

```
#include<iostream.h>
class A
{
    int a,b;
};
void main()
{
    A obj1;              //创建对象 obj1 时调用系统默认的构造函数
}
```

在例 3-3 中，虽然没有在类 A 中定义构造函数，但是类 A 也是存在构造函数的，是系统自动生成的无参数的默认构造函数。格式为：

```
类名(){}
```

其中，默认构造函数名和类名相同，默认构造函数没有参数，函数体中没有任何语句，因此默认构造函数不执行任何操作。

注意：如果用户自己定义了构造函数，不管有没有参数，系统默认的构造函数都将被覆盖，不再起作用。在例 3-2 中定义了一个无参数的构造函数，那么类 Point 就不再有默认构造函数了。

3.1.3　带参数的构造函数

构造函数可以像默认构造函数那样没有参数，但也可以像一般成员函数那样有参数。值得注意的是，调用有参数的构造函数时，必须给它实参。因为创建类的对象时系统会自动调用构造函数，因此构造函数的实参是在新建对象名后面的圆括号中给出的，实参值之间用逗号分隔。具体格式如下：

```
类名　对象名(实参 1,实参 2,…);
```

其中，实参可以是变量、常量或表达式。实参的个数、数据类型要与类中的构造函数的形参个数、数据类型一致，如果在类中找不到参数模式一致的构造函数，创建对象时将报错。

例 3-4　创建参数是简单变量的构造函数，实现传值调用。

程序如下：

```
#include<iostream.h>
class A
{
    int a,b;
public:
    A(int a1,int b1)
    {
        a=a1;
        b=b1;
    }                       //有参数的构造函数
    void OutPut()
    {
        cout<<a<<" "<<b<<endl;
    }
};
void main()
{
    A obj1(10,20);          //调用有参数的构造函数，要在对象名后给出实参
    obj1.OutPut ();         //输出 10   20
}
```

在例 3-4 中，类 A 的构造函数包括两个整型的形参，因此在创建对象 obj1 时要给出两个整型的实参 10 和 20。系统自动调用带两个整型参数的构造函数，将 10 传给形参 a1，将 20 传递给形参 b1。

3.2 析构函数

析构函数也是一种特殊的成员函数，它执行与构造函数相反的操作，通常完成撤销对象时的一些清理任务，如释放分配给对象的内存空间等。

3.2.1　什么是析构函数

析构函数作为一个特殊的类成员函数，具有以下特性：

（1）析构函数名和构造函数相同，但前面必须加一个波浪号（~），用以与构造函数相区别。

（2）析构函数没有任何返回类型，也不用 void 声明。

（3）析构函数没有参数，而且不能重载（参见 7.1 节），因此在一个类中只能有一个

析构函数。

（4）对象的生命周期结束时，系统自动调用它的析构函数。例如，一个对象被定义在一个函数体内，则当该函数结束时，该对象被销毁，生命周期结束，该对象的析构函数会被自动调用。

例 3-5　在类 Calculator 中使用析构函数。

程序如下：

```
#include <iostream.h>
class Calculator
{
private:
	int num1,num2,result;
public:
	Calculator()
	{
		num1=10;
		num2=20;
		cout<<"构造函数被调用"<<endl;
	}
	void add()
	{
		result=num1+num2;
	}
	void display()
	{
		cout<<"结果为："<<result<<endl;
	}
	~Calculator()//析构函数
	{
		num1=num2=result=0;
		cout<<"析构函数被调用"<<endl;
	}
};
void main()
{
	Calculator c1;
	c1.add();
	c1.display();
}	//程序运行结束时，对象 c1 将被销毁，这时系统自动调用析构函数
```

程序的运行结果如图 3-6 所示。

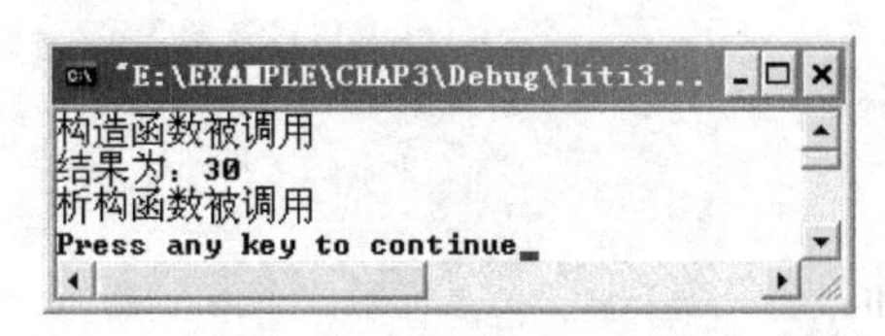

图 3-6　程序运行结果

在例 3-5 中，类 Calculator 内定义了析构函数。在函数 main()中，定义对象 c1 时，系统自动调用构造函数，对 c1 对象中的数据成员 num1、num2 进行初始化。而析构函数则是在函数 main()结束，对象 c1 被销毁时自动调用的。

和一般成员函数一样，析构函数也可以通过对象名显式地调用，例如，

```
Calculator c1;
c1.~Calculator();      //析构函数被显示调用
```

显式地调用析构函数是一种需要高级编程场景的技术，一般没必要这样做。

3.2.2 析构函数的声明和默认析构

1. 析构函数的声明

析构函数既可在类的内部定义，也可在类的内部声明，在类外进行定义。具体格式为：

```
class 类名
{
    …
public:
    ~类名()
    {
        //函数体
    }
    …
};
```

或

```
class 类名
{
    …
public:
    ~类名();
    …
};
类名::~类名()
{
    //函数体
}
```

例 3-5 中的程序也可以修改为如下形式：

```
#include <iostream.h>
class Calculator
{
private:
    int num1,num2,result;
public:
```

```
    Calculator();
    void add();
    void display();
    ~Calculator();
};
Calculator::Calculator()
{
    num1=10;
    num2=20;
    cout<<"构造函数被调用"<<endl;
}
void Calculator::add()
{
    result=num1+num2;
}
void Calculator::display()
{
    cout<<"结果为："<<result<<endl;
}
Calculator::~Calculator()
{
    num1=num2=result=0;
    cout<<"析构函数被调用"<<endl;
}
void main()
{
    Calculator c1;
    c1.add();
    c1.display();
}
```

2．默认析构

系统为每个类都提供了一个默认析构函数，只是其函数体中没有任何语句，析构函数被调用时不执行任何操作。默认析构函数的格式如下：

```
~类名( ){ }
```

3.3　对象的生命周期

一个对象从创建到销毁的过程叫做该对象的生命周期，包括以下几个过程。

（1）分配内存：创建对象，为对象分配相应的内存空间。

（2）赋初始值：调用构造函数为对象的数据成员赋初始值。

（3）处理数据：对象调用其他的成员函数处理数据成员中的数据。

（4）销毁对象：对象的作用域结束时，对象进入销毁期。在该阶段，系统将调用析构函数，在对象被销毁之前完成一些清理任务，如释放由 new 运算符手工分配的内存空间等。

例 3-6　类 Test 对象的生命周期。

程序如下：

```
#include <iostream.h>
class Test
{
public:
	Test()
	{
		cout<<"构造函数被调用"<<endl;
	}
	~Test()
	{
		cout<<"析构函数被调用"<<endl;
	}
};
void main()
{
	cout<<"main()开始运行"<<endl;
	Test obj1;
	{
		cout<<"语句块的开始"<<endl;
		Test obj2;
		cout<<"语句块结束"<<endl;
	}
	cout<<"main()结束"<<endl;
}
```

程序的运行结果如图 3-7 所示。

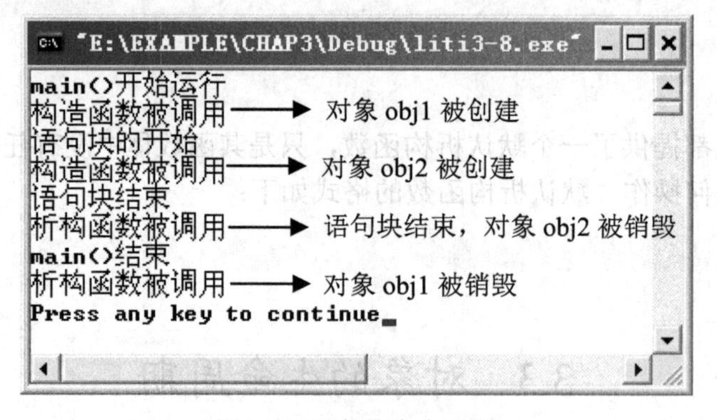

图 3-7　对象的生命周期

3.4　静态成员

静态成员包括静态的数据成员和成员函数，引入静态成员的目的是为了解决数据共享的问题。

3.4.1　静态数据成员

每一个对象都有自己的数据成员，但在某些情况下，想要多个对象共享一个或多个公共变量，为此，C++语言中提供了静态数据成员。

静态数据成员由 static 关键字修饰，是类中所有对象共享的成员，而不是某个对象的成员，也就是说，静态数据成员的存储空间不是放在每个对象中，而是和成员函数一样放在类公共区域中，所以也把静态数据成员称为类变量，把非静态数据成员称为实例变量。

静态数据成员的访问控制权限和一般数据成员一样，定义为私有的静态数据成员不能从类外访问。静态数据成员可由任意访问权限的成员函数访问和修改。因为静态数据成员不属于任何一个对象，而是为整个类的所有对象共享，所以必须在创建第一个对象之前对其进行初始化，而且不能在构造函数中初始化，必须在类体外显式地初始化。

静态数据成员的定义和使用方法如下。

（1）静态数据成员的定义方法与一般数据成员相似，不同之处是前面必须加上关键字 static。格式为：

```
static 数据类型名 变量名;
```

（2）静态数据成员的初始化方法与一般数据成员不同，其初始化格式为：

```
数据类型名 类名::静态数据成员名=值;
```

（3）由于静态数据成员是属于类的，只要类存在，静态的数据成员就存在，因此使用静态数据成员的格式为：

```
类名::静态数据成员名;
```

例 3-7　使用静态数据成员。

程序如下：

```
#include <iostream.h>
class StaticTest1
{
    int x;
    static int count;
public:
    StaticTest1(int a)
    {
        x=a;
        count++;
    }
    void printvalue()
    {
        cout<<"实例变量 x="<<x<<endl;
        cout<<"类变量 count="<<count<<endl;
```

```
    }
};
int StaticTest1::count=0;                //在类外进行初始化，这和 count 的访问权限无关
void main()
{
    StaticTest1 st1(1);
    cout<<"创建第一个对象后对象 1："<<endl;
    st1.printvalue();
    StaticTest1 st2(2);
    cout<<"创建第二个对象后对象 1："<<endl;
    st1.printvalue();
    cout<<"创建第二个对象后对象 2："<<endl;
    st2.printvalue();
}
```

程序的运行结果如图 3-8 所示。

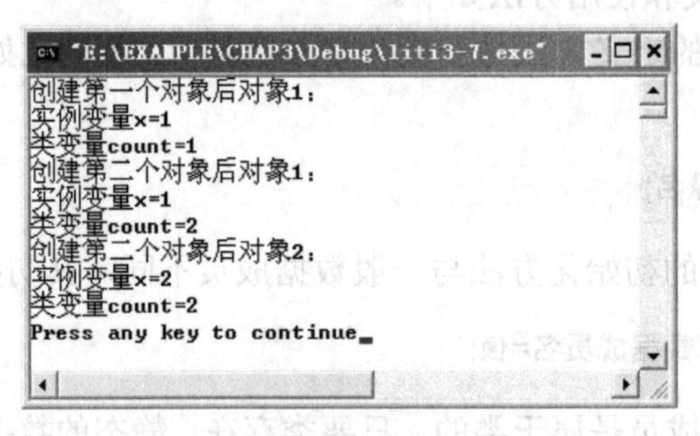

图 3-8　静态变量的使用

从运行结果可以看出，每一个对象都有自己的实例变量 x，每个对象的 x 的值不同，但所有对象都共享一个类变量 count，而且任何一个对象改变 count 的值后，所有对象都可感知到该修改。

3.4.2　静态成员函数

类似于静态数据成员，也可以把成员函数声明为静态的，即静态成员函数。静态成员函数也是属于整个类的，只要类存在，静态成员函数就可以使用。

静态成员函数的定义和使用方法如下。

（1）静态成员函数的声明格式为：

```
static 函数类型 函数名(形式参数列表);
```

（2）静态成员函数的定义可以在类体内，也可以在类体外。在类体内定义的格式为：

```
static 函数类型 函数名(形参列表)
{
    //函数体;
}
```

如果在类体外定义，首先要在类体内声明函数。在类体外定义的格式为：

```
函数类型 类名::静态函数名([形参列表])
{
    //函数体;
}
```

（3）静态函数的使用格式为：

```
类名::静态函数名([实参列表]);
```

注意：

- 静态成员函数只能直接访问静态数据成员、其他静态成员函数，不能直接使用类中的实例变量和其他非静态的成员函数。
- 静态成员函数和一般成员函数一样，也有访问权限限制，私有静态成员函数不能在类体外访问，但是，静态成员函数和静态数据成员可以由任意访问权限的其他函数访问。

例 3-8　测试静态成员函数的使用。

程序如下：

```
#include <iostream.h>
class StaticTest2
{
    int x;
    static int count;
public:
    StaticTest2(int a)
    {
        x=a;
    }
        static void setValue()
    {
        count++;
    }
    void printvalue()
    {
        cout<<"实例变量 x="<<x<<endl;
        cout<<"静态变量 count="<<count<<endl;
    }
};
int StaticTest2::count=0;
void main()
{
    StaticTest2 st(1);
    st.printvalue();
    cout<<"调用静态方法后："<<endl;
    StaticTest2::setValue();
```

```
    st.printvalue();
}
```

程序的运行结果如图 3-9 所示。

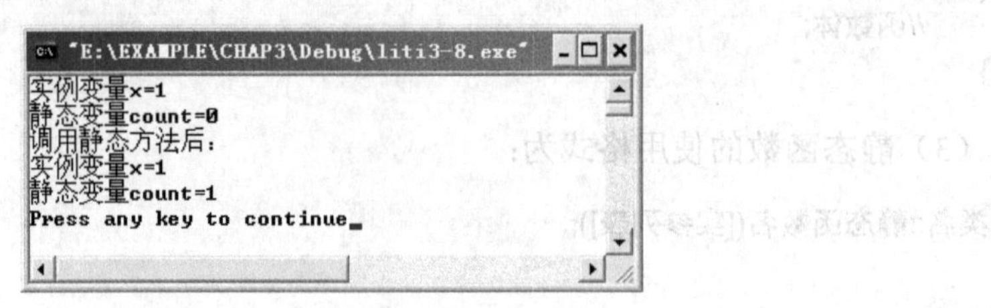

图 3-9　静态成员函数的使用

3.5　const 关键字

使用类型修饰符 const 说明的类型称为常类型，常类型的变量或对象的值在程序运行期间是不可改变的，因此能够达到既保证数据共享又防止数据修改的目的。

3.5.1　常对象

如果在定义对象时用 const 修饰，则被定义的对象为常对象。常对象的数据成员的值在对象的整个生命周期内不能改变。常对象的定义形式为：

```
类名 const 对象名[(参数表)];
```

或者

```
const 类名 对象名[(参数表)];
```

在使用常对象时需注意：

（1）在定义常对象时必须进行初始化。

（2）常对象中的数据成员不能被更新。

例 3-9　非常对象和常对象的比较。

程序如下：

```
#include <iostream.h>
class TestConstObject
{
private:
    int n;
public:
    int m;
    TestConstObject(int i,int j)
    {
        m=i;
```

```
        n=j;
    }
    void setValue(int i)
    {
        n=i;
    }
    void display()
    {
        cout<<"n="<<n<<endl;
        cout<<"m="<<m<<endl;
    }
};
void main()
{
    TestConstObject a(10,20);      //构造函数初始化对象 a 中的数据成员 m 和 n
    a.setValue(50);                //通过调用成员函数来修改对象 a 中的私有数据成员 n
    a.m=100;                       //数据成员 m 是公有的，因此可以在类外修改该数据成员的值
    a.display();
}
```

在例 3-9 中，对象 a 只是一个普通的对象，不是常对象，因此对象 a 中的数据成员 m 和 n 通过构造函数初始化后，还可修改其值。读者不难分析程序的运行结果为：

```
n=50
m=100
```

若将上述程序中的对象 a 定义为常对象，则主函数修改如下：

```
void main()
{
    const TestConstObject a(10,20);     //①
    a.setValue(50);                     //②
    a.m=100;                            //③
    a.display();                        //④
}
```

编译该程序时，语句②、③、④都将出错。语句②和语句③的错误指出，C++不允许直接或间接地修改常对象的数据成员的值。但是语句④通过对象调用的 display()成员函数中并没有修改数据成员值的语句，为什么也会报错呢？实际上，C++不允许常对象调用普通的成员函数，常对象只能调用其常成员函数（详细内容参见 3.5.2 节）。

3.5.2　常对象成员

常对象成员包括常成员函数和常数据成员。

1．常成员函数

在类中使用关键字 const 说明的函数为常成员函数，其声明格式为：

```
类型 成员函数名([参数表]) const;
```

注意：

- const 是函数类型的一个组成部分，因此在函数的实现部分也要带关键字 const。
- 常成员函数不更新对象的数据成员，也不能调用该类中的普通成员函数，这就保证了在常成员函数中不会更新数据成员的值。
- 如果将一个对象定义为常对象，则通过该常对象只能调用它的常成员函数，而不能调用普通的成员函数。

例 3-10 常成员函数的使用。

程序如下：

```
#include <iostream.h>
class Date
{
private:
	int year,month,day;
public:
	Date(int y,int m,int d);
	void showDate() const;
};
Date::Date(int y,int m,int d)
{
	year=y;
	month=m;
	day=d;
}
void Date::showDate() const
{
	cout<<"常成员函数："<<year<<"."<<month<<"."<<day<<endl;
}
void main()
{
	const Date d(2011,5,6);
	d.showDate();
}
```

在例 3-10 中，类 Date 中说明了一个常成员函数 showDate()。在函数 main()中定义了常对象 d，通过常对象 d 调用常成员函数 showDate()，显示指定的日期。

2．常数据成员

使用 const 说明的数据成员称为常数据成员。如果在一个类中声明了常数据成员，那么构造函数就只能通过初始化列表对该数据成员进行初始化，而任何其他函数都不能对该数据成员赋值。

例 3-11　常数据成员的使用。

程序如下：

```
#include <iostream.h>
class Date
{
private:
	const int year,month,day;
public:
	Date(int y,int m,int d);
	void showDate() const;
};
Date::Date(int y,int m,int d):year(y),month(m),day(d)
{
}
void Date::showDate() const
{
	cout<<"常成员函数："<<year<<"."<<month<<"."<<day<<endl;
}
void main()
{
	const Date d(2011,5,6);
	d.showDate();
}
```

该程序中定义了 3 个常数据成员：year、month 和 day。需要注意的是，构造函数的格式如下：

```
Date::Date(int y,int m,int d):year(y),month(m),day(d)
{
}
```

其中，冒号后面是一个数据成员初始化列表，包含 3 个初始化项，等价于在函数体中给数据成员赋值的操作，即 year(y)是将参数 y 的值赋给数据成员 year，month(m)是将参数 m 的值赋给数据成员 month，day(d)是将参数 d 的值赋给数据成员 day，因为数据成员 year、month 和 day 都是常类型，所以需要采用初始化列表格式。

3.6　小　结

构造函数和析构函数是类中比较特殊的成员函数，这种特殊性体现在它们在定义格式、调用方式以及实现的功能上都有别于其他普通的成员函数。

构造函数的名称必须与当前类的名称相同，而且不能有返回值。在调用构造函数时，不能人为地去调用，而是在创建类对象时由系统自动调用。定义构造函数的主要目的是初始化对象中的数据成员，这样以后在引用对象的数据成员时才不会出错。当然，也可以将其他语句写到构造函数中，实现其他数据处理操作。

析构函数的名称也与类名有关，它是在类名的前面加上“~”符号。析构函数不能有返回值，而且也没有参数，每个类只能定义一个析构函数。析构函数是在对象的作用域消失时，由系统自动调用的。定义析构函数的主要目的是在对象销毁的时候释放该对象各数据成员占用的内存空间，避免造成内存泄露。

一个对象从创建到销毁的过程叫做该对象的生命周期，在该对象被创建时，系统自动调用构造函数；在该对象被销毁时，系统自动调用析构函数；而在它的生命周期内，函数可以使用它的内部成员。

最后，本章还介绍了类的静态成员以及 const 关键字的使用。

3.7 上机实践

1．分析以下代码中各对象的生命周期。

```
#include<iostream.h>
class A
{
    int x,y;
    int id;                          //保存当前对象被创建的次序
public:
    static int num;                  //统计类中已创建对象的个数
    A(int a,int b)
    {
        x=a; y=b;
        num++;
        id=num;
        cout<<"第"<<id<<"个对象被创建，A 的构造函数被调用！"<<endl;
    }
    void output()
    {
        cout<<"第"<<id<<"个对象被使用，输出：";
        cout<<"x="<<x<<"y="<<y<<endl;
    }
    ~A()
    {
        cout<<"第"<<id<<"个对象被销毁，A 的析构函数被调用！"<<endl;
    }
};
int A::num=0;
void main()
{
    A obj1(10,20);                   //函数级作用域的对象
    obj1.output();                   //使用对象 obj1
    {
        A obj2(30,40);               //动态创建的具有程序块级作用域的对象
```

```
        obj2.output();
    }
}
```

2．定义一个 Point 类（点类）和一个能计算两点之间距离的函数 len()，在函数 main() 中创建两个 Point 类的对象，调用函数 len()计算这两个点之间的距离。

程序如下：

```
#include<iostream.h>
#include<math.h>
class Point
{
    int x,y;
public:
    Point(int x1,int y1)
    {
        x=x1;
        y=y1;
    }
    int GetX(){return x;}
    int GetY(){return y;}
};
double len(Point obj1,Point obj2)
{
    double l;
    int temp1,temp2;
    temp1=obj1.GetX()-obj2.GetX();
    temp2=obj1.GetY()-obj2.GetY();
    l=sqrt(temp1*temp1+temp2*temp2);
    return l;
}
void main()
{
    double length;
    int x,y;
    cout<<"任意输入两个点，计算它们之间的距离"<<endl;
    cout<<"----------------------------------------"<<endl;
    cout<<"输入第一个点的横纵坐标值："; cin>>x>>y;
    Point p1(x,y);
    cout<<"输入第二个点的横纵坐标值："; cin>>x>>y;
    Point p2(x,y);
    length=len(p1,p2);
    cout<<endl;
    cout<<"点（"<<p1.GetX()<<"，"<<p1.GetY()<<"）和点（"
        <<p2.GetX()<<"，"<<p2.GetY()<<"）之间的距离是："<<length<<endl;
}
```

习　题

一、单项选择题

1．对于一个类的构造函数，其函数名与类名（　　）。

A．完全相同　B．基本相同　C．不相同　D．无关系

2．对于一个类的析构函数，其函数名与类名（　　）。

A．完全相同　B．完全不同　C．只相差一个字符　D．无关系

3．类的构造函数是在定义该类的一个（　　）时被自动调用执行的。

A．成员函数　B．数据成员　C．对象　D．友元函数

4．类的析构函数是一个对象被（　　）时自动调用的。

A．建立　B．撤销　C．赋值　D．引用

5．对于任一个类，用户能定义的构造函数的个数至多为（　　）。

A．0　B．1　C．2　D．任意个

6．对于任一个类，用户能定义的析构函数的个数至多为（　　）。

A．0　B．1　C．2　D．任意个

7．以下不是构造函数特征的是（　　）。

A．构造函数的函数名与类名同名　B．一个类可以定义多个构造函数

C．构造函数可以设置默认参数　D．构造函数必须指明类型说明

8．设 px 是指向一个类对象的指针变量，则执行“delete px;”语句时，将自动调用该类的（　　）。

A．无参构造函数　B．带参构造函数　C．析构函数　D．复制构造函数

9．假定 AB 为一个类，则执行“AB a, b(3), *p;”语句时，调用该类构造函数的次数为（　　）次。

A．2　B．3　C．4　D．5

10．类的构造函数可以带有（　　）个参数。

A．0　B．1　C．2　D．任意

11．类的析构函数可以带有（　　）个参数。

A．0　B．1　C．2　D．任意

12．一个类的构造函数通常被定义为该类的（　　）成员。

A．公用　B．保护　C．私有　D．友元

13．一个类的析构函数通常被定义为该类的（　　）成员。

A．私有　B．保护　C．公用　D．友元

14．假定 AB 为一个类，则执行“AB x;”语句时将自动调用该类的（　　）。

A．带参构造函数　B．无参构造函数

C．复制构造函数　D．赋值重载函数

15．假定 AB 为一个类，则执行“AB x(a,5);”语句时将自动调用该类的（　　）。

A．带参构造函数　　　　　　　　B．无参构造函数
C．复制构造函数　　　　　　　　D．赋值重载函数

二、填空题

1．构造函数的主要功能是______________，析构函数的主要功能是______________，一个类可以有_____个析构函数。

2．作用域运算符的作用是________________________，使用它时一般包括____个部分，分别是___________和___________。

3．调用带参数的构造函数时，在______________后面给出它的实参。

三、程序设计题

1．定义一个复数类 Complex，包括实数部分 real 和虚数部分 imaginary 两个私有数据成员，构造函数将数据成员初始化为形参值，再定义一个公有的成员函数 OutPut()，将实数部分和虚数部分的值输出。

2．定义一个可以描述人的属性的类 Person，包括姓名、生日和性别，用构造函数为变量进行初始化。然后用 Person 类定义一个函数级作用域的对象和一个程序块级作用域的对象，并分析这两个对象的生命周期。

第4章　流 程 控 制

C++程序是由各种语句构成的，语句可以分为两类：一类用于描述计算机执行的操作运算，称为操作运算语句；另一类用于控制操作运算的执行顺序，称为流程控制语句。本章重点介绍流程控制语句。所谓流程控制，就是程序执行过程中有效地控制语句的执行顺序以实现程序功能，包括顺序结构、分支结构和循环结构。利用流程控制语句，可以让程序的执行逻辑更合理，编码更简单。

4.1 顺 序 结 构

所谓顺序结构，就是指按照语句在程序中的先后次序逐条顺序执行。顺序控制语句是一类简单的语句，包括表达式语句、空语句和输入/输出语句等。

表达式语句是指一个表达式加上一个分号。C++程序中有很多表达式语句，例如，

```
y=0;
x>y?x:y;
```

这些都是表达式语句。

空语句是只有一个分号（;）的语句，不完成任何操作。

本节重点介绍输入/输出语句。C++中提供了输入/输出流对象 cin 和 cout，它们与运算符“>>”和“<<”一起完成输入/输出的功能。利用这种方法进行输入/输出操作，需要加头文件 iostream.h。

4.1.1　输入

当程序需要从键盘输入数据时，可以使用提取运算符“>>”从输入流 cin 中提取键盘输入的数据，并把它赋给指定的变量。例如，

```
int a,b;
cin>>a>>b;
```

该程序段中，用 cin 接收用户从键盘输入的两个整数，分别赋值给变量 a 和 b。注意，这里的提取运算符“>>”与移位运算符“>>”是同样的符号，但其含义是不同的。

4.1.2　输出

当程序需要在屏幕上显示输出时，可以使用插入运算符“<<”向输出流 cout 中插入数据，并将其在屏幕上显示输出。例如，

```
cout<<"Hello.\n";
cout<<1<<2<<3;
```

第 1 条语句输出一个字符串；第 2 条语句输出数值 1、2、3。与输入一样，这里的插入运算符“<<”与移位运算符“<<”是同样的符号，但含义不同。

在 C++程序中，cin 与 cout 允许将任何基本数据类型的变量或常量传给流，而且书写格式较灵活，可以在同一行中串连书写，也可以分写在几行，提高可读性。例如，

```
cout<<"hello";
cout<<3;
cout<<endl;
等价于：
cout<<"hello"<<3<<endl;
```

再如，

```
int a;
double b;
cin>>a>>b;   //cin 可分辨不同的变量类型
```

4.1.3　格式控制

操纵符（manipulators）是可以对输入/输出流的格式进行控制的函数或对象。iostream 和 iomanip 头文件中分别定义了一些操纵符。常用的操纵符如表 4.1 所示。

表 4.1　常用的操纵符

操　纵　符	描　　述
dec	格式化为十进制数值
hex	格式化为十六进制数值
oct	格式化为八进制数值
endl	插入换行符，然后刷新 ostream 缓冲区
ends	插入空字符，然后刷新 ostream 缓冲区
flush	刷新 ostream 缓冲区
setfill(char ch)	设置 ch 为填充字符，默认为空字符
setprecision(int n)	设置浮点数精度位数为 n 位
setw(int width)	设置输出数据域宽为 width

1．控制不同进制的输出（十进制、八进制、十六进制）

例 4-1　分析程序的运行结果。

程序如下：

```
#include<iostream.h>
void main()
{
```

```
    int a=123;
    cout<<"默认情况："<<a<<endl;
    cout<<"十进制："<<dec<<a<<endl;
    cout<<"八进制："<<oct<<a<<endl;
    cout<<"十六进制："<<hex<<a<<endl;
}
```

程序的运行结果如图 4-1 所示。

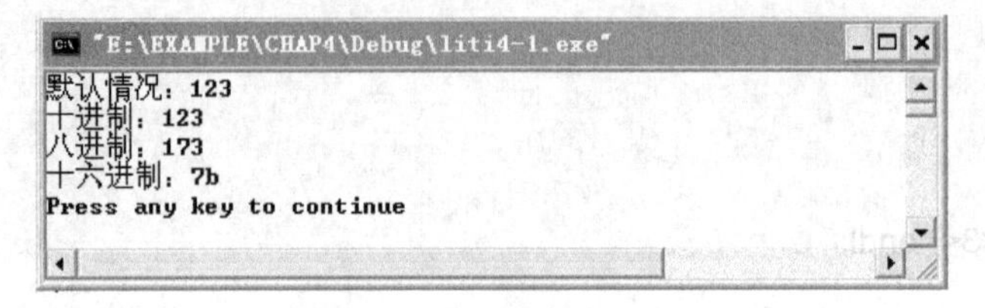

图 4-1　不同进制的输出

2．控制输出宽度

例 4-2　分析程序的运行结果。

程序如下：

```
#include<iostream.h>
#include<iomanip.h>
void main()
{
    int a=1234567890;
    double b=123.45;
    char c[]="Hello World!";
    cout<<setw(15)<<a<<endl;
    cout<<setw(15)<<b<<endl;
    cout<<setw(15)<<c<<endl;
    cout<<setw(8)<<b<<endl;
    cout<<setw(6)<<b<<endl;
    cout<<setw(4)<<b<<endl;
}
```

程序的运行结果如图 4-2 所示。

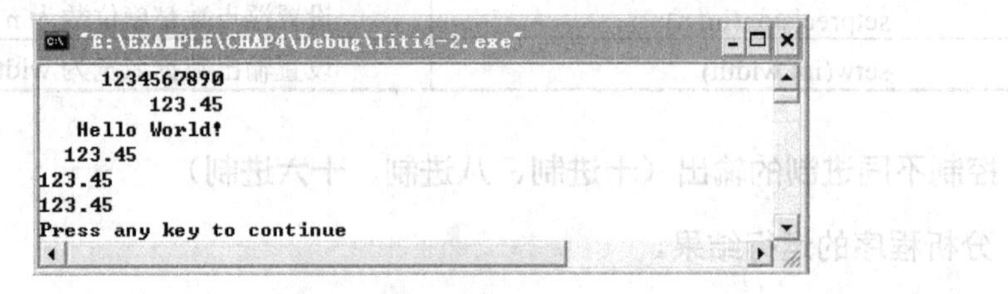

图 4-2　控制输出宽度

从程序的运行结果可以看到，如果指定的输出宽度比实际宽度大，无论数值型数据还是字符型数据都是右对齐；如果指定的输出宽度小于实际宽度，则按实际宽度输出。

3. 控制输出精度

例 4-3　分析程序的运行结果。

程序如下：

```
#include<iostream.h>
#include<iomanip.h>
void main()
{
    double a=1.234567;
    cout<<"默认为 6 位有效位数："<<a<<endl;          //多余的位数四舍五入
    cout<<"设置 3 位有效数字："<<setprecision(3)<<a<<endl;
}
```

程序的运行结果如图 4-3 所示。

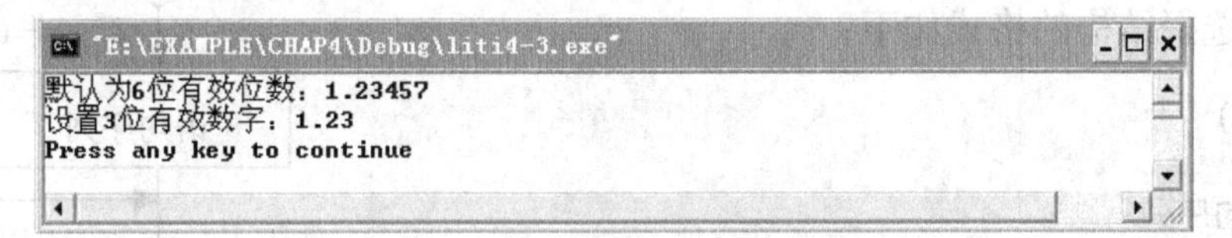

图 4-3　控制输出精度

4. 设置空位填充

例 4-4　分析程序的运行结果。

程序如下：

```
#include<iostream.h>
#include<iomanip.h>
void main()
{
    cout<<setfill('*')<<setw(6)<<12<<endl;
    cout<<setfill('$')<<setw(5)<<12.3<<endl;          //小数点在输出时也占一列
    cout<<setfill('$')<<setw(3)<<12.3<<endl;
}
```

程序的运行结果如图 4-4 所示。

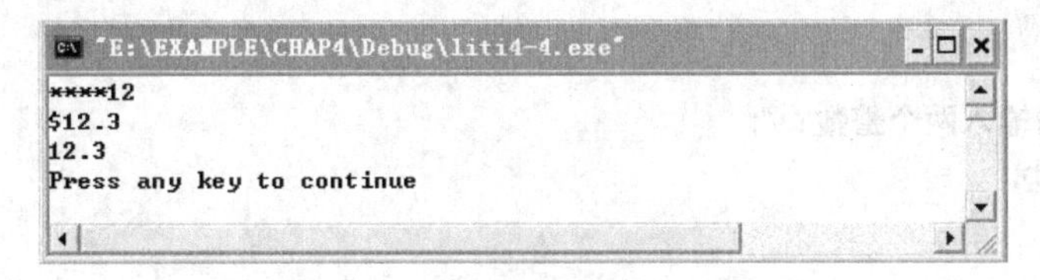

图 4-4　设置空位填充字符

4.2　分 支 结 构

计算机程序是由为了实现一定功能、逻辑上相关的多条命令组成的集合体。在这个集合体中，命令的执行次序多数情况下是从上至下顺序执行的，但有时出于某种特殊目的，命令是被有条件、有选择地执行的，即由特定的条件决定执行哪个语句，这就是分支结构或选择结构。分支结构可进一步分为单分支结构和多分支结构，在C++中用 if 语句和 switch 语句实现。

4.2.1 if 语句

if 语句是一种使用 if 关键字实现程序分支结构的手段，它可以让程序中的命令有条件地执行。if 语句和 else 关键字联合使用时，可实现双分支选择结构；和 else if 联合使用时，可实现多分支选择结构。

1. 单分支选择结构

单分支选择结构的格式如下：

```
if(表达式)
{
      语句序列;
}
```

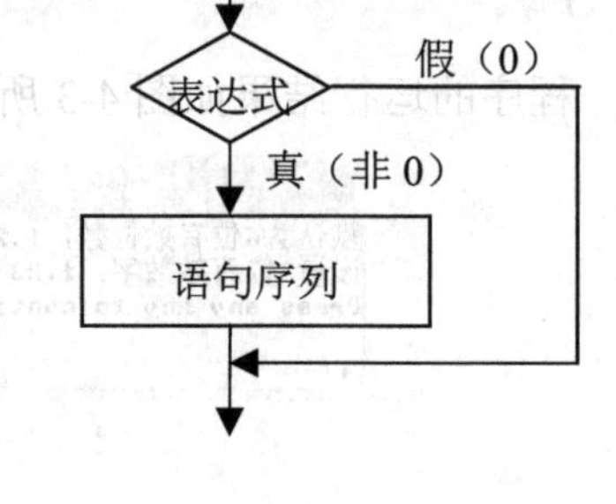

图 4-5　单分支选择结构

执行逻辑如图 4-5 所示。

说明：

❶ 在单分支选择结构中，当条件成立时，即表达式的值为真时，则执行语句序列；否则，跳过语句序列，直接执行它后面的语句。

❷ 语句序列可以是多条语句，即复合语句，也可以是一条语句，此时“{ }”可以省略，但更提倡不省略。

❸ 表达式一定要用括号括起来，一般为关系表达式或逻辑表达式。

例 4-5　用单分支选择结构实现求两个数中的最大值。

程序如下：

```
#include <iostream.h>
void main()
{
      int a,b;
      cout<<"请输入两个整数：";
      cin>>a>>b;
      if (a<b)
      {
            a=b;
      }
      cout<<"两个数的最大值是："<<a<<endl;
}
```

例 4-5 中，如果 a<b 为真，则执行赋值语句 a=b；如果 a 不小于 b，则直接输出变量 a

的值。通过 if 语句的条件控制使变量 a 中永远保存两个变量中的最大数。

例 4-6　求从键盘输入的一个整数的绝对值。

程序如下：

```
#include <iostream.h>
void main()
{
	int x;
	cout<<"input x:";
	cin>>x;
	if(x<0)
	{
		x=-x;
	}
	cout<<"绝对值为："<<x<<endl;
}
```

2．双分支选择结构

双分支选择结构格式如下：

```
if(表达式)
{
	语句序列 1;
}
else
{
	语句序列 2;
}
```

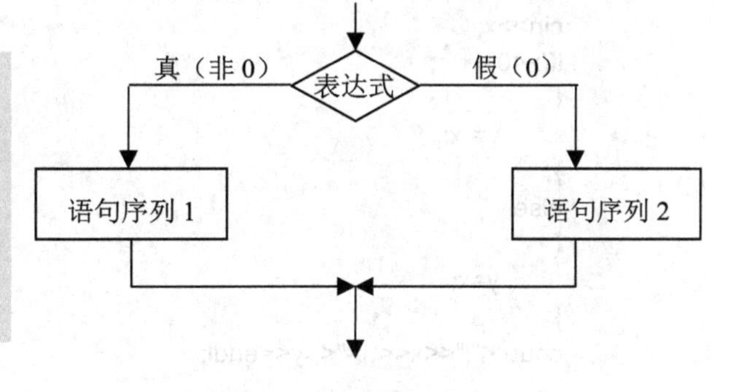

图 4-6　双分支选择结构

执行逻辑如图 4-6 所示。

说明：

❶ 这是典型的分支结构，如果条件成立，即表达式的值为真，则执行语句序列 1；否则，执行语句序列 2。

❷ 语句序列 1 和语句序列 2 都可以由一条或多条语句构成，如果是一条语句，可以省略“{}”，但更提倡不省略。

例 4-7　利用双分支选择结构求两个数中的最大值。

程序如下：

```
#include <iostream.h>
void main()
{
	int a,b;
	cout<<"请输入两个整数：";
	cin>>a>>b;
	if (a>=b)
```

```
    {
        cout<<"两个数的最大值是："<<a<<endl;
    }
    else
    {
        cout<<"两个数的最大值是："<<b<<endl;
    }
}
```

例 4-7 中，如果 a>=b 的条件为真，则两个数的最大数是 a，并输出；条件不成立时，最大数是 b。

例 4-8　重写例 4-6 的程序，用双分支结构求利用键盘输入的一个整数的绝对值。

程序如下：

```
#include <iostream.h>
void main()
{
    int x,y;
    cout<<"input x:";
    cin>>x;
    if(x<0)
    {
        y=-x;
    }
    else
    {
        y=x;
    }
    cout<<"|"<<x<<"|="<<y<<endl;
}
```

3．多分支选择结构

if…else…语句可以实现二选一，但是在很多时候需要从多种情况中选择一种，这时可以使用 if…else if…语句来实现，其格式如下：

```
if(表达式 1)
{    语句序列 1；}
else   if(表达式 2)
{    语句序列 2；}
…
else   if(表达式 n-1)
{    语句序列 n-1；  }
else
{    语句序列 n；}
```

执行逻辑如图 4-7 所示。

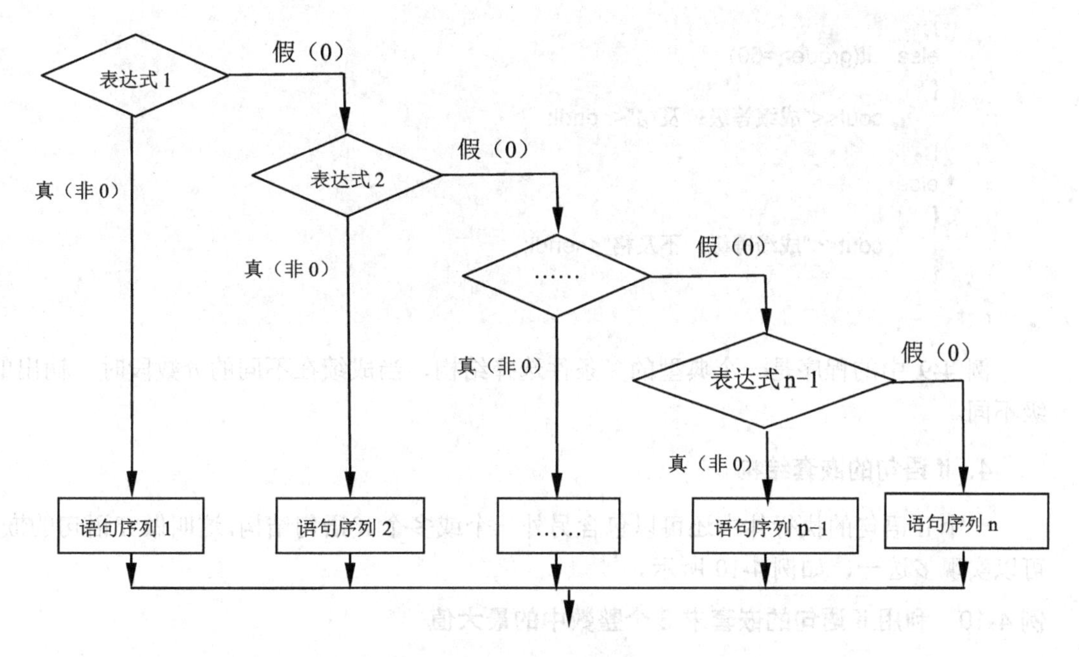

图 4-7　多分支选择结构

在该 if 语句中，利用多个 else if 给出了多种条件选择。程序执行时，从上向下判断，当检查到 if 后面的条件为真时，就执行它后面的语句序列，执行后结束整个 if 语句，不再继续向下判断。

例 4-9　用 if 语句的多条件选择结构判断学生成绩的等级。如果成绩大于等于 90 分，则等级为优，大于等于 80 分而小于 90 分为良，大于等于 70 分而小于 80 分为中，大于等于 60 分而小于 70 分为及格，否则，为不及格。

程序如下：

```
#include <iostream.h>
void main()
{
      int grade;
      cout<<"请输入学生的成绩：";
      cin>>grade;
      if (grade>=90)
      {
            cout<<"成绩等级：优"<<endl;
      }
      else   if(grade>=80)
      {
            cout<<"成绩等级：良"<<endl;
      }
      else   if(grade>=70)
      {
            cout<<"成绩等级：中"<<endl;
```

```
        }
        else    if(grade>=60)
        {
            cout<<"成绩等级：及格"<<endl;
        }
        else
        {
            cout<<"成绩等级：不及格"<<endl;
        }
}
```

例 4-9 中的程序是一个典型的多条件选择结构，当成绩在不同的分数段时，输出的等级不同。

4．if 语句的嵌套结构

一个 if 语句的执行体中还可以包含另外一个或多个 if 语句结构，这叫做 if 语句的嵌套，可以实现多选一，如例 4-10 所示。

例 4-10　利用 if 语句的嵌套求 3 个整数中的最大值。

程序如下：

```
#include <iostream.h>
void main()
{
        int a,b,c,max;
        cout<<"请输入 3 个整数："<<endl;
        cin>>a>>b>>c;
        if(a>b)
        {
            if(a>c) max=a;
            else max=c;
        }
        else
        {
            if(b>c)    max=b;
            else    max=c;
        }
        cout<<"3 个整数中最大的数是："<<max<<endl;
}
```

在使用 if 语句嵌套来实现多选一时，需要注意 else 与 if 的匹配关系。在这种情况下，尽量不要省略“{}”，以保证匹配的正确性以及嵌套结构的清晰性。

4.2.2　switch 语句

switch 语句也可以实现程序的分支结构，当判断条件比较多时，使用 switch 语句更合适。因为其结构比较清晰，不容易出错。switch 语句的格式如下：

```
switch(表达式)
{
case 常量表达式 1：语句序列 1;[break;]
case 常量表达式 2：语句序列 2;[break;]
case 常量表达式 3：语句序列 3;[break;]
…
case 常量表达式 n-1：语句序列 n-1;[break;]
[default: 语句序列 n；]
}
```

switch 语句的执行过程如下：

（1）先用 switch 后面的表达式和第 1 个 case 后面的常量表达式 1 进行比较，如果相等，则执行该分支的语句序列 1。执行后再检查该分支是否有 break 子句，如果有，就跳出整个 switch 语句；如果没有，继续执行语句序列 2，一直遇到 break 子句才跳出整个 switch 结构。

（2）如果表达式和常量表达式 1 不相等，继续用表达式和第 2 个 case 后面的常量表达式 2 进行比较，如果相等，则执行该分支的语句序列 2。执行完后，如果有 break 子句，就跳出整个 switch 语句；如果没有，则继续执行语句序列 3，一直遇到 break 才跳出 switch 结构。

（3）如果表达式和常量表达式 2 不相等，则继续和后面的常量表达式进行比较，依此类推。如果和所有的常量表达式的值都不相等，则执行 default 后面的语句序列 n。

在使用 switch 语句时需要注意以下几点：

（1）switch 后面给出的表达式的值只能是整型、字符型和枚举类型，不能是其他类型的表达式。

（2）用花括号括起来的部分称为开关体，格式如下：

```
switch(表达式)
{
    开关体;
}
```

（3）各个 case 后面的常量表达式的值不能相同，但给出的顺序是随意的，不影响程序的执行结果。

（4）case 后面给出的语句序列中可以包含多条语句，并且不必使用花括号括起来。

（5）每个 case 语句分支只是 switch 语句的执行入口，执行完该分支后面的语句序列不一定立刻跳出整个 switch 语句，直到在 switch 中遇到 break 语句时才结束，如果一直找不到 break 语句，那么会从该入口一直执行到 switch 语句的最后。

（6）如果几个 case 分支要执行的语句序列是相同的，那么前面的几个 case 分支只需要给出常量表达式，不用写语句序列和 break 语句，只在最后一个 case 分支后面给出语句序列即可。这样，语句序列就可以被几个 case 分支共享。

例 4-11　利用 switch 语句计算商品的折扣问题。肉食类代码 10 打 6 折，水果类代码 11 打 7 折，蔬菜类代码 12 打 7 折，文具类代码 13 打 8 折，其他类商品均打 9 折。根据给定的商品类型和原价，输出商品现在的价格。

程序如下：

```
#include <iostream.h>
void main()
{
    int kind;
    float price;
    cout<<"肉食类代码 10 打 6 折"<<endl;
    cout<<"水果类代码 11 打 7 折"<<endl;
    cout<<"蔬菜类代码 12 打 7 折"<<endl;
    cout<<"文具类代码 13 打 8 折"<<endl;
    cout<<"其他类商品均打 9 折"<<endl;
    cout<<"---请输入商品代码和原价---"<<endl<<endl;
    cout<<"商品代码: "; cin>>kind;
    cout<<"商品原价: "; cin>>price;
    switch(kind)
    {
    case 10:price*=0.6;
        break;
    case 11:
    case 12:price*=0.7;
        break;
    case 13:price*=0.8;
        break;
    default:price*=0.9;
    }
    cout<<"\n"<<kind<<"类商品的现价是："<<price<<endl;
}
```

break 语句在 switch 语句中的作用很重要，再来讨论一下。switch 语句实现了程序的多分支选择结构，也就是说，按照给定的值来选择 switch 语句中的某一个分支执行。如果在 switch 语句中没有使用 break 语句，则从进入 switch 语句开始会一直执行到 switch 语句的最后一条命令，这样就失去了分支选择的功能，变成了顺序结构。break 语句能够在执行完某个 switch 分支后及时跳出整个 switch 结构，继续执行 switch 后面的其他命令。参见下面的两段代码，并比较其结果有何不同。

程序段 1：

```
switch(a)
{
case 65: cout<<'A'<<endl;
case 66: cout<<'B'<<endl;
case 67: cout<<'C'<<endl;
case 68: cout<<'D'<<endl;
```

```
}
```

程序段 2：

```
switch(a)
{
case 65: cout<<'A'<<endl; break;
case 66: cout<<'B'<<endl; break;
case 67: cout<<'C'<<endl; break;
case 68: cout<<'D'<<endl; break;
}
```

4.3　循 环 结 构

实际问题中，往往需要有规律地重复某些操作，所以在程序设计语言中提供了循环结构。循环结构是程序中一种很重要的结构，其目的是减少重复代码，减轻程序员的负担。其特点是在给定条件成立时，反复执行某程序段，直到条件不成立为止。给定的条件称为循环条件，反复执行的程序段称为循环体。循环条件、循环体和循环变量一起构成循环的 3 个要素。

C++语言中提供了 4 种循环，即 goto 循环、while 循环、do…while 循环和 for 循环。4 种循环可以用来处理同一问题，一般情况下可以互相代替，但一般不提倡使用 goto 循环，因为强制改变程序的顺序经常会给程序的运行带来不可预料的错误。本节主要学习 while、do…while 和 for 三种循环。

4.3.1　while 循环

while 循环是最常见的一种循环结构，其格式如下：

```
while(表达式)
{
    语句序列;
}
```

说明：

❶ 表达式即为循环条件，必须用括号括起来。

❷ 语句序列即为循环体，可以是多条语句，也可以是一条语句，一条语句时可以省略“{}”，但更提倡不省略。

❸ 在 while 循环执行时，先判断循环条件是否成立，即表达式的值是否为真（非 0），如果成立，则执行循环体，执行后自动返回到循环条件的判断，若为真，则开始新一轮循环；如果循环条件为假，则不再执行循环体中的内容，直接跳到 while 语句后面的其他命令。其执行逻辑如图 4-8 所示。

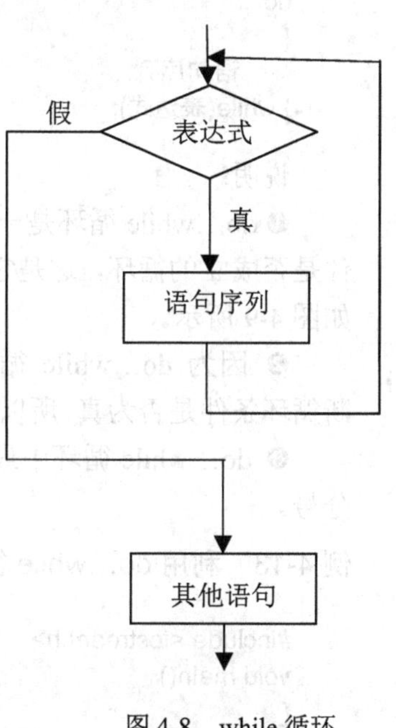

图 4-8　while 循环

❹ 循环条件中通常会使用一个变量，用来控制循环执行的次数，该变量称为循环变量。循环体中通常包括对循环变量的值进行修改的语句，否则将成为死循环。

例 4-12　利用 while 循环语句计算 1~100 的和。

程序如下：

```
#include <iostream.h>
void main()
{
	int i=1,sum=0;
	while(i<=100)
	{
		sum+=i;
		i++;
	}
	cout<<"1 到 100 的和是："<<sum<<endl;
}
```

在该例中，i<=100 是循环条件（i 是循环变量），在满足该条件时循环体将被执行；否则，直接跳出循环，执行后面的 cout 语句。其中，i++;语句的作用有两个：一是让新的 i 值参与 sum 的累加运算；二是修改循环变量的值使循环趋于结束。

4.3.2　do…while 循环

do…while 循环和 while 循环类似，也是执行一段满足条件的循环体，其格式如下：

```
do
{
	语句序列;
} while(表达式);
```

说明：

❶ do…while 循环是一种先执行循环体，然后判断循环条件是否成立的循环，这是它与 while 循环的不同。其执行逻辑如图 4-9 所示。

❷ 因为 do…while 循环是在第一次执行循环体后，才判断循环条件是否为真，所以 do…while 的循环体至少执行一次。

❸ do…while 循环中最后的 while 语句的括号后面有一个分号。

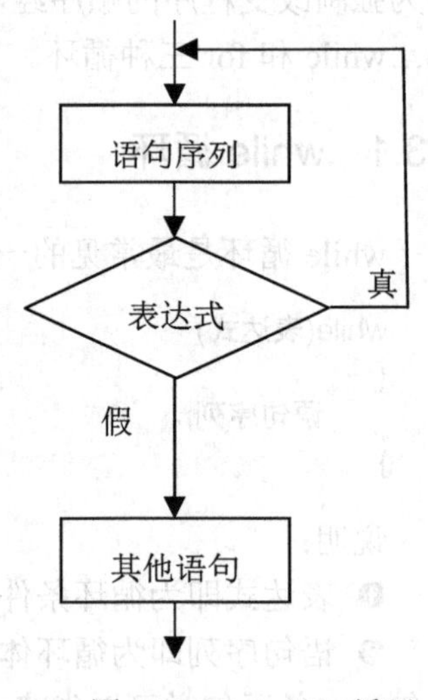

图 4-9　do…while 循环

例 4-13　利用 do…while 循环语句重写例 4-12 的程序。

```
#include <iostream.h>
void main()
{
	int i=1,sum=0;
	do
```

```
    {
        sum+=i;
        i++;
    }while(i<=100);
    cout<<"1 到 100 的和是："<<sum<<endl;
}
```

例 4-14　利用 do…while 循环语句计算任意一个整数的阶乘。

程序如下：

```
#include <iostream.h>
void main()
{
    int n,i=1,f=1;
    cout<<"任意输入一个正整数：";
    cin>>n;
    do
    {
        f*=i;
        i++;
    }while(i<=n);
    cout<<n<<"!="<<f<<endl;
}
```

4.3.3　for 循环

在循环次数固定的情况下，使用 for 循环比较方便。其格式如下：

```
for(表达式 1;表达式 2;表达式 3)
{
    语句序列;
}
```

说明：

❶ for 后面括号中的 3 个表达式用分号隔开，分号在这里是分隔符，并不是语句标识。

❷ for 循环的执行逻辑如图 4-10 所示，可以看出，一般情况下，3 个表达式分别完成以下功能：

- ❑ 表达式 1 用来设置循环变量的初始值，只被执行一次。
- ❑ 表达式 2 用来设置循环条件。
- ❑ 表达式 3 用来改变循环变量的值，使循环趋于结束。

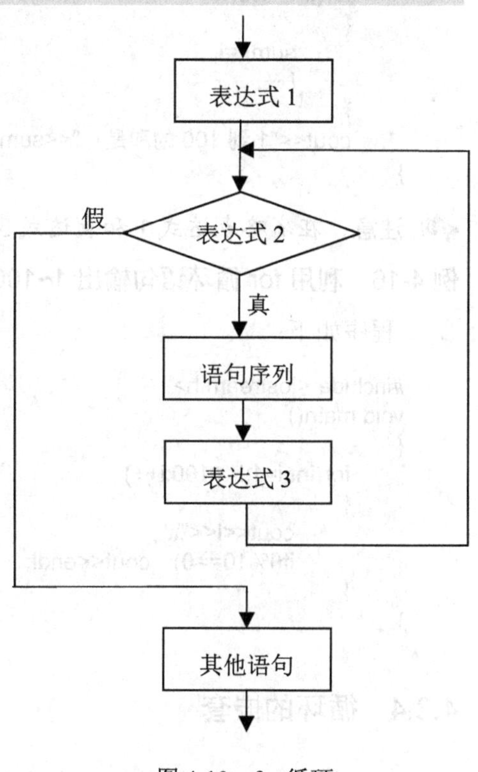

图 4-10　for 循环

例 4-15 利用 for 循环语句重写例 4-12 的程序。

程序如下：

```
#include <iostream.h>
void main()
{
	int sum=0;
	for(int i=1;i<=100;i++)
	{
		sum+=i;
	}
	cout<<"1 到 100 的和是："<<sum<<endl;
}
```

在使用 for 循环时，如果把循环变量的定义与赋初始值的操作写到循环之前，把修改循环变量值的操作写到循环体内部，那么表达式 1 和表达式 3 可以省略。例如，例 4-15 的代码可以重写为：

```
#include <iostream.h>
void main()
{
	int sum=0;
	int i=1;
	for(;i<=100;)
	{
		sum+=i;
		i++;
	}
	cout<<"1 到 100 的和是："<<sum<<endl;
}
```

注意：在省略表达式 1 和表达式 3 时，分号并不能省略。

例 4-16 利用 for 循环语句输出 1~100，每 10 个数显示在一行。

程序如下：

```
#include <iostream.h>
void main()
{
	for(int i=1;i<=100;i++)
	{
		cout<<i<<"\t";
		if(i%10==0)	cout<<endl;
	}
}
```

4.3.4 循环的嵌套

在一个循环的循环体中，又包含另一个完整的循环结构，称为循环的嵌套。嵌套的过

程可以有很多重，一个循环的外面包围一层循环叫做双重循环，一个循环的外面包围两层循环叫做三重循环，以此类推。一个循环的外面包围 3 层或 3 层以上的循环叫做多重循环，这种嵌套在理论上来说可以是无限的。

3 种循环语句 while、do…while 和 for 可以互相嵌套，自由组合。另外，外层循环体中可以包含一个或多个内层循环结构，但要注意的是，各循环必须完整包含，相互之间不允许有交叉现象。

例 4-17　用双重循环输出一个单位矩阵。

通过键盘任意输入一个整数n，程序将输出一个n行n列的单位矩阵。

程序如下：

```
#include <iostream.h>
void main()
{
	int n;
	cout<<"请输入一个整数：";	cin>>n;
	for(int i=1;i<=n;i++)
	{
		for(int j=1;j<=n;j++)
		{
			if(i==j) cout<<"1"<<"\t";
			else cout<<"0"<<"\t";
		}
		cout<<endl<<endl;
	}
}
```

在上面的程序中，用外层循环控制矩阵的行数，用内层循环控制矩阵的列数。

例 4-18　打印乘法口诀表。

程序如下：

```
#include <iostream.h>
void main()
{
	int i,j;
	for(i=1;i<10;i++)
	{
		for(j=1;j<=i;j++)
		{
			cout<<i<<"*"<<j<<"="<<i*j<<"\t";
		}
		cout<<endl;
	}
}
```

注意，在上面的程序中，内层循环的执行次数是与外层循环变量的值相关的，其运行结果如图 4-11 所示。

```
"E:\example\chap4\Debug\liti4-18.exe"
1*1=1
2*1=2   2*2=4
3*1=3   3*2=6   3*3=9
4*1=4   4*2=8   4*3=12  4*4=16
5*1=5   5*2=10  5*3=15  5*4=20  5*5=25
6*1=6   6*2=12  6*3=18  6*4=24  6*5=30  6*6=36
7*1=7   7*2=14  7*3=21  7*4=28  7*5=35  7*6=42  7*7=49
8*1=8   8*2=16  8*3=24  8*4=32  8*5=40  8*6=48  8*7=56  8*8=64
9*1=9   9*2=18  9*3=27  9*4=36  9*5=45  9*6=54  9*7=63  9*8=72  9*9=81
Press any key to continue
```

图 4-11 乘法口诀表

4.4 跳 转 语 句

使用跳转语句可以改变循环或程序的执行顺序，能够实现数据处理的特殊效果，可以使程序变得更灵活。本节将介绍 break 语句和 continue 语句。

4.4.1 break 语句

break 语句的格式为：

```
break;
```

该语句通常用于以下两种情况：

（1）用于 switch 语句中，作用是跳出开关体。

（2）用于循环体中。此时，需要注意以下几点：

① break 语句用于循环体中时，其功能是跳出循环结构，即当程序运行到循环体中的 break 语句时，就立即结束循环，执行该循环语句的后续语句。

② break 语句通常不会单独使用，而是和 if 语句结合使用，也就是只有在满足某个条件时，才会跳出循环体。

③ break 语句在用于循环体中时，只能跳出它所在的那一层循环。

值得注意的是，break 语句只能用于 switch 语句和循环语句中，不能用于其他语句。

例 4-19 使用循环语句和 break 语句求 100~200 之间的所有素数，并输出。

程序如下：

```
#include <iostream.h>
#include<math.h>
void main()
{
    int i,j,k,num=0;
    for(i=100;i<=200;i++)                    //i 的值为 100~200
    {
```

```
            k=sqrt(i);
            for(j=2;j<=k;j++)
            {
                if(i%j==0) break;                   //判断 i 是否为素数
            }
            if(j>k)
            {
                num++;                              //用 num 统计素数的个数
                cout<<i<<"\t";
                if(num%5==0) cout<<endl;            //控制每行输出 5 个素数
            }
        }
        cout<<endl;
    }
```

在例 4-19 中，如果 i 能够被当前的 j 整除，说明 i 不是素数，则执行 break 语句，终止内层循环，返回到外层循环，判断下一个 i 是否为素数。程序的运行结果如图 4-12 所示。

```
"E:\example\chap4\Debug\litid-19.exe"
101     103     107     109     113
127     131     137     139     149
151     157     163     167     173
179     181     191     193     197
199
Press any key to continue
```

图 4-12　程序的运行结果

4.4.2　continue 语句

continue 语句只能用于循环体中，其格式为：

```
continue;
```

continue 语句的功能是结束本次循环，跳过循环体中 continue 语句以后的其他语句，继续进行下一次循环的判断。对于 while()语句，转而判断循环条件是否成立，决定是否继续下次循环；对于 for()语句，转而计算<表达式 3>的值，然后再判断循环条件是否成立，决定是否继续下次循环。

continue 语句和 break 语句的区别是：continue 语句只结束本次循环，然后判断是否继续新一轮循环；break 语句则是结束整个循环，直接转入循环体的后续语句，不再进行循环条件判断。

例 4-20　通过键盘输入任意整数，以 0 结束。统计输入的所有正数个数并计算它们的和。

程序如下：

```
#include <iostream.h>
void main()
{
    int i,sum=0,num=0;
```

```
    i=1;
    while(i!=0)
    {
        cin>>i;
        if (i<0) continue;
        sum=sum+i;
        num++;
    }
    cout<<"输入的正整数个数为："<<num<<"\n 它们的和为："<<sum<<endl;
}
```

在例 4-20 中，如果输入的是负数，则执行 continue 语句，结束本次循环，循环体中的 sum=sum+i;和 num++;语句不再被执行；当输入 0 时，循环条件不再成立，整个循环结束。

4.5 变量的作用域

C++中的变量必须先定义后使用，但是，当定义一个变量后，并不是在任何地方都可以使用，每一个变量都有其作用域。变量的作用域就是一个变量可以被访问的区域。本节将介绍两种根据作用域的不同来划分的变量，即全局变量与局部变量。

4.5.1 全局变量

全局变量是在函数外部定义的，其作用范围是从定义该变量开始至整个文件结束，该范围内的任何一个函数或类都可以使用该变量。

例 4-21 定义全局变量，使类和函数都可以访问该变量。

程序如下：

```
#include <iostream.h>
int a;        //定义全局变量 a
class A
{
    int d;
 public:
    A(){d=a;}
    void display()
    {
        cout<<"d="<<d<<endl;
    }
};
void main()
{
    a=100;
    A obj;
    obj.display();
```

```
}
```

该程序中定义了一个全局变量 a，其作用域从定义 a 的语句开始至整个文件结束。因为类 A 和函数 main()都在变量 a 的作用域中，所以都可以访问变量 a。该例程序还可以写成下面的形式：

```
#include <iostream.h>
extern int a;                          //声明全局变量 a,以扩展其作用域
class A
{
    int d;
 public:
     A(){d=a;}
     void display()
     {
         cout<<"d="<<d<<endl;
     }
};
void main()
{
    a=100;
    A obj;
    obj.display();
}
int a;                                 //定义全局变量 a
```

上述程序中，将定义变量 a 的语句写到了文件的最后，这样如果还希望类 A 和函数 main()可以访问 a，必须在使用 a 之前进行变量的声明。声明变量的目的是为了扩展全局变量的使用范围，使得程序在定义变量之前就可以访问该变量。否则，在定义变量之前是不可以访问变量的。声明变量的语法格式如下：

```
extern 数据类型 变量名;
```

当然，声明后的变量也是有作用范围的，其作用范围是从声明该变量开始至整个文件结束。如果将上面程序的变量声明语句放到函数 main()中，那么在类 A 中是不能访问变量 a 的。

4.5.2　局部变量

局部变量的作用域是指一个变量的使用范围只局限在程序的某些地方，而不是整个文件都可以访问。局部变量可以分为函数级局部变量和块级局部变量两类。

（1）函数级局部变量

变量在一个函数内部定义，其有效范围从定义该变量开始到函数结束，不可以在函数外面访问。

例 4-22　函数级局部变量的定义与应用。

程序如下：

```
#include <iostream.h>
void fun();
void main()
{
    int b=100;              //函数 main()中的局部变量
    cout<<b<<endl;
    fun();
    cout<<a<<endl;          //该语句出错，不能在 main()中访问 fun()中的局部变量 a
}
void fun()
{
    int a=10;               //函数 fun()中的局部变量
    cout<<a<<endl;
    cout<<b<<endl;          //该语句出错，不能在 fun()中访问 main()中的局部变量 b
}
```

在例 4-22 中，两个函数分别定义了自己的局部变量 a 和 b，变量 a 是在函数 fun()中定义的，所以其作用范围仅限于从定义它开始至函数 fun()结束，因此在函数 main()中访问局部变量 a 是不可以的；而变量 b 是在函数 main()中定义的，其作用范围也仅限于函数 main()中。

（2）块级局部变量

块级局部变量也称为复合语句级局部变量，是指变量在一个语句块（复合语句）内部定义，其有效范围从定义它开始到块（复合语句）结束，不能在块（复合语句）外访问。

例 4-23　块级局部变量的定义与应用。

程序如下：

```
#include <iostream.h>
void main()
{
    int b=100;                  //函数级局部变量，应用范围在整个 main()函数
    {
        int a=10;               //块级局部变量，应用范围在该块内部
        cout<<"a="<<a<<endl;
        b=20;
    }
    cout<<"b="<<b<<endl;
    cout<<"a="<<a<<endl;        //访问 a 出错，超出了其作用域
}
```

在例 4-23 中，先定义了变量 b，因为 b 是在函数内部定义的，所以其作用域是整个 main()函数，在 main()中都可以访问它。然后又在语句块中定义了变量 a，那么 a 的作用域仅限于其所在语句块，所以当语句块结束再试图访问变量 a 时，程序报错。

4.6　小　　结

本章主要讲述流程控制语句和变量的作用域。这些内容都是程序设计时必须掌握的基础性的知识。

程序中的命令除了能够按照从上到下的顺序结构执行外，还可以利用流程控制语句实现分支选择结构和循环结构。在分支结构中介绍了如何使用 if 语句和 switch 语句实现按条件的分支选择。在循环结构中介绍了 while 循环、do…while 循环和 for 循环 3 种循环语句。

最后，介绍了变量的作用域，主要介绍了全局变量和局部变量。其实对于一个变量来讲，除了需要关注其作用域外，还需要关注其生命周期，即从空间和时间两个方面去研究变量的有效性。这里主要从空间讨论了变量的有效性，有兴趣的读者可以自行研究变量的生命周期。

4.7 上机实践

1．求 Fibonacci 数列的前 20 项并输出。Fibonacci 数列为：1，1，2，3，5，8，……，即

$$Fn=\begin{cases}1 & (n=1)\\ 1 & (n=2)\\ F(n-1)+F(n-2) & (n>2)\end{cases}。$$

程序如下：

```
#include <iostream.h>
void main()
{
	int f1=1,f2=1,i=0;
	while(i<10)
	{
		cout<<f1<<"\t"<<f2<<"\t";
		f1=f1+f2;
		f2=f2+f1;
		i++;
		if(i%3==0)cout<<endl;
	}
	cout<<endl;
}
```

2．求解“百鸡百钱”问题。已知一只公鸡 5 元钱，一只母鸡 3 元钱，3 只小鸡 1 元钱，问 100 元钱买 100 只鸡，可以买多少只公鸡、多少只母鸡和多少只小鸡？

程序如下：

```
#include<iostream.h>
void main()
{
	//cocks 代表公鸡数，hens 代表母鸡数，chicks 代表小鸡数
	int cocks,hens,chicks;
	for(cocks=0;cocks<=50;cocks++)
	{
		for(hens=0;hens<=33;hens++)
		{
```

```
            chicks=100-cocks-hens;
            if(chicks%3!=0) continue;   //注意 continue 语句的用法
            if ((cocks*5+hens*3+chicks/3)==100)
            {
                cout<<"公鸡："<<cocks<<"只\t 母鸡："<<hens<<
                     "只\t 小鸡："<<chicks<<"只"<<endl;
            }
        }
    }
}
```

3．根据下面的程序分析变量 a、b、c、d 的作用域分别是什么，并且找出本程序中的错误语句，改正错误使程序能够运行。

程序如下：

```
#include<iostream.h>
void fun();
void main()
{
    c++;
    cout<<c<<endl;
    int a=100;
    {
    cout<<"d="<<d<<endl;
    int b=200;
    a++;
    cout<<"a="<<a<<endl;
    b++;
    cout<<"b="<<b<<endl;
    }
    cout<<"b="<<b<<endl;
    cout<<"a="<<a<<endl;
}
extern int d;
void fun()
{
    int c=10;
    cout<<c<<endl;
    cout<<"d="<<d<<endl;
}
int d=0;
```

4．分析下面的程序，掌握 if 嵌套语句的用法。

（1）程序 1

```
#include <iostream.h>
void main()
{
    int a=1,b=3,c=2;
```

```
	if (a>c)
		if (a>b)
			cout<<"b="<<b<<'\t';
		else
			cout<<"a="<<a<<'\t';
		cout<<"c="<<c;
	cout<<endl;
}
```

（2）程序 2

```
#include <iostream.h>
void main()
{
	int a=1,b=3,c=2;
	if (a>c)
	{
		if (a>b)
			cout<<"b="<<b<<'\t';
	}
	else
		cout<<"a="<<a<<'\t';
	cout<<"c="<<c;
	cout<<endl;
}
```

（3）程序 3

```
#include <iostream.h>
void main()
{
	int k;
	cout<<"Input k:";
	cin>>k;
	if(k<100)
		if(k<80)
			if(k<60)
				cout<<"aaa";
			else
				cout<<"bbb";
		else
			cout<<"ccc";
	else
		cout<<"ddd";
	cout<<endl;
}
```

先分析程序写出运行结果，然后运行程序，观察运行结果与写出的是否相同。其中，程序 3 需运行 3 次，分别输入 50、70 和 90，然后分析 if…else 匹配规则。

习　题

一、单项选择题

1．以下描述中正确的是（　　）。

A．for 循环只能用于循环次数已经确定的情况

B．for 循环是先执行循环体语句，后判断表达式

C．在 for 循环中，不能用 break 语句跳出循环体

D．for 循环的循环体语句中，可以包含多条语句，但必须用花括号括起来

2．循环语句“for(int i=0; i<n; i++) cout<<i*i<<’　’;”中，循环体执行的次数为（　　）。

A．1　　B．n−1　　C．n　　D．n+1

3．在下面的循环语句中，循环体执行的次数为（　　）。

```
for(int i=0; i<n; i++)
if(i>n/2) break;
```

A．n/2　　B．n/2+1　　C．n/2−1　　D．n−1

4．在下面的循环语句中，循环体执行的次数为（　　）。

```
int i=0,s=0; while(s<20) {i++; s+=i;}
```

A．4　　B．5　　C．6　　D．7

5．在下面的循环语句中，循环体执行的次数为（　　）。

```
int i=0; do i++; while(i*i<10);
```

A．4　　B．3　　C．5　　D．2

6．循环体至少被执行一次的语句为（　　）。

A．for 循环　　B．while 循环　　C．do…while 循环　　D．任一种循环

7．C++中用于结构化程序设计的 3 种基本结构是（　　）。

A．顺序结构、选择结构、循环结构

B．if、switch、break

C．for、while、do…while

D．if、for、continue

8．C++语言的跳转语句中，对于 break 和 continue 说法正确的是（　　）。

A．break 语句只用于循环体中

B．continue 语句只用于循环体中

C．break 是无条件跳转语句，continue 不是

D．break 和 continue 的跳转范围不够明确，容易产生问题

9．switch 语句一般情况下能够改写为（　　）语句。

A．for　　B．if　　C．do　　D．while

10．以下程序执行后，sum 的值是（　　）。

```
#include <iostream.h>
void main()
{
    int i,sum;
    for(i=1;i<6;i++) sum+=i;
    cout<<sum<<endl;
}
```

A.15　　B.14　　C.不确定　　D.0

二、程序填空题

1．计算 1+1/2+1/4+1/6+……+1/100 的值。

```
#include <iostream.h>
void main()
{
    int  i;
    double  __________;
    for(i=2;__________;___________)
        sum=sum+________;
    cout<<"sum="<<sum<<endl;
}
```

2．判断输入的密码是否正确，只给 3 次机会。

```
#include <iostream.h>
void main()
{
    int password=10,i=0,key;
    while(i<3)
    {
        cin>>_________;
        i++;
        if(password!=key&&___________)
        {
            cout<<"你还有"<<________<<"次机会"<<endl;
        }
        else
            ________________;
    }
}
```

3．在括号中给出程序的执行结果。

程序如下：

```
void main()
{
    int i;
    for(i=0;i<3;i++)
```

```
    switch(i)
    {
        case 1: cout<<i;
        case 2: cout<<i;
        default: cout<<i;
    }
}
```

程序的执行结果是：（　　　　　　）。

三、程序设计题

1．编写程序，可以根据用户的选择实现任意两个整数的加、减、乘、除运算。

2．编写程序，可以判断任意输入的一个整数是否为素数。

3．打印如下图形：

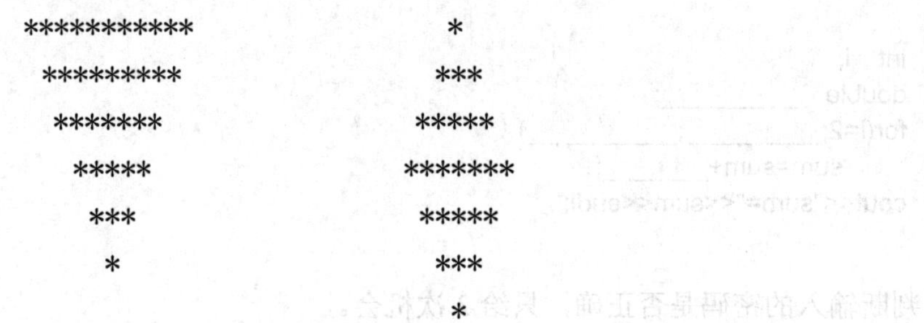

4．打印出所有的水仙花数。所谓水仙花数是指一个3位数，其各位数字的立方和等于该数本身。例如，153是一个水仙花数，因为$153=1^3+5^3+3^3$。

5．有一个分数序列：2/1，3/2，5/3，8/5，13/8，21/13，……求出该数列的前20项之和。

第 5 章　数组和指针

数组和指针是 C++中两种重要的数据类型，使用它们可以提高程序的可读性和灵活性，完成特定的任务。数组与指针具有很多相似性，所以本章重点介绍这两种数据类型。

5.1　数组的概念

程序设计中，有时要用到大量数据。由于数据是存放在变量中的，因此需要定义很多变量，但变量多了就会变得难以管理。下面介绍一种容易管理的变量组合——数组。例如，在管理某班级 60 名同学的数学成绩时，需要用到 60 个变量（定义 60 个变量是不可思议的），这时就可以利用数组来完成管理任务。

数组是由相同类型的若干变量按有序的形式组织起来的一种形式。数组中的变量称为数组元素，属于同一种数据类型。在数组中，每个元素都有一个编号，称为数组元素的下标。在 C++中，下标是从 0 开始的，即数组中第一个元素的下标为 0，第二个元素的下标为 1，依此类推。数组元素是用数组名加下标来确定的。一个数组中的元素个数称为数组的长度。

数组有一维数组和多维数组之分。只有一个下标的数组称为一维数组，有两个下标的数组称为二维数组，依此类推。

5.2　一 维 数 组

一维数组是只用一个下标就可以确定的数组。本节重点介绍一维数组的定义、访问、初始化和存储方式。

5.2.1　一维数组的定义与存储

数组和其他变量一样，使用前需要先进行定义，包括数组名、数组类型和数组长度的定义。一维数组的定义格式如下：

```
数据类型　数组名[常量表达式];
```

其中，数据类型描述的是数组中各元素的类型；常量表达式表示数组中元素的个数，即数组长度（只能是常量，不能是变量）。

定义了数组后，系统会为其分配内存（通常是一段连续的存储空间）。因此，在数组定义格式中，常量表达式的值在编译前必须能够计算得出，否则，编译器会因为无法为数组指定分配的内存空间而提示错误。

例如，定义一个包含10个元素的整型数组的语句如下：

```
int a[10];
```

其存储结构如图5-1所示，10个元素占用了连续的存储空间。整个数组所占存储空间的大小，可以通过下式进行计算：

总字节数=sizeof(数组类型)*数组元素个数

因此，数组a[10]占用的总空间为sizeof(int)*10= 4*10=40B。当然，每种数据类型在计算机中占用的字节数是不固定的，其与当前机器的字长有关。

另外，C/C++语言规定，数组的名称可以兼作该数组在内存中的首地址。因此，数组名称表示数组的首地址也就是数组中第一个元素的地址，而不表示数组中的元素。

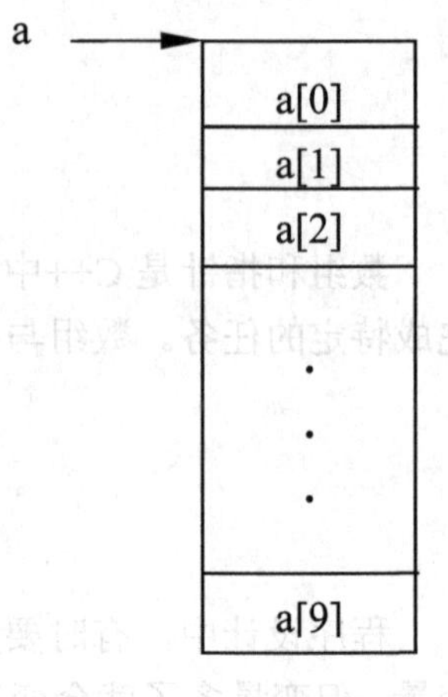

图5-1 一维数组的存储

5.2.2 一维数组的引用

定义了数组以后，就可以使用数组了。需要注意的是，无法整体访问某个数组，只能逐个访问该数组中的元素。引用数组元素的基本方法是用“数组名[下标]”的形式。其中，下标应该是一个整型常量或者结果为整型数据的表达式，这与数组定义时的常量表达式不同。另外，数组元素的下标从0开始编号：0,1,2,3,…,n−1，其中，n表示数组的长度，数组元素的最大下标是数组长度减1。如5.2.1节定义的数组a中的10个元素分别为a[0]、a[1]、a[2]、…… 、a[9]。

使用下标访问数组元素时，注意不可超出下标的取值范围。在C++语言中，编译器不对数组下标的有效性进行检测，即C++语言不对数组做越界检查，但是超出数组下标范围的操作会导致不可预料的后果。因此，程序员必须自己保证数组下标的有效性。

例5-1 一维数组元素的赋值与引用。

程序如下：

```
#include <iostream.h>
const int N=10;
void main()
{
    int a[N],i;
    //使用循环语句逐个元素赋值
   for(i=0;i<N;i++)
    {
        a[i]=i;
    }
    //输出数组元素
   for(i=0;i<N;i++)
   {
        cout<<"a["<<i<<"]="<<a[i]<<endl;;
```

```
    }
}
```

程序的运行结果如图 5-2 所示。

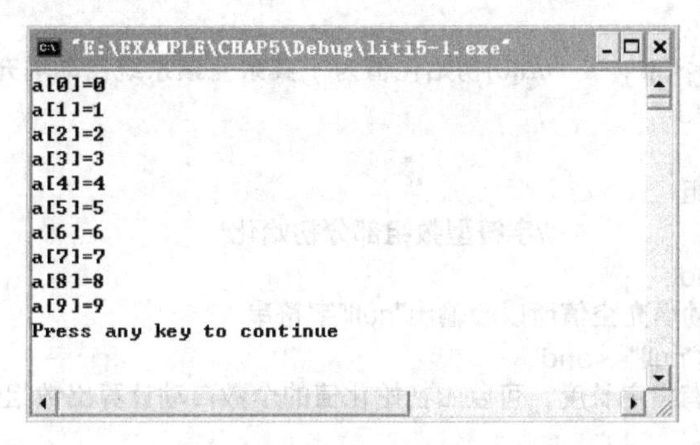

图 5-2　一维数组的赋值与引用

注意：例 5-1 中，对数组长度的定义使用了 const 定义的常量，建议定义数组时采用此方法。

5.2.3　一维数组的初始化

定义数组的同时为数组元素赋初值，称为数组的初始化。其格式如下：

```
数据类型 数组名[常量表达式]={值 1,值 2,值 3,...,值 n};
```

说明：

❶ 数组的初始化是将一组值放到一对花括号中括起来，各个值之间用逗号隔开。

❷ 定义数组时，可以为全部的元素都赋一个初值，这时提供的值的个数应与数组长度相等。

❸ 也可以只为部分元素赋初值，即提供的值的个数小于数组长度，那么系统将自动为未被赋值的元素赋以默认值。数值型数据的默认值为 0，字符型数据的默认值为空字符。

❹ 提供的值的个数一定不能大于数组长度，否则会出现语法错误。

❺ 定义数组时，如果为全部元素赋初值，则可以省略表示数组长度的“常量表达式”，系统根据初始化时给出的值的个数可以计算出数组的长度，从而使数组定义完整。格式如下：

```
数据类型 数组名[]={值 1,值 2,值 3,...,值 n};
```

则此数组的长度为 n。

例 5-2　一维数组的定义与初始化。

程序如下：

```
#include <iostream.h>
const int N=5;
void main()
{
```

```
    //定义整型数组
    int a[N]={1};                    //整型数组部分初始化
    int i;
    for(i=0;i<N;i++)
    {
        cout<<a[i]<<"\t";            //a[0]初始化值为 1,其余元素系统自动填充 0 值
    }
    cout<<endl;
    //定义字符型数组
    char b[3]={'a'};                 //字符型数组部分初始化
    cout<<b[0]<<endl;
    //系统为 b[1]自动填充空值所以会输出"null"字符串
if(b[1]=='\0')   cout<<"null"<<endl;
    //定义数组时没有指定长度，可以由初始化值的个数自动计算出数组长度
    int c1[]={1,2,3};
    /int c2[];                        //定义数组时若未指定长度，则必须为数组初始化，否则出错
}
```

程序的运行结果如图 5-3 所示。

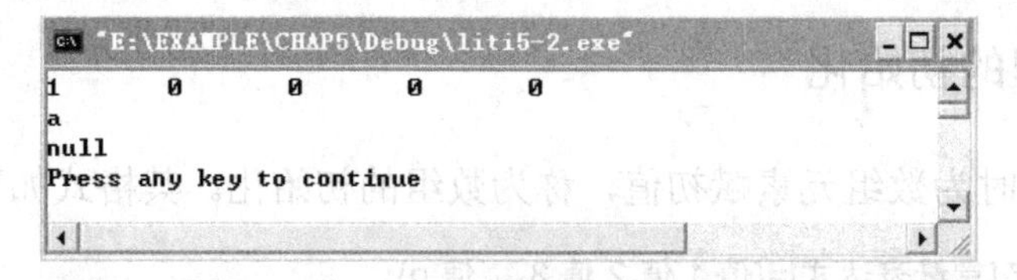

图 5-3　一维数组的初始化

例 5-3　一维数组的应用。创建一个包含 10 个元素的 double 数组，通过键盘为 10 个元素赋值，求这 10 个数的平均值、最大值和最小值，并输出。

程序如下：

```
#include <iostream.h>
const int N=10;
void main()
{
    double array[N],sum=0,max,min;
    int i;
    cout<<"请输入 10 个浮点数，为元素赋值："<<endl;
    for(i=0;i<N;i++)
    {
        cin>>array[i];
    }
    max=array[0];
    min=array[0];
    cout<<"这 10 个数为："<<endl;
    for(i=0;i<N;i++)
    {
        cout<<array[i]<<"\t";
        sum+=array[i];
```

```
            if(max<array[i]) max=array[i];
            if(min>array[i]) min=array[i];
        }
        cout<<"sum="<<sum<<endl;
        cout<<"max="<<max<<endl;
        cout<<"min="<<min<<endl;
}
```

5.3　二维数组

如果一维数组中的每个元素本身又是一个一维数组，就形成了二维数组。简单地说，二维数组就是数组中的元素是一维数组的数组。下面重点介绍二维数组的定义及操作（多维数组的定义和操作可由二维数组类推得到）。

5.3.1　二维数组的定义与存储

二维数组在定义时需要两个长度，一个表示外层数组的元素个数（又叫第一维长度或行数），一个表示内层数组的元素个数（又叫第二维长度或列数），两数相乘得到的是二维数组中包含的总元素个数。

二维数组的定义格式如下：

```
数据类型 数组名[常量表达式 1][常量表达式 2];
```

其中，常量表达式 1 表示二维数组的行数，常量表达式 2 表示二维数组的列数。

例如，定义一个表示 5 个人姓名的二维数组，代码如下：

```
char name[5][8];
```

其中，“5”表示 5 个人，“8”表示每个人的姓名中有 8 个 char 类型的数据。所以该 name 二维数组中共包含 40 个 char 类型的数据。

定义了二维数组以后，系统会为其分配内存。虽然二维数组是两维的，但系统并不允许程序按照这种方式存储数据。二维数组的行、列表现形式只是便于对二维数组的理解，事实上二维数组的存储和一维数组一样，都是线性的结构。在 C++中，二维数组采用行序优先的方式进行存储，因此，name 数组的存储结构如图 5-4 所示。其中，name[0]表示第 0 行的存储地址，name[1]表示第 1 行的存储地址，……，name[4]表示第 4 行的存储

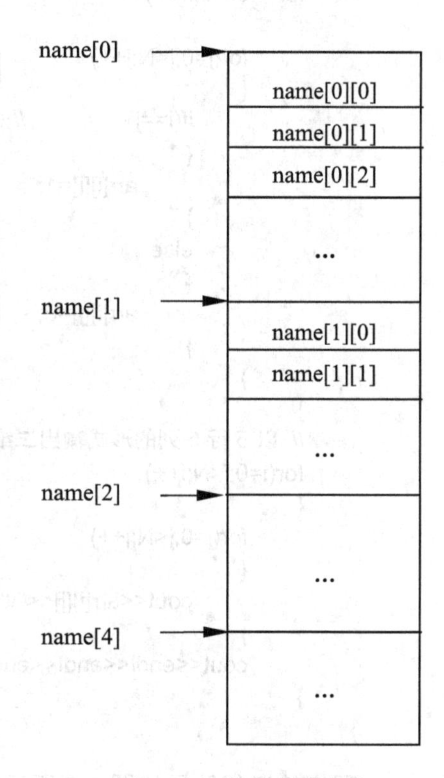

图 5-4　二维数组的存储

地址。

5.3.2　二维数组的引用

对二维数组的访问，也只能访问数组中的元素，而不能整体访问数组。二维数组元素的引用需要使用行、列两个下标，都是从 0 开始编号。其格式如下：

```
数组名[行下标][列下标];
```

例如，访问第 2 个学生姓名中的第 3 个字符，用数组元素 name[1][2]表示。因为数组中下标都是从 0 开始编号的，所以第 2 个学生的下标是 1，姓名中的第 3 个字符的下标是 2。

例 5-4　利用二维数组存储一个 5 行 5 列的单位矩阵，并按行、列的形式进行输出。

程序如下：

```
#include <iostream.h>
const int N=5;
void main()
{
    int i,j;
    int arr[N][N];
    // 将单位矩阵的值存储到二维数组中
    for(i=0;i<N;i++)
    {
        for(j=0;j<N;j++)
        {
            if(i==j)          //如果一维下标和二维下标相等，则数组元素值为 1，否则为 0
            {
                arr[i][j]=1;
            }
            else
            {
                arr[i][j]=0;
            }
        }
    }
    // 以 5 行 5 列的形式输出二维数组中的值
    for(i=0;i<N;i++)
    {
        for(j=0;j<N;j++)
        {
            cout<<arr[i][j]<<"\t";
        }
        cout<<endl<<endl<<endl;
    }
}
```

程序的运行结果如图 5-5 所示。

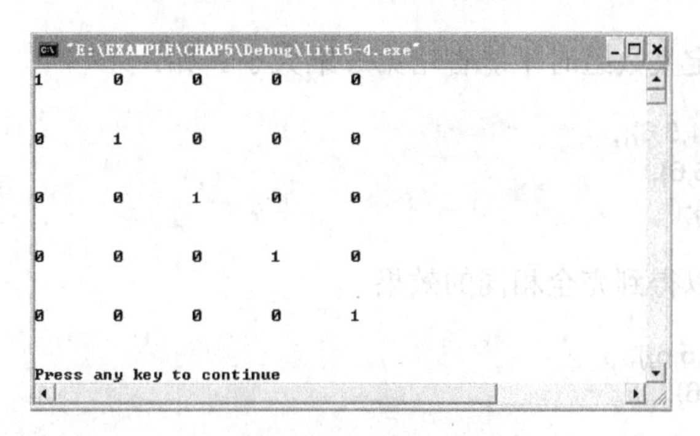

图 5-5　二维数组的应用

5.3.3　二维数组的初始化

二维数组的初始化和一维数组的初始化类似，下面介绍二维数组初始化的几种情况。

1．全部初始化

全部初始化是指在定义数组时为数组中的所有元素都赋一个初值，可以有以下两种方式。

（1）分行初始化，如：

```
int a[2][3]={{1,2,3},{4,5,6}};
```

此时，a[0][0]的值为 1，a[0][1]的值为 2，a[0][2]的值为 3，a[1][0]的值为 4，a[1][1]的值为 5，a[1][2]的值为 6。

（2）按元素在内存中的存储顺序初始化，如：

```
int a[2][3]={1,2,3,4,5,6};
```

这样初始化可以和分行初始化实现的效果完全相同。

2．部分初始化

在定义数组时，可以只给部分元素赋初值，也可以分为两种方式。

（1）分行初始化，如：

```
int a[2][3]={{1,2},{4}};
```

此时，a[0][0]的值为 1，a[0][1]的值为 2，a[0][2]的值为 0，a[1][0]的值为 4，a[1][1]的值为 0，a[1][2]的值为 0。

（2）按元素在内存中的存储顺序初始化，如：

```
int a[2][3]={1,2,4};
```

此时，a[0][0]的值为 1，a[0][1]的值为 2，a[0][2]的值为 4，a[1][0]的值为 0，a[1][1]的值为 0，a[1][2]的值为 0。

在定义二维数组时，同样可以省略“常量表达式”。如果定义二维数组的同时为数组初始化，则可以省略第一维数组的长度，这时，系统根据初始化值的个数和第二维的大小计算出第一维。但是，定义数组时不能省略第二维大小。如：

```
int a[2][3]={{1,2,3},{4,5,6}};
int a[2][3]={1,2,3,4,5,6};
int a[2][3]={{1,2},{4}};
```

与下面的定义可以得到完全相同的效果。

```
int a[][3]={{1,2,3},{4,5,6}};
int a[][3]={1,2,3,4,5,6};
int a[][3]={{1,2},{4}};
```

例 5-5　二维数组的初始化方式。

程序如下：

```
#include <iostream.h>
void main()
{
    int b[2][3]={{1,2,3},{4,5,6}};           //初始化为数组 b 的所有元素赋值
    //初始化为数组 c 的部分元素赋值，c[0][2]和 c[1][2]系统填充默认值 0
    int c[2][3]={{1,2},{4,5}};
    //按照元素在内存中的顺序依次赋值
    // 赋值结果：d[0][0]=1,d[0][1]=2,d[0][2]=3,d[1][0]=4
    int d[2][3]={1,2,3,4};
    //定义二维数组时，省略第一维的长度
    int m[][3]={1,2,3,4,5,6};
    //根据总的元素个数和第二维元素个数，可以求出第一维的长度为 2
    int n[][3]={{1,2},{3,4,5},{6}};
    //根据内层数组的花括号个数，可以求出第一维的长度为 3
}
```

5.3.4　多维数组

三维数组以及三维以上的数组都称为多维数组。三维数组是指二维数组中的每个元素本身又是一个一维数组，如下所示：

```
int a[2][3][2]={{{0,1},{2,3},{4,5}},{{6,7},{8,9},{0,1}}};
int b[2][3][2]={0,1,2,3,4,5,6,7,8,9};
```

其他多维数组的原理与应用与二维数组、三维数组相同，不再赘述。

5.4　字 符 数 组

字符数组指元素为 char 类型的数组，与其他类型的数组相比，字符数组具有一些特性。C++中，只有字符串常量，没有字符串变量，所以往往用一维字符数组表示字符串。并且，

为了方便操作，系统提供了许多有关字符数组的库函数，用户可以直接使用。

5.4.1　字符数组的初始化

1. 定义字符数组

字符数组即数组元素为字符类型的数组，其定义方法如下：

```
char 数组名[常量表达式];
```

例如：

```
char c[10];   //定义了一个数组长度为 10 的字符数组
```

2. 字符数组的初始化

可以采用两种方式为字符数组初始化。

（1）逐个字符赋值，其格式如下：

```
char 数组名[长度]={ '字符常量 1', '字符常量 2', '字符常量 3',…};
```

例如：

```
char name[10]={ 'S','m','i','t','h'};   //没有赋值的部分系统自动赋值为'\0'
```

（2）用字符串常量赋值，其格式如下：

```
char 数组名[长度]= "字符串常量";
```

例如：

```
char name[10]="Smith";
```

在用字符串为字符数组赋值时，需要注意字符串的末尾有一个结束标识，因此字符数组的长度应至少比字符串的长度大 1。例如：

```
char c[4]="abcd";
```

上述赋值是错误的，因为字符串的末尾有一个结束标识，所以字符串 abcd 在内存中要占用 5 个字节，而字符数组 c 的长度为 4，所以会出现语法错误。

注意：字符数组在初始化时可以通过字符串进行整体赋值，而赋值语句是不可以这样的。但是，可以使用字符串复制函数为当前数组整体赋值，后面的章节中会进行讨论。

5.4.2　字符数组的输入/输出

字符数组的输入与输出可以像其他类型的数组一样，逐个输入、输出。但在 C++中，

cin 输入流和 cout 输出流支持对字符数组的整体操作，能够将一个字符串常量整体输入到一个字符数组中，也能将一个字符数组作为一个字符串整体输出。但这样做需要注意以下几点。

（1）使用 cin 语句整体输入或使用 cout 语句整体输出时，只需给出数组名。

（2）在为字符数组输入字符串时，以空格或 Enter 键为结束标志，并且系统自动在字符串后面添加一个'\0'字符。

（3）字符数组在作为一个字符串整体输出时，以'\0'字符作为输出的结束标志。如果在字符数组的最后找不到空字符，则输出乱码。

因此，为了防止字符数组在输出时出现乱码，一般遵循“如何为字符数组赋值，就如何输出”的原则。在为全部数组元素初始化时，如果采用逐个字符赋值的方式，在数组最后是不包括空字符的，所以输出时也应该逐个字符输出；如果字符数组是用字符串进行整体赋值的，则应包括空字符，因此也可以整体输出。

例 5-6　字符数组的输入、赋值与输出。

程序如下：

```
#include <iostream.h>
void main()
{
    char a[10];
    a[0]='S';                            //逐个数组元素赋值
    a[1]='m';
    cout<<a[0]<<a[1]<<endl;              //逐个数组元素输出时，结果正确
    cout<<"输出数组 a: "<<a<<endl;        //找不到空字符，整体输出时会出现乱码
    char b[10]={'S','m'};                //以多个单字符初始化数组，但小于总长度自动填空字符
    cout<<"输出数组 b: "<<b<<endl;        //找到空字符，整体输出时能够正常结束
    char c[2]={'S','m'};
    cout<<"输出数组 c: "<<c<<endl;        //找不到空字符，整体输出时会出现乱码
    char d[10];
    cin>>d;                              //用输入语句为数组赋值
    cout<<"输出数组 d: "<<d<<endl;        //找到空字符，整体输出时能够正常结束
    char e[10]="Smith";                  //以字符串初始化数组
    cout<<"输出数组 e: "<<e<<endl;        //找到空字符，整体输出时能够正常结束
}
```

程序的运行结果如图 5-6 所示。

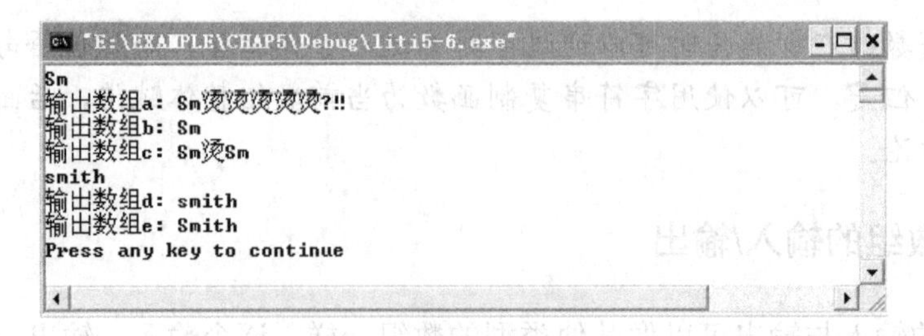

图 5-6　字符数组的赋值与输出

在例 5-6 中，共定义了 5 个字符数组，由于对它们赋值和初始化的方式不同，因此，将数组整体输出时结果是不一样的。

（1）对于数组 a 来说，由于赋值是针对每个数组元素进行的，在数组中不包括空字符，因此逐个数组元素输出时结果正确，而数组整体输出时会出现乱码。

（2）对于数组 b 和数组 c，它们都是在初始化时以单个字符的形式赋值的，但数组整体输出的结果却不同。这是因为，数组 b 的长度是 10，而初始化赋值时只给了两个值，后面其他的字符系统自动填充为空字符，所以整体输出不出现乱码；而数组 c 的长度是 2，初始化赋值给了两个值，占满了数组的空间，因此在数组 c 中没有空字符，整体输出时会出现乱码。

（3）对于数组 d 来说，其值是利用 cin 语句输入的，cin 语句输入结束时系统会自动在最后填充空字符，所以整体输出时结果正确。

（4）对于数组 e 来说，以字符串为数组初始化时字符串的最后包含空字符，所以整体输出时能够正常结束，不出现乱码。

5.4.3　字符串处理函数

为了方便字符数组或字符串的操作，系统提供了可供用户直接使用的字符串函数，它们被包含在头文件 string.h 中，本节介绍几个常用的函数。

1．求字符串长度函数 strlen()

格式：strlen(字符串|字符数组|字符指针)

功能：计算给出的字符串、字符数组或字符指针中包括的有效字符的个数，不包括空字符'\0'。

例 5-7　分别输出字符数组、字符串常量和字符指针的长度。

程序如下：

```
#include<iostream.h>
#include<string.h>
void main()
{
      char name[]="Smith";
      char *p=name;
      cout<<"name 数组的长度："<<strlen(name)<<endl;
      cout<<"字符串常量的长度："<<strlen("Smith")<<endl;
      cout<<"字符指针的长度："<<strlen(p)<<endl;
}
```

注意：本节中用到的字符指针的概念将在后面的章节中进行讨论，在此节可忽略。

2．字符串复制函数 strcpy()

格式：strcpy(字符数组 1|字符指针 1，字符数组 2|字符指针 2|字符串常量)

功能：将“字符数组 2”、“字符指针 2”或“字符串常量”复制到“字符数组 1”或“字符指针 1”中，使得两者内容相同。

例 5-8　将 name 数组中的内容复制到 arr 数组中。

程序如下：

```
#include<iostream.h>
#include<string.h>
void main()
{
    char name[]="Smith";
    char arr[10];
    char *p=name;
    strcpy(arr,name);
    cout<<arr<<endl;
    strcpy(p,"zhangsan");
    cout<<p<<endl;
}
```

3．字符串连接函数 strcat()

格式：strcat(字符数组 1|字符指针 1，字符数组 2|字符指针 2|字符串常量)

功能：将“字符数组 2”、“字符指针 2”或“字符串常量”连接到“字符数组 1”或“字符指针 1”的后面，其结果存储到“字符数组 1”或“字符指针 1”中。

例 5-9　使用字符串连接函数，将数组 name 中的字符连接到数组 arr 的后面。

程序如下：

```
#include<iostream.h>
#include<string.h>
void main()
{
    char name[]="Smith";
    char arr[20];
    strcpy(arr,"Hello ");
    strcat(arr,name);
    cout<<arr<<endl;
}
```

4．字符串比较函数 strcmp()

格式：strcmp(字符串 1，字符串 2)

功能：将两个字符串从左至右逐个字符按照 ASCII 码进行比较，直到出现不同的字符或'\0'字符为止。其中，“字符串 1”和“字符串 2”可以是字符串常量、字符数组或字符指针。比较的结果如下。

- 如果“字符串 1”等于“字符串 2”，函数比较的结果为 0。

- 如果“字符串 1”大于“字符串 2”，函数比较的结果为 1。
- 如果“字符串 1”小于“字符串 2”，函数比较的结果为-1。

例 5-10　比较两个数组的大小。

程序如下：

```
#include<iostream.h>
#include<string.h>
void main()
{
	char name[]="Smith";
	char arr[20];
	strcpy(arr,"Hello ");
	strcat(arr,name);
	cout<<strcmp(name,"Smith")<<endl;		//name 等于 arr 结果为 0
	cout<<strcmp(name,arr)<<endl;			//name 大于 arr 结果为 1
	cout<<strcmp(arr,name)<<endl;			//arr 大于 name 结果为-1
}
```

5．字符串大小写转换函数 strlwr()、strupr()

将字符串中的字母转换为小写字母的函数格式为：strlwr(字符数组|字符串常量)。

将字符串中的字母转换为大写字母的函数格式为：strupr(字符数组|字符串常量)。

例 5-11　将给定的字符串常量进行大小写转换，并输出结果。

程序如下：

```
#include<iostream.h>
#include<string.h>
void main()
{
	char arr1[]="AbC";
	char arr2[]="aBc";
	cout<<"将 arry1 数组转换为小写："<<strlwr(arr1)<<endl;
	cout<<"将 arry2 数组转换为大写："<<strupr(arr2)<<endl;
}
```

5.5　指　　针

指针是 C++的一个重要特色，也是 C++的精华所在。使用指针可以表示复杂的数据结构，实现动态的存储分配，方便地使用数组和字符串等。正确、灵活地运用指针，可以使程序更加简洁、紧凑和高效。每一个学习 C++的人，都应该深入地学习和掌握指针。

5.5.1　指针的定义

要掌握指针，首先必须弄清楚内存的概念以及数据在内存中是如何被存储和读取的。

计算机的硬件系统主要由输入/输出设备、运算器、存储器和控制器构成。其中，存储器又分为内部存储器和外部存储器，简称内存和外存。任何计算机程序只有存储到内存中才能被执行，所有数据只有存放在内存中才能被处理和运算。内存以字节为单位组成，字节是进行内存分配的最小单位，一个字节由 8 个二进制位组成，每个二进制位的值是 0 或 1。每个字节都有一个唯一的编号，称为内存的地址。

在程序中定义一个变量时，编译系统会根据变量的类型，分配一定数目的字节给变量。分配给该变量的若干个字节中，第一个字节的地址即为变量的地址。如图 5-7 所示，当定义了一个 int 型变量 i 时，编译系统会为它分配 4 个字节，即 4000～4003，变量 i 的地址为 4000，变量 k 的地址为 4004。

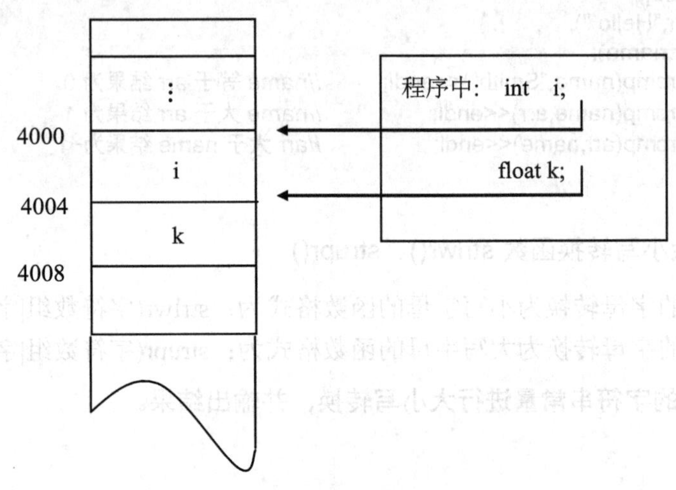

图 5-7 变量与地址

注意：区分变量的地址与变量的值，变量的地址是由编译系统统一分配的，一经分配就固定不变；变量的值在程序运行期间是可以改变的。

给变量分配内存以后，编译系统就把内存单元与变量名联系起来，允许程序通过变量名来引用内存单元。

一个变量的地址就是该变量的指针。专门用来存放地址的变量就是指针变量。指针变量的值是指针，即是另外一个变量的地址。如图 5-8 所示，4000 是变量 i 的地址，即为变量 i 的指针，变量 i_pointer 存放了变量 i 的地址，所以是指针变量，这时，称指针变量 i_pointer 指向变量 i。

在了解了指针的概念之后，下面来学习如何定义一个指针变量。指针变量的定义格式如下：

```
数据类型  *指针变量名;
```

其中，数据类型表示该指针变量所指向的内存中存放的数据类型，即指针变量所指向的变量的类型；*为指针运算符，表示该变量为指针变量；指针变量名，则要求必须是一个合法的标识符。

例如下面的定义：

```
int *p;        //定义 p 是一个保存整型变量地址的指针变量
char *p1;      //定义 p1 是一个保存字符型变量地址的指针变量
```

在定义了一个指针变量以后，若想使用该指针变量，就需要给它赋值。由于指针变量存放的是变量的地址，其值不允许用户随意指定，因此要用到一些与指针变量密切相关的运算符。

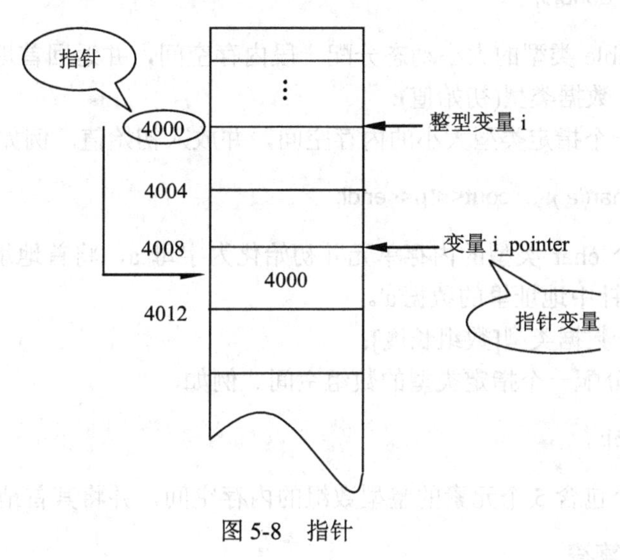

图 5-8　指针

5.5.2　指针运算符

与指针相关的运算符主要包括&、*、new 和 delete 运算符。

1．&运算符

&运算符是取址运算符，能够获取指定变量的地址，其格式为：&变量名。例如，

```
int a=10;   int *p;   p=&a;
```

表示指针变量 p 中存储的是整型变量 a 的地址。

2．*运算符

*运算符是取值运算符，能够获取指定的指针变量指向的内存中存储的数据。*运算符与&运算符为互逆运算。其格式为：*指针变量名。例如，

```
int a=10;   int *p=&a; cout<<*p<<endl;
```

表示将会输出指针变量 p 中所存地址中的值。因为 p 中存放的是变量 a 的地址，因此 *p 表示的是变量 a 的值，即 10。

注意：*运算符用于取值运算时，与用来定义指针变量时表示的含义是不同的。

3．new 运算符

new 运算符用于动态分配一块内存单元并返回该内存单元的首地址，可将该首地址存入一个指针变量中。主要有以下 3 种格式。

格式 1：new 数据类型;

功能：分配一个指定数据类型大小的内存空间。例如，

```
double *p=new double;
```

表示按照 double 类型的大小动态分配一段内存空间，并返回首地址。

格式 2：new 数据类型(初始值);

功能：分配一个指定类型大小的内存空间，并放入初始值。例如，

```
char *p=new char('a');      cout<<*p<<endl;
```

表示创建一个 char 类型的内存单元并初始化为字母 a，将首地址赋给指针变量 p，利用*运算符取出指针中地址里的数据'a'。

格式 3：new 数据类型[数组长度];

功能：动态分配一个指定类型的数组空间。例如，

```
int *p=new int[5];
```

表示分配一个包含 5 个元素的整型数组的内存空间，并将其首地址赋给指针变量 p。

4．delete 运算符

delete 运算符用来释放通过 new 运算符获得的内存空间，二者互为逆运算。

格式：delete 指针变量;

注意： delete 操作中，指针变量指向的内存地址必须是用 new 运算符动态分配的内存空间的地址，才可以用 delete 运算符释放，否则不可以使用 delete 运算符释放。

例 5-12　使用 new 运算符动态分配内存空间，使 delete 运算符释放动态获得的内存空间。

程序如下：

```
#include <iostream.h>
void main()
{
      int *p=new int[5];
      delete p;                  //可以使用 delete 释放 p 指向的内存空间
      int a=100;
      int *p1=&a;
      delete p1;                 //操作失败
}
```

注意： 在例 5-12 中，delete 可以成功释放指针 p 指向的内存空间，因为该块内存是用 new 运算符动态分配的；但 delete 运算符不能释放指针 p1 指向的内存空间，因为这块空间不是用 new 运算符动态分配的。

在介绍了与指针相关的运算符以后，再来学习指针变量的初始化。在定义指针变量时，也可以对其进行初始化。但需要注意的是，给指针变量赋的值，必须是一个显式的地址值。例如：

```
int x;
int *p=&x;
```

可以看到，x 是一个整型变量，通过&取出 x 的地址赋给指针变量 p，在这里， &x 就是一个显式的地址。如下的赋值方式是错误的：

```
int *p=0x2f34;
```

因为从形式上看不出 0x2f34 是否为一个地址值。

也可以通过 new 运算符直接分配内存给指针赋值。例如，

```
int   *p=new int;
```

还可以给一个指针变量做如下赋值：

```
int *p=NULL;
```

值为 NULL 的指针称为空指针，表示不指向任何变量。但为了使用安全起见，一般来说，在定义指针时最好对其进行初始化，哪怕是初始化为空指针。

5.5.3　数组与指针

指针是一个变量的地址，而数组名代表数组在内存中的起始地址，是一个地址常量，所以 C++语言中，指针与数组的关系非常密切，既有相同点，也有不同点。任何能由数组下标完成的操作都可以由指针来实现，正确地使用数组指针来引用和处理数组元素，能使程序更加简明紧凑，效率更高。

1．定义指向数组的指针

将数组的首地址存入指针变量中,该指针变量即为指向数组的指针变量。

定义一个指向数组或数组元素的指针变量，与定义一个指向普通变量的指针变量的方式相同。主要有以下两种格式。

格式 1：数据类型 *指针变量名=数组名;

因为数组名本身就代表了数组的首地址，所以可以直接将数值名赋值给指针变量。

格式 2：数据类型 *指针变量名=&数组名[0];

其中，数组名[0]表示数组中的第一个元素，用取址运算符&表示获取数组的第一个元素的地址，也就是数组的首地址。例如，

```
int a[10]={1,2,3,4};
int *p1,*p2;
p1=a;
p2=&a[0];
```

上述代码中指针 p1 和 p2 中存放的都是数组 a 的首地址，即指针 p1 和 p2 指向同一个数组。

2．通过指针访问数组元素

当定义了一个指向数组元素或指向数组的指针变量以后，就可以通过指针变量来访问数组的元素了。假设已做了如下定义：

```
int array[10];
int *p=array;
```

此时，可以通过以下方式访问数组元素。

（1）要访问一个数组元素，可以使用下标法，如 array[i]，这是最基本的访问方式。

（2）p 的初值为 array，即 array[0]的地址，则 p+i 表示 array[i]的地址。因为 C++规定，当指针指向数组时，p+i 不是将 p 的值简单加 i，而是加 i 个元素所占的内存空间。既然 p+i 表示 array[i]的地址，则*(p+i)表示 p+i 所指向的数据元素，即 array[i]。

（3）array 是数组的首地址，即 array[0]的地址。同理，array+i 代表 array[i]的地址。所以，*(array+i)表示 array+i 所指向的数据元素，即 array[i]。

（4）指向数组的指针变量也可以带下标，如 p[i]与 array[i]等价。

例 5-13　使用 4 种不同的方式访问数组中的元素。

程序如下：

```
#include <iostream.h>
void main()
{
    int i;
    int a[10]={1,2,3,4,5};
    int *p=a;
    //利用数组名加下标的方式访问数组元素
    for(i=0;i<10;i++)       cout<<a[i]<<"\t";
    cout<<endl;
    //利用指针名加下标的方式访问数组元素
    for(i=0;i<10;i++)   cout<<p[i]<<"\t";
    cout<<endl;
    //利用数组名加偏移量的方式访问数组元素
    for(i=0;i<10;i++)   cout<<*(a+i)<<"\t";
    cout<<endl;
    //利用指针名加偏移量的方式访问数组元素
    for(i=0;i<10;i++)   cout<<*(p+i)<<"\t";
    cout<<endl;
}
```

3．数组指针的运算

当指针变量指向数组以后，可以对指针变量进行算术运算和关系运算。

（1）算术运算

① p±i 等价于 p±i×d。其中，i 为整型数据，d 为 p 指向的变量所占字节数，表示指针上/下移动 i 个元素所占的存储空间。

② 可进行 p++、p--、p+i、p-i、p+=i 和 p-=i 等运算。

③ 若 p1 与 p2 指向同一数组，则 p1-p2 表示两指针间的元素个数。

④ p1+p2 无意义。

（2）关系运算

① 若 p1 和 p2 指向同一数组，则：

- p1<p2 表示 p1 所指向的元素在 p2 所指元素之前。
- p1>p2 表示 p1 所指向的元素在 p2 所指元素之后。
- p1==p2 表示 p1 与 p2 指向同一数组元素。

② 若 p1 与 p2 不指向同一数组，则 p1 与 p2 的比较没有意义。

5.5.4　字符指针

C++语言中，可以用字符数组或字符指针处理字符串，使用后者更方便、灵活。定义一个字符指针，然后使字符指针指向一个字符数组或者直接指向字符串，就可以通过该指针处理字符串了。引用时，既可以逐个字符引用，也可以整体引用。

1．字符指针指向字符型数组

例如，

```
char name[10]={'S','m','i','t','h'};
char *p;
p=name;          //或者 p=&name[0];
```

2．字符指针指向字符串常量

例如，

```
char *p1="Smith";
```

3．利用字符指针处理字符串

C++中，可以使用字符指针处理字符数组或者字符串常量中的数据。但是必须注意，在利用字符指针处理这些数据时，指针会依次向后移动，直到遇见字符串结束标志'\0'时处理才终止，否则处理结果中可能会出现乱码。

例 5-14　利用字符指针完成字符数组的输入与输出操作。

程序如下：

```
#include <iostream.h>
void main()
{
```

```
    char name[10]={'S','m','i','t','h'};
    char *p;
    p=name;
    cout<<p<<endl;           //找到'\0'结束标志，输出操作正常结束

    char a[2]={'m','n'};
    p=a;
    cout<<p<<endl;           //找不到'\0'结束标志，输出乱码

    char *p1=new char[20];
    cin>>p1;                 //利用字符指针完成输入操作
    cout<<p1<<endl;

    p1="Hello Smith";
    cout<<p1<<endl;          //p1 指向字符串常量，找到'\0'结束标志，输出操作正常结束
}
```

在例 5-14 中，利用字符指针分别保存了字符数组和字符串常量的地址，对字符指针的操作实际上就是对它指向的字符串进行操作，直至找到'\0'时，处理结束，否则出现乱码。

5.6 指针作为函数参数

5.6.1 函数参数的 3 种传递方式

定义普通函数或类的成员函数时都可以带参数。定义函数时给出的参数叫形式参数，简称形参。调用函数时给出的参数叫实际参数，简称实参。在发生函数调用时，实参与形参之间存在着数据传递。当形参类型不同时，需要实参传递的数据类型就不同。形参可以定义为简单变量、引用或指针，调用函数时给出的实参应该与形参相对应。因此，函数的参数传递可以分为按值传递、引用传递和地址传递 3 种方式，下面分别讨论。

1. 按值传递

定义函数时，如果把形参定义为简单变量，那么调用函数时给出的实参只能是变量、常量或表达式，在这种情况下，实参是把自己的值复制了一份传递给形参，这种参数传递的方式称为按值传递。参数按值传递的特点如下。

（1）形参和实参分别占用了两段不同的内存空间。

（2）被调用的函数对形参值的处理不影响实参的值，即按值传递是一种单向传递。

来看下面的例题，分析程序为什么没有完成预期的功能。

例 5-15　分析下面程序的结果。

程序如下：

```
#include <iostream.h>
void swap(int,int);
void main()
{
```

```
    int a=10,b=20;
    cout<<"a="<<a<<",b="<<b<<endl;
    swap(a,b);
    cout<<"swapped:"<<endl;
    cout<<"a="<<a<<",b="<<b<<endl;
}
void swap(int x,int y)
{
    int temp;
    temp=x;
    x=y;
    y=temp;
}
```

程序的运行结果如图 5-9 所示。

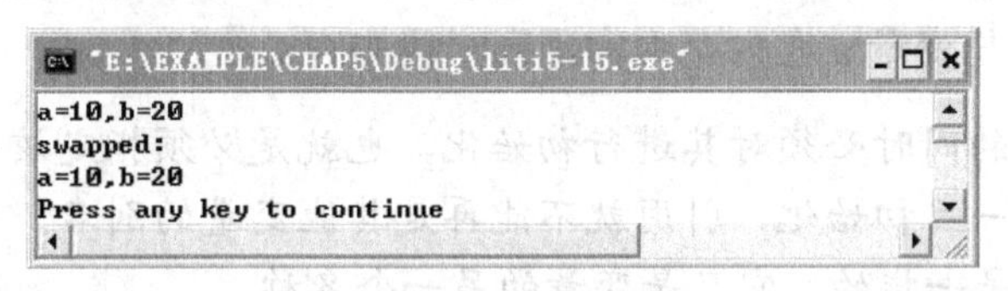

图 5-9 按值传递

例 5-15 中，程序的意图是很明显的，即想通过调用 swap()函数交换 a、b 的值，然后把交换后的变量值输出。但从程序执行的结果来看，最终并没有交换 a、b 的值，为什么呢？因为在调用 swap()函数时，把实参 a、b 的值传递给了形参 x、y，此时，形参 x、y 与实参 a、b 各自占用独立的存储空间。swap()函数执行时，只对 x、y 进行了操作，交换了 x、y 的值，但却不会影响到主调函数中的变量 a、b。也就是说，这种参数传递是单向的。

该段程序的执行过程如图 5-10 所示。

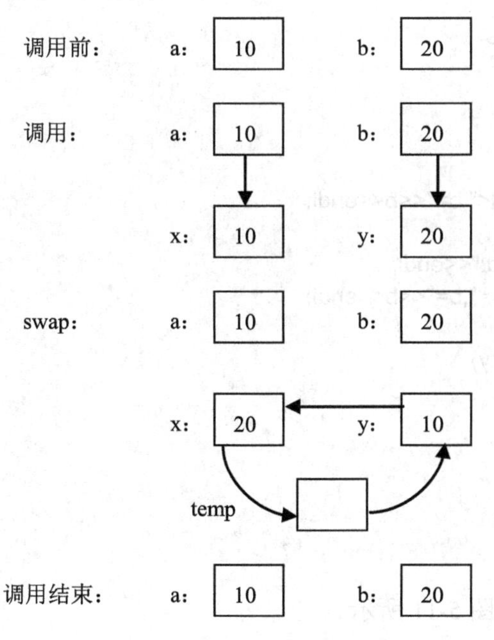

图 5-10 例 5-15 程序的执行过程

2. 引用传递

在介绍参数的引用传递方式之前，先了解一下引用的概念。简单地说，引用就是给一个已有变量起的别名。引用并没有自己单独的内存空间，作为别名，它和原变量共用同一段内存空间。引用的定义格式如下：

```
类型 &引用名=已有的变量名;
```

例如，

```
int a=10;
int &b=a;
```

该命令中先定义了一个变量 a，然后又定义一个引用 b，通过赋值语句使 b 是变量 a 的别名。此时，引用 b 与变量 a 在内存中占用同一段内存。

注意： 定义引用的同时必须对其进行初始化，也就是必须指定该引用是哪个变量的别名，而且一旦初始化，引用就不能再是其他变量的别名。引用的使用和一般变量的使用是一样的，它只是变量的另一个名称。

在定义函数时，如果形参被定义为引用，那么调用函数时实参应该是变量，此时形参即为实参变量的别名。引用传递的特点是：

（1）形参是实参的别名，形参和实参共用一块内存空间。

（2）对形参值的修改也就是对实参值的修改，二者互相影响，实现了双向传递。

例 5-16　按照引用传递的方式交换两个变量的值。

程序如下：

```
#include <iostream.h>
void swap(int&,int&);
void main()
{
    int a=10,b=20;
    cout<<"a="<<a<<",b="<<b<<endl;
    swap(a,b);
    cout<<"swapped:"<<endl;
    cout<<"a="<<a<<",b="<<b<<endl;
}
void swap(int &x,int &y)
{
    int temp;
    temp=x;
    x=y;
    y=temp;
}
```

程序的运行结果如图 5-11 所示。

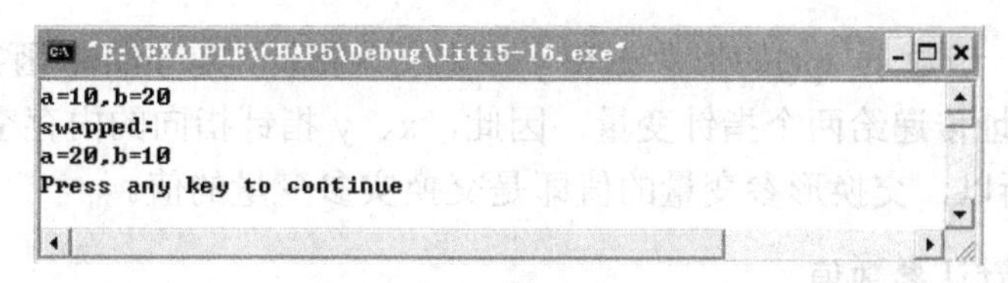

图 5-11　引用传递

从程序的运行结果可以看出，调用 swap()函数交换两个引用 x、y 的值后，实参变量 a 和 b 的值也交换了。这是因为，引用 x、y 是实参变量 a、b 的别名，a 和 x 共用同一段内存空间，b 和 y 共用同一段内存空间。

3．地址传递

函数的参数还可以是指针类型。当指针变量作函数的形参时，要求实参是变量的地址，这时，参数间数据传递方式为按值传递，但实际传递给形参的是实参变量的地址。实参变量与形参变量在内存中占用相同的内存空间，可以实现数据的双向传递。

地址传递的特点是：

（1）实参传递给形参的是地址，实参和形参指向同一段内存空间。

（2）形参值的变化会影响到实参。

例 5-17　按地址传递方式交换两个变量的值。

程序如下：

```
#include <iostream.h>
void swap(int*,int*);
void main()
{
	int a=10,b=20;
	cout<<"a="<<a<<",b="<<b<<endl;
	swap(&a,&b);
	cout<<"swapped:"<<endl;
	cout<<"a="<<a<<",b="<<b<<endl;
}
void swap(int *x,int *y)
{
	int temp;
	temp=*x;
	*x=*y;
	*y=temp;
}
```

程序的运行结果如图 5-12 所示。

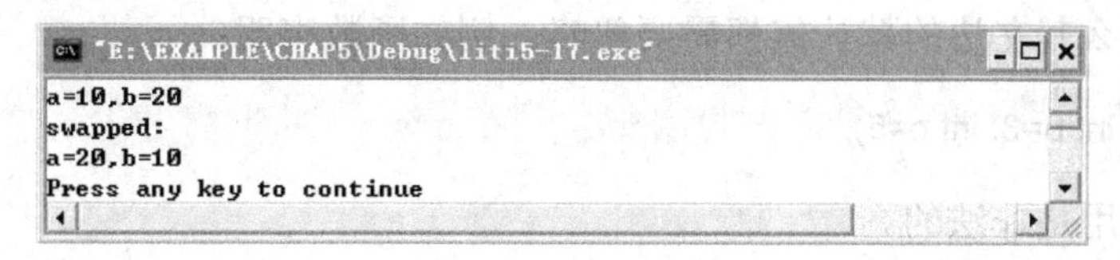

图 5-12　地址传递

例 5-17 中，函数 swap()的形参 x 和 y 被定义为指针，在 main()函数中调用时，将实参变量 a、b 的地址传递给两个指针变量，因此，x、y 指针指向的内存空间也就是变量 a、b 的内存空间。所以，交换形参变量的值即是交换实参变量的值。

4．函数的默认参数值

通过前面的学习知道，在调用一个函数时，应该给形参传递类型一致的实参。但是在 C++中，也可以为形参指定默认值，这样在函数调用时，就可以不必通过实参传递数据给形参。在没有指定与形参相对应的实参时，就自动使用参数的默认值。

默认参数的语法与使用如下：

（1）在函数声明或定义时，直接给形参赋值，此即默认参数值。

（2）在函数调用时，省略部分或全部参数。这时可以用默认参数值来代替。

例如，

```
int max(int a, int b=3, int c=5);                //默认参数值
```

在这里声明了一个函数 max()，它有 3 个形参，其中的两个参数设定了默认值。这样，在调用该函数时，就不一定非要给出 3 个实参。以下的调用都是合法的：

```
max(2,9,4);       //调用时指定了全部参数，则不使用默认参数值
max(3,7);         //调用时只指定两个参数，按从左到右顺序匹配，相当于 max(3,7,5);
max(8);           //调用时只指定一个参数，按从左到右顺序匹配，相当于 max(8,3,5);
```

在使用默认参数值时，需要注意以下几点。

（1）默认参数只可在函数声明中设定一次。只有在无函数声明时，才可以在函数定义中设定。

（2）默认参数定义的顺序为自右到左，即如果一个参数设定了默认值，则其右边的参数都要有默认值。例如，

```
int max(int a, int b=3, int c=6);
```

这种设定方法是正确的，按从右到左顺序设定默认值。

而下面的设定方法是错误的。

```
int max(int a=6, int b=3, int c);
```

这种方法没有按照从右到左设定默认值，即 b 设定了默认值，而其右边的 c 没有设定默认值。

（3）在发生函数调用时，参数的匹配顺序按照自左到右逐个匹配，即如果忽略了某个默认参数值，那么其左边的默认值都需要忽略。例如函数声明：

```
int max(int a, int b=3, int c=5);
```

则下面的调用是非法的。

```
max(3,,9);       //错误。应按从左到右顺序匹配，即如果想忽略参数 c 的默认值，则 b 的值也必须忽略
```

```
max();            //错误。因为 a 没有默认值
max(5,8);         //正确。忽略了参数 b 的默认值，但没有忽略参数 c 的默认值
max(5,8,9);       //正确。同时忽略了参数 b 和 c 的默认值
```

5.6.2 数组作为函数参数

数组作为函数参数分两种情况：一是数组元素作为函数的实参；二是数组名作为函数参数。这两种情况下，传递参数的方式不同。当数组元素作为函数参数时，与简单变量作参数的用法是一样的，传递的是数组元素的值，即按值传递，参数传递是单向的；当数组名作为函数参数时，是将实参数组的地址传递给形参数组，实参数组与形参数组在内存中占用相同的内存空间，可以实现数据的双向传递。

1. 数组元素作为函数的参数

数组元素作为函数的参数像简单变量作参数一样，传递的是值，形参的变化不会影响实参。

例 5-18　将数组元素当作函数的实参，调用函数将数组的每个元素值转换为它对应的字符。

程序如下：

```
#include <iostream.h>
char fun(int);
void main()
{
    int arr[5]={12,5,6,78,100};
    for(int i=0;i<5;i++)
    {
        cout<<arr[i]<<": "<<fun(arr[i])<<"\t";          //数组元素 arr[i]作为函数的实参
    }
    cout<<endl;
}
char fun(int a)
{
    return char(a);
}
```

程序的运行结果如图 5-13 所示。

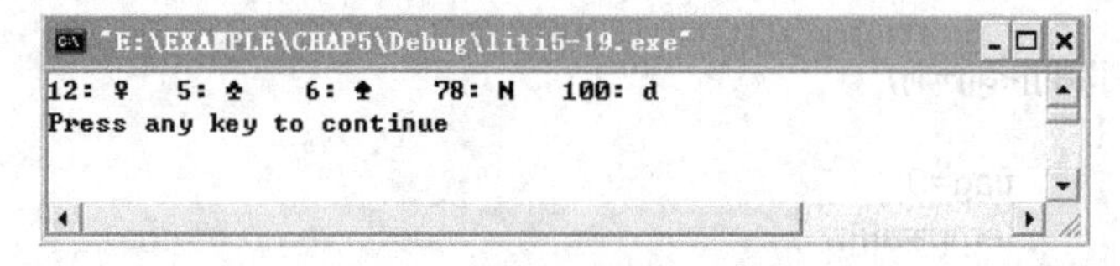

图 5-13　数组元素作函数参数

2. 数组名作为函数参数

数组名作为函数参数时，把实参数组的地址传递给形参数组，采用的是参数的地址传

递方式。这样在函数执行时，实参数组与形参数组共用一段内存单元，对形参数组的修改也就是对实参数组的修改。

例 5-19　采用冒泡排序法，将数组中的元素按照从小到大的顺序排序。

分析：用于排序的算法很多，如快速排序、插入排序和冒泡排序等。这里采用冒泡排序对数组中的元素按照从小到大的顺序进行排列。冒泡排序的算法思想如下。

（1）将数组中的第 1 个元素与第 2 个元素进行比较，若为逆序则交换，然后比较第 2 个元素与第 3 个元素，依此类推，直至第 n-1 个元素和第 n 个元素比较为止，这称为一次冒泡排序，第一次冒泡排序的结果将数组中的最大值安置在了最后一个位置上。

（2）对前 n−1 个元素进行第二次冒泡排序，结果使数组中次大的元素被安置在倒数第 2 个位置上。

（3）重复上述过程，直到在一次排序过程中没有进行过交换元素的操作为止。如果每一次都有交换元素的操作，则至多进行 n−1 次排序。

程序如下：

```
#include <iostream.h>
void sort(int[],int);
void main()
{
    int b[5]={71,83,52,35,100};
    cout<<"原始数据为："<<endl;
    for(int i=0;i<5;i++)    cout<<b[i]<<"\t";
    cout<<endl;
   sort(b,5);                              //数组名作为实参调用函数 sort()
    cout<<"排序后的数据为："<<endl;
    for(i=0;i<5;i++)    cout<<b[i]<<"\t";
    cout<<endl;
}
void sort(int a[],int len)                 //数组名作为函数的形参
{
    int temp,i,j,flag;
    //对数组 a 中的元素从小到大排序
    for(i=1;i<len;i++)
    {
        flag=1;                            //设交换标志，flag 为 1 表示未交换
        for(j=0;j<len-i;j++)
        {
            if(a[j]>a[j+1])
            {
                flag=0;
                temp=a[j];
                a[j]=a[j+1];
                a[j+1]=temp;
            }
        }
        if(flag==1) break;                 //某次未发生交换，排序结束
```

```
    }
}
```

从例 5-19 中可以看出，当用数组 b 作实参调用函数 sort()时，将数组 b 的地址传递给形参数组 a，a 和 b 指向的是同一个数组空间，因此在函数 sort()中对数组 a 从小到大排序时，数组 b 中的数据也随之改变。

另外需要注意的是，在数组作为函数参数时，形参数组一般不指定大小，其大小由实参传递。

5.7　指针与对象

5.7.1　指向对象的指针

对象可以直接引用，也可以通过指向对象的指针引用，对象指针在 C++中非常重要。

1．指向对象指针的定义和初始化

定义一个指向对象指针的格式如下：

```
类名*指针变量名;
```

其中，“类名”是已经定义过的一个类，“指针变量名”是一个合法的标识符。定义了一个指向对象的指针以后，需要给该指针赋值，应把该类的某个对象的地址赋给该指针变量。例如，假设已经定义了类Student，则：

```
Student s1;          //定义 Student 类的对象 s1
Student *p=&s1;      //定义 Student 类的指针，并让其指向 s1
```

这样，就可以通过指针 p 来访问对象 s1 了。

2．通过指针访问对象

在定义了指向对象 s1 的指针变量 p 后，可以通过指针变量来访问对象，通过前面的学习知道，p 为对象 s1 的地址，所以*p 就是地址里存放的内容，即 s1，所以*p 与 s1 等价，通过指针 p 来访问 s1 的成员格式如下：

```
(*p).数据成员          //访问数据成员
(*p).成员函数()        //访问成员函数
```

其实，在通过指针来访问对象时，往往不采用这种格式，而采用指向运算符“->”，格式如下：

```
p->数据成员            //表示 p 所指向的对象的数据成员
p->成员函数()          //表示 p 所指向的对象的成员函数
```

5.7.2 this 指针

this 指针是 C++中一种特殊的指针。当一个成员函数被调用时，系统会自动向它传递一个隐含指针，该指针将指向正被操作的对象。由于在程序中可以用关键字 this 来引用该指针，因此，该指针称为 this 指针。当一个对象调用成员函数时，系统首先将对象的地址赋给 this 指针，也就是说调用成员函数时，this 被初始化为被调用函数所在类的对象的地址，然后通过对象地址找到成员函数，执行函数调用操作。

例 5-20 演示 this 指针的使用。

程序如下：

```
//MyClass2.cpp
#include <iostream.h>
class MyClass
{
      int x;
public:
      void setValue(int a)
      {
         x=a;
      }
      void changValue(int m)
      {
         MyClass obj;
         obj.setValue(m);
         *this=obj;
      }
      void printValue()
      {
         cout<<"x="<<x<<endl;
      }

};
void main()
{
    MyClass obj1;
    obj1.setValue(11);
    obj1.printValue();
    obj1.changValue(5);
    obj1.printValue();
}
```

5.8 小　　结

本章主要介绍了数组和指针的概念及使用方法。数组和指针都是C++中比较重要、复杂的数据类型。数组用来存储含义相同、数据类型相同的一组数据，内存分配上是一组连

续的内存空间，因此对数组元素的访问可以使用数组名加下标的形式。对数组元素进行赋值时，只能逐个元素赋值，不能对数组整体赋值。数组分为一维数组、二维数组和多维数组，使用较多的是一维数组和二维数组。C++中没有字符串类型，因此字符数组的使用尤为重要，可以用字符数组存储和表示字符串类型的数据，系统还提供了许多对字符串操作的库函数供用户直接使用。指针是C++中一种特殊的数据类型，其变量中存储的不是数据，而是内存的地址，通过指针能间接访问到内存中存放的数据。指针可以保存数组的首地址，这样利用指针也可以访问到数组中的每个元素。对于函数来说，数组和指针都可以作为其形参和实参，使得一组数据可以在函数间进行传递。而且指针还可以用来定义函数的返回类型，一般情况下，字符指针用作函数返回类型的较多。

C++中，数组的使用给用户带来了很多方便，但也存在着一些缺憾：（1）数组的长度在定义的时候必须确定，不能为变量；（2）数组定义了之后，其长度不能再发生改变；（3）不能直接用一个数组给另外一个数组赋值；（4）在使用数组时，不能得到数组的长度。上述缺点使得数组在使用过程中受到很大的限制。因此，C++标准库提供了一个功能强大的数组模板类vector，它的使用非常灵活，可以克服上述缺点，有兴趣的读者可以进行关注。

5.9　上机实践

1．有n个学生考了m门课，试编写程序实现以下功能。

（1）编写input()函数，用于输入每个学生的学号和每门课程的成绩。

程序如下：

```
#include<iostream.h>
const int N=6;
const int M=4;
//定义两个全局数组，Sno 存储学号，Grade 存储学生成绩
int Sno[N],Grade[N][M];
void input();
void main()
{
    input();
}

void input()   //input()函数用来输入每个学生的学号和所有课程的成绩
{
    int i,j;
    for ( i=0;i<N;i++)
    {
        cout<<"请输入第"<<i+1<<"个学生的学号: ";
        cin>>Sno[i];
        //输入第 i 个学生的第 j 门课程成绩
        for( j=0;j<M;j++)
        {
            cout<<"请输入第"<<i+1<<"个学生的第"<<j+1<<"门课程成绩：";
```

```
                cin>>Grade[i][j];
            }
            cout<<endl;
    }
}
```

（2）在第一题的基础上，增加一个 check()函数，用来对输入的成绩进行检查，看其是否在 0～100 之间。（可选做）

程序如下：

```
#include<iostream.h>
const int N=6;
const int M=4;
//定义两个全局数组，Sno 存储学号，Grade 存储学生成绩
int Sno[N],Grade[N][M];
void input();
void check(int,int );
void main()
{
    input();
}

void input()   //input()函数用来输入每个学生的学号和所有课程的成绩
{
    int i,j;
    for ( i=0;i<N;i++)
    {
        cout<<"请输入第"<<i+1<<"个学生的学号: ";
        cin>>Sno[i];
        //输入第 i 个学生的第 j 门课程成绩
        for( j=0;j<M;j++)
        {
            cout<<"请输入第"<<i+1<<"个学生的第"<<j+1<<"门课程成绩：";
            cin>>Grade[i][j];

            //调用 check()函数对当前输入的成绩进行检测
            check(i,j);
        }
        cout<<endl;
    }
}

void check(int i,int j)
{
    int flag=1;
    if(Grade[i][j]<0||Grade[i][j]>100)
    {
        flag=0;
        cout<<"第"<<i+1<<"个学生的第"<<j+1
```

```
                <<"门课程成绩超出了指定的范围，请重新输入";
            cin>>Grade[i][j];
            check(i,j);              //重新调用 check()函数，检测新输入的成绩是否合法
      }
      if(flag==1) return;            //如果成绩合法，退出 check()函数
}
```

（3）在前两题的基础上，增加 max()函数统计每门课程的最高分。（可选做）

（注：input()函数、check()函数以及其他代码同（2），此处，仅列出 max()函数和 main()函数）

```
void max(int s[n],int g[n][m])
{
      int i,j,temp;
      int a;
      for(j=0;j<m;j++)
      {
            temp=0;
            for(i=0;i<n;i++)
            {
                  if(g[i][j]>temp)
                  {
                        temp=g[i][j];
                        a=i;
                  }
            }
            cout<<"第"<<j+1<<"门课成绩最高的学生是"<<s[a]<<"，分数为："<<temp;
            cout<<endl;
      }
}

void main()
{
      input();
      max(Sno,Grade);
}
```

2．创建图书类，利用指针存取成员变量的数据。

程序如下：

```
#include<iostream.h>
#include<string.h>
class Book
{
   int bId;
   char *bName;
   float bPrice;
   char *bAuthor;
   char *bPress;
```

```
   char *ISBN;
public:
      void SetValue(int id,char *name,float price,char *author,char *press,char *isbn)
      {
      bName=new char[20];
      bAuthor=new char[20];
      bPress=new char[20];
      ISBN=new char[13];
      bId=id;
      bPrice=price;
      strcpy(bName,name);
      strcpy(bAuthor,author);
      strcpy(bPress,press);
      strcpy(ISBN,isbn);
      }
      int GetId(){return bId;}
      char *GetName(){return bName;}
      float GetPrice(){return bPrice;}
      char *GetAuthor(){return bAuthor;}
      char *GetPress(){return bPress;}
      char *GetISBN(){return ISBN;}
};

void main()
{
   int Id;
   char *Name=new char[20];
   float Price;
   char *Author=new char[20];
   char *Press=new char[20];
   char *ISBN=new char[20];
   Id=10012345;
   strcpy(Name,"C++程序设计");
   Price=28.5f;
   strcpy(Author,"张东");
   strcpy(Press,"机械工业出版社");
   strcpy(ISBN,"7-304-99999-8");
   Book b1;
   b1.SetValue(Id,Name,Price,Author,Press,ISBN);
   cout<<"图书编号是："<<"\t"<<b1.GetId()<<endl;
   cout<<"图书名称是："<<"\t"<<b1.GetName()<<endl;
   cout<<"图书价格是："<<"\t"<<b1.GetPrice()<<endl;
   cout<<"图书作者是："<<"\t"<<b1.GetAuthor()<<endl;
   cout<<"图书出版社是："<<"\t"<<b1.GetPress()<<endl;
   cout<<"图书 ISBN 是："<<"\t"<<b1.GetISBN()<<endl;
}
```

习　题

一、单项选择题

1．C++编译器通常不提供对（　　）的检查。

A．函数原型　　B．变量类型

C．数组边界　　D．指针类型

2．在 C++语言中，数组可以作为函数的参数，但若用数组名作为函数的实参，则将（　　）传递到被调函数中去。

A．整个数组　　B．数组的第一个元素

C．数组地址　　D．整个数组的复件

3．在 C++中，当为一个变量定义引用时，引用类型（　　）。

A．必须与变量类型一致

B．不一定与变量类型一致

C．即变量的指针

D．即变量的地址

4．在下面的一维数组定义中，（　　）有语法错误。

A．int a[]={1,2,3};　　B．int a[10]={0};

C．int a[];　　D．int a[5];

5．在下面的字符数组定义中，（　　）有语法错误。

A．char a[20]="abcdefg";　　B．char a[]="x+y=55.";

C．char a[15];　　D．char a[10]='5';

6．在下面的二维数组定义中，正确的是（　　）。

A．int a[5][];　　B．int a[][5];

C．int a[][3]={{1,3,5},{2}};　　D．int a[](10);

7．假定二维数组的定义语句为 int a[3][4]={{3,4},{2,8,6}};，则元素 a[1][2]的值为（　　）。

A．2　　B．4　　C．6　　D．8

8．假定二维数组的定义语句为 int a[3][4]={{3,4},{2,8,6}};，则元素 a[2][1]的值为（　　）。

A．0　　B．4　　C．8　　D．6

9．将两个字符串连接起来组成一个字符串时，选用（　　）函数。

A．strlen()　　B．strcap()　　C．strcat()　　D．strcmp()

10．设 array 为一个数组，则表达式 sizeof(array)/sizeof(array[0])的结果为（　　）。

A．array 数组首地址

B．array 数组中元素个数

C．array 数组中每个元素所占的字节数

D．array 数组占的总字节数

11．用 new 运算符创建一个含 10 个元素的一维整型数组的正确语句是（　　）。

A．int *p=new a[10];　　B．int *p=new float[10];

C．int *p=new int[10];　　D．int *p=new int[10]={1,2,3,4,5}

12．下列给字符数组赋初值的语句中，正确的是（　　）。

A．char s1[]="abcdef";　　B．char s2[4]="abcd";

C．char s3[2][3]={"abc","xyz"};　　D．char s4[4][]={'a','x','s','t'};

13．假定变量 m 定义为 int m=7;，则定义指向 m 的指针变量 p 的正确语句为（　　）。

A．int p=&m;　　B．int *p=&m;

C．int &p=*m;　　D．int *p=m;

14．变量 s 的定义为 char *s="Hello world!";，要使变量 p 指向 s 所指向的同一个字符串，则应选取（　　）。

A．char *p=s;　　B．char *p=&s;

C．char *p;p=*s;　　D．char *p; p=&s;

15. 假定一条定义语句为 int a[10], x, *pa=a;，若要把数组 a 中下标为 3 的元素值赋给 x，则不正确的语句为（　　）。

A．x=pa[3];　　B．x=*(a+3);

C．x=a[3];　　D．x=*pa+3;

16．假定 p 是具有 double 类型的指针变量，则表达式++p 使 p 的值（以字节为单位）增加（　　）。

A．1　　B．4　　C．sizeof(double)　　D．sizeof(p)

17．假定 p 指向的字符串为 string，则 cout<<p+3 的输出结果为（　　）。

A．string　　B．ring　　C．ing　　D．i

18．假定指针变量 p 定义为 int *p=new int;，要释放 p 所指向的动态内存，应使用语句（　　）。

A．delete p;　　B．delete *p;　　C．delete &p;　　D．delete []p;

19．假定指针变量 p 定义为 int *p=new int[30];，要释放 p 所指向的动态内存，应使用语句（　　）。

A．delete p;　　B．delete *p;　　C．delete &p;　　D．delete []p;

20．若有定义 int aa[8];，则以下表达式中不能代表数组元素 aa[1]的地址的是（　　）。

A．&aa[0]+1　　B．&aa[1]　　C．&aa[0]++　　D．aa+1

二、填空题

1．在定义数组时，数组元素的个数必须是__________表达式。

2．数组元素的赋值不能__________赋值，只能__________赋值。

3．二维数组在定义时需要__________个__________表达式，访问数组元素时也需要__________个下标。

4．____________类型的数组支持 cin、cout 语句的整体输入和输出。

5．字符串处理函数被包含在____________头文件中。

6．指针变量中保存__________，当指针指向某个数组时，该数组元素共有____种访问方式，分别是__________________________。

7．函数参数有_____种传递方式，分别是______________________。

8．数组名作为函数参数时，形参与实参之间传递的是__________，数组元素作为参数时，传递的是__________，指针作为函数参数时，传递的是_____________。

9．__________函数可以计算数组或字符串的长度，__________函数可以比较两个字符串是否相等，___________函数可以复制两个数组之间的数据，________函数可以连接两个字符串。

10．对以下各题，各编写一条语句实现其功能。假设有如下变量声明：

```
float num1,num2=7.3;
```

（1）声明一个变量 fptr，使其能存放 num1 的地址：__________________

（2）将 num1 的地址赋给 fptr：_______________

（3）将 num2 的值赋给 fptr 指向的变量：________________

（4）输出 fptr 指向的变量的值与 fptr 的值：__________________

（5）输出 num1 与 num2 的地址，与 fptr 的值比较：__________________

11．假设有如下声明：

```
int a[3]={2,3,4},*ip=a+1;
```

以下各语句均以上述声明为前提，请填写执行后的情况。

（1）执行“cout<<*ip++;”后，输出____________，ip 指向__________________，a[0]~a[2]的值依次为__________________。

（2）执行“cout<<* ++ip;”后，输出____________，ip 指向__________________，a[0]~a[2]的值依次为__________________。

（3）执行“cout<<++* ip;”后，输出____________，ip 指向__________________，a[0]~a[2]的值依次为__________________。

（4）执行“cout<<(* ip)++;”后，输出____________，ip 指向__________________，a[0]~a[2]的值依次为__________________。

三、程序设计题

1．补充以下程序使之能够运行。

求斐波那契（Fibonacci）数列的前 10 项。

```
#include <iostream.h>
__________;
void main()
{
      Fibonacci();
}
```

```
void Fibonacci()
{
    int i,f[10];
    f[0]=1;
    f[1]=1;
    for(i=________;i<10;i++)
    {
        f[i]=f[i-1]+f[i-2];
    }
    for(i=0;i<10;i++)
    {
        cout<<"f["<<i<<"]="<<____________<<
    }
}
```

2．编写程序，创建 3 个函数分别采用按值传递、地址传递和引用传递的方式将 main()函数中给出的两个整数进行交换。

3．用全局的二维数组表示 10 个员工 4 个月的工资，要求能够输入每个员工的 4 个月的工资，输出每个员工的 4 个月的总工资和每个月这 10 个人的平均工资。

4．编写实现字符串复制功能的程序。

5．编写一个设备类 Device，包括设备的编号（dId）、名称（dName）、价格（dPrice）和生产厂家（dManufacturer）4 个私有数据成员。编写 setValue()函数，为这 4 个成员赋值。编写函数 getId()、getName()、getPrice()和 getManufacturer()分别读取上面 4 个成员变量的值，并且要求将 getName()和 getManufacturer()函数定义为字符类型的指针函数。

第6章 友　　元

在面向对象的程序设计中引入了封装，可以提高数据的安全性，防止未经授权的访问和操作。友元机制是对封装机制的补充，它给了程序员更大的灵活性，可以提高程序的运行效率。利用友元机制，允许将一个类的私有数据的访问权授予指定的其他函数或类。如果将该特权赋予一个普通函数，该函数称为该类的友元函数；如果将这种特权赋予另外一个类，该类就称为友元类。友元关系提供了一种数据共享的机制。

6.1 友元函数

6.1.1 普通函数作为友元函数

在C++中提供了一个称为友元函数的函数。友元函数不是类的成员函数，而是普通的C++函数，但它可以访问类的私有成员。

首先通过例6-1来体会一下友元函数的必要性。

例6-1 求两点p1（x1，y1）、p2（x2，y2）之间的距离（p1、p2两点之间的距离公式为 d= $\sqrt{(x_2-x_1)^2+(y_2-y_1)^2}$ ）。

程序如下：

```
#include<iostream.h>
#include<math.h>
class Point                    //定义一个点类
{
private:
      double x,y;
public:
      Point()
      {}
      Point(double x,double y)
      {
            this->x=x;
            this->y=y;
      }
      double getX()          //获取横坐标
      {
            return x;
      }
      double getY()          //获取纵坐标
      {
```

```
            return y;
        }
};
double dist(Point p1,Point p2)
{
        double d,d1,d2;
        d1=p2.getX()-p1.getX();          //通过 Point 类的成员函数访问私有成员
        d2=p2.getY()-p1.getY();          //通过 Point 类的成员函数访问私有成员
        d=sqrt((d1*d1)+(d2*d2));         //求出两点之间的距离
        return d;
}
void main()
{
        Point p1(3,5),p2(4,6);
        cout<<"两点之间的距离："<<dist(p1,p2)<<endl;
}
```

例 6-1 中，求两点之间的距离需要用到点的坐标 x 和 y，由于它们是类 Point 的私有成员，所以在求距离的函数 dist()中，必须通过访问公有的成员函数 getX()和 getY()来实现，这使得程序非常繁琐。此时，可以使用友元函数来解决。

要使一个函数成为某个类的友元函数，必须在该类中对此函数进行声明。声明友元函数的方式是在类中使用关键字 friend，格式如下：

```
friend 函数类型 友元函数名（参数表）;
```

说明：

❶ 声明友元函数的位置可以在类的任何地方，不受访问权限的限制。声明时，既可以放在 public 区，也可以放在 private 区或 protected 区。

❷ 在类内完成友元函数的声明，而在类外完成友元函数的定义。

❸ 定义友元函数时，函数首部不再需要关键字 friend。

声明为一个类的友元函数后，就可以在该函数中直接访问该类的私有数据。需要注意的是，这样做并没有使类的数据成员成为公有的，未经授权的其他函数仍然不能直接访问这些私有数据。因此，使用友元函数并没有彻底丧失安全性，慎重、合理地使用友元机制并不会使软件的可维护性大幅度降低。

例 6-2　引入友元机制，求两点 p1（x1，y1），p2（x2，y2）之间的距离。

程序如下：

```
#include<iostream.h>
#include<math.h>
class Point                                    //定义一个点类
{
private:
        double x,y;
public:
        Point()
```

```
    {}
    Point(double x,double y)
    {
        this->x=x;
        this->y=y;
    }
    double getX()                           //获取横坐标
    {
        return x;
    }
    double getY()                           //获取纵坐标
    {
        return y;
    }
    friend double dist(Point,Point);        //友元函数的声明
};
double dist(Point p1,Point p2)              //友元函数的定义
{
    double d,d1,d2;
    d1=p2.x-p1.x;                           //通过 Point 类的对象直接访问私有成员
    d2=p2.y-p1.y;                           //通过 Point 类的对象直接访问私有成员
    d=sqrt((d1*d1)+(d2*d2));                //求出两点之间的距离
    return d;
}
void main()
{
    Point p1(3,5),p2(4,6);
    cout<<"两点之间的距离："<<dist(p1,p2)<<endl;
}
```

在例 6-2 中可以看到，友元函数可以直接访问类的私有数据 x 和 y，避免了调用成员函数的相关开销。

针对这个问题，有些读者可能会想，可以直接把函数 dist()定义为类 Point 的成员函数，不必使用友元机制也可以很好地解决该问题。但是在有些问题中，一个函数可能要访问不同类中的私有成员，这时使用友元将会变得很方便。也就是说，一个函数可以声明为多个类的友元，这样就可以访问多个类的私有数据。

例如，下面的程序中，函数 dist()被声明为两个类的友元。

例 6-3　求点 p(x,y)到直线 l(ax+by+c=0)的距离。p 到 l 之间的距离公式为 $d=\left|\frac{ax+by+c}{\sqrt{a^2+b^2}}\right|$。

程序如下：

```
#include <iostream.h>
#include <math.h>
class Line;                                 //前向引用声明，定义在后面
class Point
{
```

```
private:
      double x,y;
public:
      Point(double x,double y)
      {
            this->x=x;
            this->y=y;
      }
      friend double dist(Line,Point);
};
class Line
{
private:
      double a,b,c;
public:
      Line(double a,double b,double c)
      {
            this->a=a;
            this->b=b;
            this->c=c;
      }
      friend double dist(Line,Point);
};
double dist(Line l,Point p)
{
      double d,d1,d2;
      d1=l.a*p.x+l.b*p.y+l.c;
      d2=sqrt(l.a*l.a+l.b*l.b);
      d=abs(d1/d2);
      return d;
}
void main()
{
      Point p(4,5);
      Line l(1,2,5);
      cout<<"点到直线的距离为："<<dist(l,p)<<endl;
}
```

📖**说明**：例 6-3 中，由于在定义 Line 类之前要使用该类，所以在程序的第 3 行先进行了 Line 类的声明。

6.1.2 成员函数作为友元函数

例 6-2 和例 6-3 中，都是把一个普通函数声明为类的友元函数。一个类的成员函数也可以声明为另一个类的友元函数。

例 6-4 定义一个教师类和学生类，在学生类中声明教师类的函数 modify_stu()为友元函数，方便教师对学生的成绩进行修改。

程序如下：

```
#include<iostream.h>
```

```
#include<string.h>
class Student;                              /前向引用声明，定义在后面
class Teacher
{
private:
      int bh;
      char name[10];
public:
      Teacher(int h,char n[])      {   bh=h; strcpy(name,n);}
      void display()
      {
            cout<<"bh:"<<bh<<endl;
            cout<<"name:"<<name<<endl;
      }
      void modify_stu(Student&,float);       // Teacher 类中的成员函数
};
class Student
{
private:
      int id;
      float score;
public:
      Student(int xh,float s){ id=xh;score=s;}
      void display()
      {
            cout<<"id:"<<id<<endl;
            cout<<"score:"<<score<<endl;
      }
//声明 Teacher 类中的成员函数为 Student 类的友元函数
      friend void Teacher::modify_stu(Student&,float);
};
void Teacher::modify_stu(Student &c,float s)
{
 c.score=s;                                  //可以直接访问 Student 类中的私有数据 score
}
void main()
{
      Teacher t1(1000,"王琳");
      Student c(1022,67);
      c.display();
      t1.modify_stu(c,89);
      c.display();
}
```

程序的运行结果如图 6-1 所示。

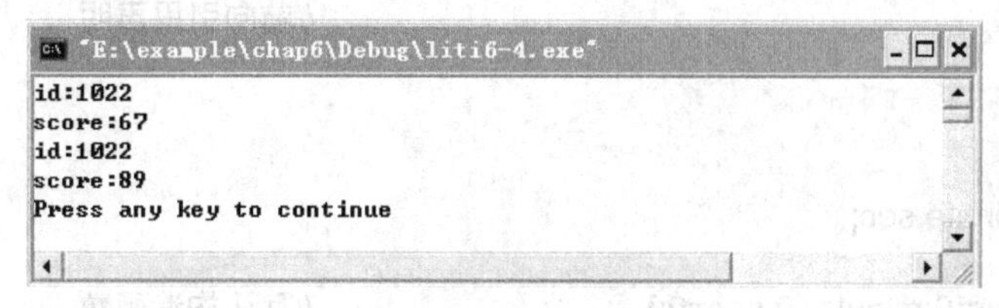

图 6-1　程序的运行结果

在例 6-4 中，由于 Teacher 类的成员函数 modify_stu()被声明为类 Student 的友元函数，所以教师 t1 可通过调用自身的成员函数访问学生 c 的私有数据成员 score，并修改其值。

下面对友元函数做一个简单的回顾与总结。

（1）友元函数除了具有访问指定类的私有成员的特权之外，其他方面与普通函数相同。

（2）友元函数虽然需要在类体中声明，但并不是该类的成员。

（3）可以把一个函数定义为多个类的友元函数。

（4）一个类的成员函数也可以作为另一个类的友元函数。

（5）如果需要把一个类的所有成员函数都作为另一个类的友元，则可以把该类声明为另一个类的友元类（将在后面的章节中介绍）。

（6）虽然友元函数为编程提供了很大的灵活性，但是如果过多、过滥地使用友元函数，则会严重破坏封装性，降低程序的可维护性，因此使用友元必须慎重。

6.2 友 元 类

不仅函数可以作为一个类的友元，一个类也可以作为另一个类的友元，这时该类称为友元类。如果类 A 是类 B 的友元类，则在类 A 中，所有的成员函数都可以直接访问类 B 的私有数据，相当于类 A 的所有成员函数都是类 B 的友元函数。定义方法如下：

```
class A
{
    ...;
};
class B
{
    ...;
public:
    ...;
    friend class A;    //声明类 A 为类 B 的友元类
};
```

例 6-5　友元类。将 Time 类声明为 Date 类的友元类，在 Time 中就可以直接访问 Date 类的私有数据。

程序如下：

```
#include<iostream.h>
class Date;                                          //前向引用声明
class Time
{
private:
    int hour,minute,sec;
public:
    Time(){hour=0;minute=0;sec=0;}                   //默认构造函数
    Time(int h,int m,int s){hour=h;minute=m;sec=s;}  //重载构造函数
```

```
	void display(Date);                                    //成员函数声明
};
class Date
{
private:
	int year,month,day;
public:
	Date(){year=2000;month=1;day=1;}                       //默认构造函数
	Date(int y,int m,int d){year=y;month=m;day=d;}         //重载构造函数
	friend Time;                                           //将 Time 类声明为 Data 类的友元类
};
void Time::display(Date d)                                 //定义 Time 类的成员函数
{
	cout<<d.year<<"/"<<d.month<<"/"<<d.day<<" ";           //直接访问 Data 类的私有数据
	cout<<hour<<":"<<minute<<":"<<sec<<endl;
}
void main()
{
	Time t1(15,25,56);
	Date d1(2010,10,1);
	t1.display(d1);
}
```

关于友元，还需要注意以下几点。

（1）友元关系不能被继承（继承机制将在后面的章节中介绍）。

（2）友元关系是单向的，不具有交换性。若类 B 是类 A 的友元，类 A 不一定是类 B 的友元，要看在类中是否有相应的声明。为了公平起见，两个类应当相互声明对方为友元。

（3）友元关系不具有传递性。假设 A 声明为一个类，B 是 A 的友元类，C 是 B 的友元函数，则在类 B 中可以访问类 A 中的私有成员，通过 C 函数可以访问类 B 中的私有成员，但是通过 C 函数并不能访问类 A 中的私有成员。

6.3 小 结

采用类的机制后实现了数据的封装与隐藏，类的数据成员一般定义为私有成员，类的成员函数一般定义为公有的，以此提供类与外界间的通信接口。但有时类的一些非成员函数需要频繁地访问类的数据成员，这时可以将这些函数定义为该类的友元函数。除了友元函数外，还有友元类，两者统称为友元。友元可提高程序的运行效率，但它破坏了类的封装性和隐藏性，使得非成员函数可以访问类的私有成员。

友元函数是可以直接访问类的私有成员的非成员函数。它可以是定义在类外的普通函数，也可以是其他类的成员函数，但必须在类体内进行声明。友元函数的声明可以放在类的私有部分，也可以放在公有部分，这是没有区别的，都能说明该函数是该类的一个友元函数。一个函数可以是多个类的友元函数，只需要在各个类中分别声明。友元函数的调用与一般函数的调用方式和原理一致。

友元类的所有成员函数都是另一个类的友元函数，都可以访问另一个类中的隐藏信息（包括私有成员和保护成员）。当希望一个类可以存取另一个类的私有成员时，可以将该类声明为另一个类的友元类。

虽然友元机制为编程提供了很大的灵活性，但是如果在程序中过多、过滥地使用友元，则会严重破坏封装性，降低程序的可维护性，因此使用友元必须慎重。

6.4 上机实践

1．有一个学生类 Student，包括学生姓名和成绩，设计一个友元函数，比较两个学生成绩的高低，并求出最高分和最低分的学生姓名。

程序如下：

```
#include<iostream.h>
#include<string.h>
class Student
{
    char name[10];
    float score;
public:
    Student(char na[],float s)
    {
        strcpy(name,na);
        score=s;
    }
    char *getname(){ return name;}
    float getscore(){return score;}
    friend int compare(Student ,Student);
};
int compare(Student s1,Student s2)
{
    if(s1.score>s2.score)
        return 1;
    else if(s1.score==s2.score)
        return 0;
    else return -1;
}
void main()
{
    Student st[]={Student("王华",78),Student("李明",92),Student("张伟",62),Student("孙强",88)};
    int i,min=0,max=0;
    for(i=1;i<4;i++)
    {
        if(compare(st[max],st[i])==-1)
            max=i;
        else if(compare(st[min],st[i])==1)
```

```
            min=i;
    }
    cout<<"最高分:"<<st[max].getname()<<"\t 分数为："<<st[max].getscore()<<endl;
    cout<<"最低分:"<<st[min].getname()<<"\t 分数为："<<st[min].getscore()<<endl;
}
```

2．有一个学生类 Student，包括学生姓名、成绩和等级，设计一个友元类，用于确定学生等级并输出每个学生的信息。

程序如下：

```
#include<iostream.h>
#include<string.h>
class Student
{
    char name[10];
    float score;
    char level[7];
    friend class Process;                          //声明友元类
public:
    Student(char na[],float s)
    {
        strcpy(name,na);
        score=s;
    }
};
class Process
{
public:
    void trans(Student &s)
    {
        if(s.score>=90)
            strcpy(s.level,"优");
        else if(s.score>=80)
            strcpy(s.level,"良");
        else if(s.score>=70)
            strcpy(s.level,"中");
        else if(s.score>=60)
            strcpy(s.level,"及格");
        else
            strcpy(s.level,"不及格");
    }
    void disp(Student s)
    {
        cout<<s.name<<"\t"<<s.score<<"\t"<<s.level<<endl;
    }
};
void main()
{
    Student  st[]={Student("张博",78),Student("李高丽",92),Student("张伟",62),Student("孙小明
```

```
",88)};
	Process p;
	cout<<"输出结果:"<<endl;
	cout<<"姓名"<<"\t"<<"成绩"<<"\t"<<"等级"<<endl;
	for(int i=0;i<4;i++)
	{
		p.trans(st[i]);
		p.disp(st[i]);
	}
}
```

3．设计一个日期类 Date，包括年份、月份和日号，编写一个友元函数，求两个日期之间相差的天数。

程序如下：

```
#include<iostream.h>
class Date
{
	int year;
	int month;
	int day;
public:
	Date(int y,int m,int d)
	{
		year=y;month=m;day=d;
	}
	void disp()
	{
		cout<<year<<"年"<<month<<"月"<<day<<"日"<<endl;
	}
	friend int count_day(Date &d,int);
	friend int leap(int year);
	friend int subs(Date &d1,Date &d2);
};
int count_day(Date &d,int flag)
{
	static int day_tab[2][12]={{31,28,31,30,31,30,31,31,30,31,30,31},
	{31,29,31,30,31,30,31,31,30,31,30,31}};
	int p,i,s;
	if(leap(d.year))
		p=1;
	else p=0;
	if(flag)
	{
		s=d.day;
		for(i=1;i<d.month;i++)
			s+=day_tab[p][i-1];
	}
	else
```

```
	{
		s=day_tab[p][d.month]-d.day;
		for(i=d.month+1; i<=12; i++)
			s+=day_tab[p][i-1];
	}
	return s;
}
int leap(int year)
{
	if(year%4==0&&year%100!=0||year%400==0)  //是闰年
		return 1;
	else                                      //不是闰年
		return 0;
}
int subs(Date &d1,Date &d2)
{
	int days,day1,day2,y;
	if(d1.year<d2.year)
	{
		days=count_day(d1,0);
		for(y=d1.year+1; y<d2.year ;y++)
			if(leap(y))
				days+=366L;
			else
				days+=365L;
			days+=count_day(d2,1);
	}
	else if(d1.year==d2.year)
	{
		day1=count_day(d1,1);
		day2=count_day(d2,1);
		days=day2-day1;
	}
	else
		days=-1;
	return days;
}
void main()
{
	Date d1(2000,1,1),d2(2002,10,1);
	int ds=subs(d1,d2);
	cout<<"输出结果: "<<endl;
	if(ds>=0)
	{
		d1.disp();cout<<"与";
		d2.disp();cout<<"之间有"<<ds<<"天"<<endl;
	}
	else
		cout<<"时间错误!"<<endl;
```

```
}
```

4．设计一个类Sample，该类有两个私有成员A[]和n(A中元素个数)，将对A[]中数据进行各种排序的函数放入到一个友元类process中（本题旨在让学生掌握不同的排序算法，可以选做）。

程序如下：

```
#include<iostream.h>
#define Max 100
class Sample
{
	int A[Max];
	int n;
	friend class process;
public:
	Sample(){n=0;}
};
class process
{
public:
	void getdata(Sample &s);
	void insertsort(Sample &s);
	void shellsort(Sample &s);
	void bubblesort(Sample &s);
	void selectsort(Sample &s);
	void disp(Sample &s);
};
void process::getdata(Sample &s)
{
	int i;
	cout<<"元素个数：";
	cin>>s.n;
	for(i=0;i<s.n;i++)
	{
		cout<<"输入第"<<i+1<<"个数据:";
		cin>>s.A[i];
	}
}
void process::insertsort(Sample &s)		//插入排序
{
	int i,j,temp;
	for(i=1;i<s.n;i++)
	{
		temp=s.A[i];
		j=i-1;
		while(temp<s.A[j])
		{
			s.A[j+1]=s.A[j];
			j--;
```

```
            }
            s.A[j+1]=temp;
        }
}
void process::shellsort(Sample &s)          //希尔排序
{
        int i,j,gap,temp;
        gap=s.n/2;
        while(gap>0)
        {
            for(i=gap;i<s.n;i++)
            {
                j=i-gap;
                while(j>=gap)
                    if(s.A[j]>s.A[j+gap])
                    {
                        temp=s.A[j];
                        s.A[j]=s.A[j+gap];
                        s.A[j+gap]=temp;
                        j=j-gap;
                    }
                    else j=0;
            }
            gap=gap/2;
        }
}
void process::bubblesort(Sample &s)             //冒泡排序
{
        int i,j,temp;
        for(i=0;i<s.n;i++)
            for(j=s.n-1;j>=i+1;j--)
                if(s.A[j]<s.A[j-1])
                {
                    temp=s.A[j];
                    s.A[j]=s.A[j-1];
                    s.A[j-1]=temp;
                }
}
void process::selectsort(Sample &s)             //选择排序
{
        int i,j,k,temp;
        for(i=0;i<s.n;i++)
        {
            k=i;
            for(j=i+1;j<=s.n-1;j++)
                if(s.A[j]<s.A[k])
                    k=j;
                temp=s.A[i];
                s.A[i]=s.A[k];
```

```
                s.A[k]=temp;
        }
}
void process::disp(Sample &s)
{
        for(int i=0;i<s.n;i++)
                cout<<s.A[i]<<" ";
        cout<<endl;
}
void main()
{
        int sel;
        Sample s;
        process p;
        p.getdata(s);
        cout<<"原来序列:";
        p.disp(s);
        cout<<"1：插入排序 2：希尔排序 3：冒泡排序 4：选择排序 其他：退出"<<endl;
        cout<<"选择排序方法：";
        cin>>sel;
        switch(sel)
        {
        case 1:
                p.insertsort(s);
                cout<<"插入排序结果：";
                break;
        case 2:
                p.shellsort(s);
                cout<<"希尔排序结果：";
                break;
        case 3:
                p.bubblesort(s);
                cout<<"冒泡排序结果：";
                break;
        case 4:
                p.selectsort(s);
                cout<<"选择排序结果：";
                break;
        }
        p.disp(s);
}
```

习　题

一、单项选择题

1．关于友元函数的描述中，正确的是（　　）。

A．类与类之间的友元关系可以继承

B．友元函数只能访问类中私有成员

C．友元函数破坏隐蔽性，尽量少用

D．友元函数的说明与定义都必须在类体内

2．下列各函数中，（ ）不是类的成员函数。

A．构造函数　　B．析构函数

C．友元函数　　D．拷贝初始化构造函数

3．一个类的友元函数能够访问该类的（ ）。

A．私有成员　　B．保护成员　　C．公有成员　　D．所有成员

4．如果类A被说明成类B的友元，则（ ）。

A．类A的成员即类B的成员

B．类B的成员即类A的成员

C．类A的成员函数不得访问类B的成员

D．类B不一定是类A的友元

5．引入友元的主要目的是（ ）。

A．增强数据安全性

B．提高程序的可靠性

C．提高程序的效率和灵活性

D．保证类的封装性

二、填空题

1．C++中，虽然友元提供了类之间进行数据访问的快捷方式，但它破坏了面向对象程序设计的__________特性。

2．使用友元函数是为了提高程序效率，节约____________开销。

3．如果类B是类A的友元类，则类B的所有成员函数都是类A的__________。

三、分析题

1．分析以下程序的执行结果，体会友元类。

```
#include<iostream.h>
class B;
class A
{
	int x;
public:
	A(){}
A(int x){this->x=x;}
	void set(B);
	int get(){return x;}
};
class B
{
```

```
    int y;
public:
    B(int y){this->y=y;}
    friend A;
};
void A::set(B b){x=b.y;}
void main()
{
    A a(1);
    B b(2);
    cout<<a.get()<<endl;
    a.set(b);
    cout<<a.get()<<endl;
}
```

2．分析以下程序的执行结果，体会友元函数。

```
#include<iostream.h>
#include<string.h>
class Teacher;
class Student
{
private:
    char name[10];
public:
    Student(char n[]){strcpy(name,n);}
    friend void display(Student,Teacher);
};
class Teacher
{
private:
    char name[10];
public:
    Teacher(char n[]){strcpy(name,n);}
    friend void display(Student,Teacher);
};
void display(Student s,Teacher t)
{
    cout<<"the student is:"<<s.name<<endl;
    cout<<"the teacher is:"<<t.name<<endl;
}
void main()
{
    Student s("Li Hui");
    Teacher t("Wang Ping");
    display(s,t);
}
```

四、程序设计题

1．有一个学生类 Student，包括学生姓名和成绩，设计一个友元函数，输出成绩大于等于80分的学生姓名。

2．定义桌子类与椅子类，要求比较它们的颜色是否相同，将比较颜色的函数定义为友元函数。

3．设计一个 Empolyee 类和一个 Manager 类，将 Manager 类声明为 Empolyee 类的友元类，以方便对 Empolyee 类中数据的访问，并设计数据进行测试。

4．设计学生成绩类 Score，包括学号、姓名、数学、语文、英语和平均成绩私有数据成员。再定义一个计算学生平均成绩的普通函数 Average()，并将该函数定义为 Score 类的友元函数。在主函数中定义学生成绩对象，通过构造函数给除平均成绩之外的成员赋值，然后通过调用 Average()计算平均成绩并赋值，输出学生成绩的所有信息。

第 7 章　多　态　性

多态是生活中普遍存在的一种现象，例如，水在不同的条件下可表现出液态、气态和固态 3 种不同的形态。多态性也是面向对象程序设计的重要特征之一，分为静态多态性和动态多态性两种。本章重点介绍静态多态性，它是通过函数重载和运算符重载实现的。

7.1　函 数 重 载

7.1.1　函数重载概述

所谓函数重载，是指同一个函数名可以对应多个函数的实现，具体表现为一个对外接口、多个内在实现方法。

下面通过例 7-1 和例 7-2 来体会函数重载的重要性。

例 7-1　编写程序，求两个数的和。

分析：求两个数的和时，这两个数可能是整数，也可能是双精度数或其他类型。而 C++ 是一个强类型语言，在没有引入重载时，只能定义多个不同名的函数，分别求不同类型情况下的两个数之和。这里假设两个数要么是整数，要么是双精度数，因此需要定义两个不同名的函数，来分别求两个整数或两个双精度数的和。

程序如下：

```
#include<iostream.h>
int addint(int,int);
double adddouble(double,double);
void main()
{
      int x=5,y=8;
      double a=3.4,b=4.5;
      //调用不同的函数，求不同类型情况下的两个变量之和
      cout<<x<<"+"<<y<<"="<<addint(x,y)<<endl;
      cout<<a<<"+"<<b<<"="<<adddouble(a,b)<<endl;
}
int addint(int x,int y)                         //求两个整数的和
{
      return x+y;
}
double adddouble(double a,double b)       //求两个浮点数的和
{
      return a+b;
}
```

上面的程序对于函数的使用者来说会有很多不便：当要对不同类型的数据进行相同的求和操作时，需要调用不同名称的函数。而通常情况下，函数的使用者并不关心函数定义的细节，只关心如何去实现求和操作，也就是说，使用者并不想费心去考虑求两个整数或者两个浮点数的和时究竟应该调用哪个函数。这个问题可以通过函数重载得以解决。引入函数重载后，就可以给这两个不同的函数同一个函数名 add()。add()对应两个函数实现，一个函数实现是求两个 int 型数值之和，另一个函数实现是求两个 double 型数值之和。每种实现对应着一个函数体，这两个函数的名字相同，但是函数的参数不同，这就是函数重载的概念。

例 7-2　使用函数重载重新解决例 7-1。

程序如下：

```
#include<iostream.h>
int add(int,int);
double add(double,double);
void main()
{
    int x=5,y=8;
    double a=3.4,b=4.5;
    //通过相同的函数名来实现对不同类型的变量求和
    cout<<x<<"+"<<y<<"="<<add(x,y)<<endl;
    cout<<a<<"+"<<b<<"="<<add(a,b)<<endl;
int add(int x,int y)                    //求两个整数的和
{
    return x+y;
}
double add(double a,double b)          //求两个浮点数的和
{
    return a+b;
}
```

这样，在对不同类型的变量做加法运算时，不用再去关心究竟调用哪一个函数，统一使用 add()即可，为函数的使用者提供了方便。

7.1.2　函数特征

重载函数具有相同的函数名，当发生函数调用时，编译器可以通过函数特征（或称函数签名）来确定应执行的函数代码，即采用哪个函数实现。所谓函数特征，是指函数的参数类型、参数个数和参数的顺序。也就是说，函数重载要求同名函数的函数特征不能完全相同，即参数类型、参数个数和参数的顺序不能同时相同。例 7-2 中即是参数类型不同的重载函数，在调用函数 add(x,y)时，因为实参是两个 int 类型，所以编译器会调用形参是两个 int 类型的重载函数。

例 7-3　参数个数不同的函数重载。

程序如下：

```
#include<iostream.h>
int min(int,int);
int min(int,int,int);
void main()
{
    cout<<min(6,8)<<endl;
    cout<<min(13,5,4)<<endl;
}
int min(int a,int b)
{
    return a<b?a:b;
}
int min(int a,int b,int c)
{
    int t=a<b?a:b;
    return t<c?t:c;
}
```

说明：在调用函数 min(6,8)时，由于实参是两个 int 类型的数据，所以会去调用形参为两个 int 类型的函数；同样，在调用函数 min(13,5,4)时，由于实参是 3 个 int 类型数据，所以会去调用形参为 3 个 int 类型数据的函数。

不仅普通函数可以被重载，类的成员函数也可以被重载。

例 7-4　重载成员函数（参数顺序不同）。

程序如下：

```
#include<iostream.h>
class Sample
{
    int i;
    double d;
public:
    void setdata(int n,double x)      //参数顺序不同的重载
    {
        i=n;d=x;
        cout<<"setdata(int,double)被调用"<<endl;
    }
    void setdata(double x,int n)      //参数顺序不同的重载
    {
        d=x;i=n;
        cout<<"setdata(double,int)被调用"<<endl;
    }
    void disp() { cout<<"i="<<i<<",d="<<d<<endl; }
};
void main()
{
    Sample s;
    s.setdata(10,20.5);
```

```
        s.disp();
        s.setdata(15.6,2);
        s.disp();
}
```

在例 7-4 中，被重载的是类的两个成员函数，并且这两个成员函数的参数顺序不同。

在进行函数重载时，如果一个函数的形参带 const 修饰，而另一个函数的形参不带 const 修饰，那么这两个函数也是重载函数，即 const 也可以区分重载。但是在使用 const 区分重载时，要求形参一定是引用类型的。例如，

```
int getvalue(int);
int getvalue(const int);
```

这两个函数并不构成重载，第二个函数声明被视为第一个的重复声明。只有由 const 修饰的引用类型的形参与没有 const 修饰的引用类型的形参才能构成重载。例如，

```
int getvalue(int&);
int getvalue(const int&);
```

这样 const 才可以区分重载。

在使用函数重载时，应注意以下问题。

（1）重载函数至少应在参数个数、参数类型或参数顺序上有所不同。

（2）函数返回值不能区分重载函数。

（3）只有对不同数据集完成基本相同任务的函数才应使用重载，即同名函数应该具有基本相同的功能。

（4）函数重载在同一作用域内才能实现。

7.1.3 函数重载的二义性

存在函数重载的情况下，当发生函数调用时，编译系统一般能够自动进行匹配，调用正确的重载函数，但有时会同时出现多个可匹配的重载函数，使得编译系统无法确定究竟调用哪个函数，这种现象就是函数重载的二义性。

例 7-5 重载函数的二义性分析。

程序如下：

```
#include<iostream.h>
long Max(long,long);
double Max(double,double);
void main()
{
    int i1=10,i2=20;
    long l1=12,l2=18;
    double d1=98.74,d2=4.3;
    cout<<"Max("<<i1<<","<<i2<<")="<<Max(i1,i2)<<endl; //错误
    cout<<"Max("<<l1<<","<<l2<<")="<<Max(l1,l2)<<endl;
```

```
    cout<<"Max("<<d1<<","<<d2<<")="<<Max(d1,d2)<<endl;
    cout<<"Max("<<i1<<","<<d1<<")="<<Max(i1,d1)<<endl;
    cout<<"Max("<<i1<<","<<l1<<")="<<Max(i1,l1)<<endl;
}
double Max(double x,double y)
{
    cout<<"An overload function(double,double)!"<<endl;
    return (x>y)?x:y;
}
long Max(long x,long y)
{
    cout<<"An overload function(long,long)!"<<endl;
    return (x>y)?x:y;
}
```

上述代码中，Max(i1,i2)会出现二义性，所以在编译时会提示如下错误：'Max'：ambiguous call to overloaded function。这是因为实参 i1 和 i2 都是 int 类型的，找不到完全匹配的重载函数，即没有形参为两个 int 类型的重载函数。需要注意的是，此时并不会发生语法错误，当编译系统通过数据类型的自动转换继续寻找可匹配的函数时，才会发生错误。因为类型转换是没有优先级的，int 既可以转换为 long，也可以转换为 double，这就出现了二义性。解决该二义性的方法是采用强制类型转换。将上述的错误代码改为：

```
cout<<"Max("<<i1<<","<<i2<<")="<<Max((double)i1,(double)i2)<<endl;
```

或

```
cout<<"Max("<<i1<<","<<i2<<")="<<Max((long)i1,(long)i2)<<endl;
```

如果改为第一种，则程序的执行结果如图 7-1 所示。

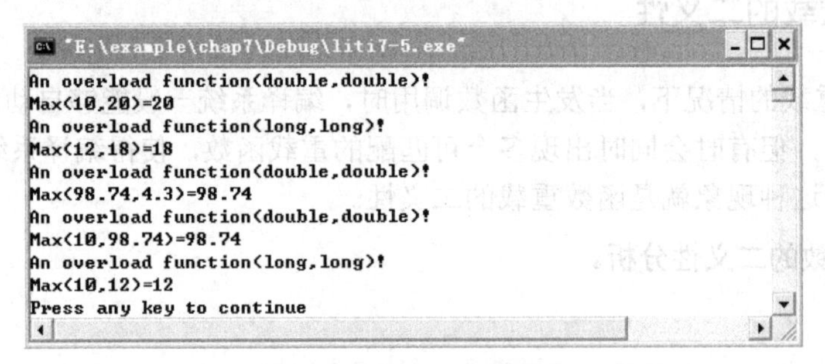

图 7-1　程序的执行结果

读者可自行分析为什么 Max(i1,d1)和 Max(i1,l1)不存在二义性。

通过例 7-5 中的代码可以得到如下结论：在匹配重载函数时，如果可以找到完全匹配的重载函数，则会调用完全匹配的重载函数；如果找不到完全匹配的重载函数，系统会进行自动类型转换；若转换后不存在二义性，那么函数调用就是正确的，否则就是错误的。这是类型转换带来的二义性。其次，如果重载函数带有默认参数，还会带来匹配的二义性。

例 7-6 带默认参数的重载函数。

程序如下：

```
#include<iostream.h>
class Sample
{
	int x,y,z;
public:
	void setdata(int a=0,int b=0,int c=0)
	{
		x=a;y=b;z=c;
	}
	void setdata(int a,int b)
	{
		x=a;y=b;
	}
	void setdata(int a)
	{
		x=a;
	}
	void disp() { cout<<"x="<<x<<",y="<<y<<",z="<<z<<endl; }
};
void main()
{
	Sample s;
	s.setdata(10);			//错误
	s.setdata(5,7);			//错误
}
```

分析：当调用函数 s.setdata(10)时，既可以与 setdata(int a)匹配，也可以与 setdata(int a=0,int b=0,int c=0)匹配，所以发生了二义性。s.setdata(5,7)也同样有二义性。

7.1.4 构造函数重载

构造函数在创建对象时将被自动调用。如果类中没有定义构造函数，编译器会自动生成一个默认的构造函数。也就是说，一个类中一定存在构造函数，并且在创建对象时一定会被调用，那么构造函数是否需要被重载呢？

构造函数的名字是由类的名字确定的，所以只能有一个构造函数名。但如果想用几种不同的方法来创建一个对象时该怎么办？下面来看例 7-7。

例 7-7 构造函数也需要重载。

假设有一个点类 Point 定义如下：

```
class Point
{
private:
```

```
    int x,y;
public:
    void setvalue(int x,int y)
    {
        this->x=x;
        this->y=y;
    }
    void display()
    {
        cout<<"Point:("<<x<<","<<y<<")"<<endl;
    }
};
```

这时，要创建 Point 类的对象，就只能创建未被赋值的点对象，即：

```
Point p1,p2;
```

编译器会自动调用默认构造函数来创建这些对象，若要给这些点对象赋值，需要调用 setvalue()方法。如果想在创建对象的同时赋值，需要设计带参数的构造函数。重新定义 Point 类，在 public 访问区增加一个如下的构造函数：

```
Point(int x,int y)
{
    this->x=x;
    this->y=y;
}
```

这时，创建点对象时可以同时给这些点赋值，即：

```
Point p(3,5);
```

但是，不能定义不被赋值的点对象，即如果在程序中做如下定义：

```
Point p1,p2;
```

会出现语法错误，这是因为，一旦程序员在类中定义了构造函数，编译器将不再自动生成默认的构造函数。当创建不被赋值的点对象时，因为没有实参，编译器会调用没有形参的构造函数，而在类中只有一个带形参的构造函数，所以会出现语法错误。要想既能创建被赋值的对象，又可以创建不被赋值的对象，应该设计多个构造函数。这就是构造函数的重载，可以看到，重载对构造函数来说是很必要的。

重新设计 Point 类，在 public 访问区增加一个不带参数的构造函数，类定义如下：

```
class Point
{
private:
    int x,y;
public:
    Point(){}                //构造函数重载
    Point(int x,int y)       //构造函数重载
```

```
	{
		this->x=x;
		this->y=y;
	}
	void setvalue(int x,int y)
	{
		this->x=x;
		this->y=y;
	}
	void display()
	{
		cout<<"Point:("<<x<<","<<y<<")"<<endl;
	}
};
```

在该 Point 类中有两个构造函数，当创建一个点对象时，会根据实参的数目来决定调用哪一个构造函数。

例 7-8　构造函数重载。

程序如下：

```
#include<iostream.h>
class Date
{
private:
	int year;
	int month;
	int day;
public:
	Date( )
	{
		year=2000; month=1; day=1;
		cout<<year<<"/"<<month<<"/"<<day<<endl;
	}
	Date(int d)
	{
		year=2000; month=1; day=d;
		cout<<year<<"/"<<month<<"/"<<day<<endl;
	}
	Date(int m,int d)
	{
		year=2000; month=m; day=d;
		cout<<year<<"/"<<month<<"/"<<day<<endl;
	}

	Date(int y,int m,int d)
	{
		year=y; month=m; day=d;
		cout<<year<<"/"<<month<<"/"<<day<<endl;
```

```
    }
};
void main( )
{
    Date aday;
    Date bdate(10);
    Date cdate(8,8);
    Date ddate(2010,10,10);
}
```

在学习了构造函数的重载以后，要特别提出的是复制构造函数。复制构造函数也称为拷贝构造函数，它可以将一个已知对象的数据成员的值复制给正在创建的另一个同类对象。复制构造函数的函数首部如下：

```
类名::复制构造函数名（类名 &对象的引用名）
```

当然，复制构造函数也是构造函数，所以复制构造函数名与类名相同。复制构造函数只能有一个参数，该参数是同类对象的引用。每个类都必须有一个复制构造函数，如果没有定义，则编译系统将自动生成一个具有上述函数首部的默认的复制构造函数。

重新设计 Point 类，在 public 访问区增加一个复制构造函数，类定义如下：

```
class Point
{
private:
    int x,y;
public:
    Point(){}               //构造函数重载
    Point(int x,int y)      //构造函数重载
    {
        this->x=x;
        this->y=y;
    }
    Point(Point &p)         //复制构造函数
    {
        x=p.x;
        y=p.y;
    }
    void setvalue(int x,int y)
    {
        this->x=x;
        this->y=y;
    }
    void display()
    {
        cout<<"Point:("<<x<<","<<y<<")"<<endl;
    }
};
```

做了这样的类定义以后，可以这样定义对象：

```
Point p1(3,5);
Point p2(p1);          //调用复制构造函数，创建对象 p2，并将已知对象 p1 的值赋给 p2
```

7.2　运算符重载

7.2.1　运算符重载概述

运算符重载，就是对已有的运算符重新进行定义，赋予其另一种功能，以适应不同的数据类型。C++中预定义运算符的操作对象只能是基本数据类型，但实际上，很多用户自定义类型也会有类似的运算操作，这就要求对运算符进行重新定义，赋予已有运算符以新的功能要求。运算符重载增强了 C++语言的扩充能力，可通过例 7-9 来体会运算符重载的作用。

例 7-9　定义一个类 Complex，用来表示一个复数，并实现两个复数相加的功能。

程序如下：

```
#include<iostream.h>
class Complex
{
private:
    double real;                              //实部
    double imag;                              //虚部
public:
    Complex(){}                               //定义构造函数
    Complex(double r,double i)                //重载构造函数
    {
        real=r;
        imag=i;
    }
    void display()
    {
        cout<<"("<<real<<","<<imag<<")"<<endl;
    }
    Complex add(Complex c2)                   //实现复数相加
    {
        Complex c;
        c.real=this->real+c2.real;
        c.imag=this->imag+c2.imag;
        return c;
    }
};
void main()
{
    Complex c,c1(3,5),c2(-5,6);
    c=c1.add(c2);                             //调用复数相加函数求 c1、c2 的和
    cout<<"c1=";c1.display();
```

```
    cout<<"c2=";c2.display();
    cout<<"c1+c2=";c.display();
}
```

例 7-9 中，实现两个复数相加是通过调用成员函数 add()来实现的，这种方式很不直观，也比较繁琐。求和时，人们习惯于使用“+”运算符，即“c=c1+c2;”，但是在 C++中，“+”只能对基本数据类型进行求和，因此，要想通过“+”对 Complex 这个用户自定义的类型进行求和，就必须进行运算符重载。重载以后就可以写作 c=c1+c2;。

在 C++中，并不是所有的运算符都可以重载，可以进行重载的运算符如下：

- 算术运算符：+、-、*、/、%。
- 自增自减运算符：++、--。
- 位运算符：&、|、~、^、<<、>>。
- 逻辑运算符：!、&&、||。
- 比较运算符：<、>、>=、<=、==、!=。
- 赋值运算符：=、+=、-=、*=、/=、%=、&=、|=、^=、<<=、>>=。
- 其他运算符：[]、()、->、,(逗号运算符)、new、delete、new[]、delete[]、->*。

下列运算符不允许重载：

.、.*、::、?:。

运算符重载时需注意以下问题：

（1）不能自定义新的运算符。必须把重载运算符限制在 C++现有运算符中允许重载的运算符之内。

（2）运算符重载以后的功能应与原有的功能类似。

（3）重载运算符不能改变它们的优先级和结合性。

（4）重载不能改变运算符所需操作数的数目。

（5）运算符重载可以使程序更加简洁，使表达式更加直观，增加可读性。但是，运算符重载使用不宜过多，否则会带来一些麻烦。在重载运算符时，必须做到含义清楚，没有二义性。

（6）用于类对象的运算符一般必须重载，但 “=”和“&” 运算符例外。赋值运算符“=”可以用于任一个类对象，可以利用“=”在同类对象之间相互赋值；地址运算符“&”也不必重载，它用于返回类对象在内存中的起始地址。

7.2.2 运算符重载的实现

运算符重载的方法是定义一个重载运算符的函数，在需要执行被重载的运算符时，系统就自动调用该函数，以实现相应的运算。也就是说，运算符重载是通过定义函数实现的，其实质上就是函数重载。运算符重载的形式有两种：重载为类的成员函数和重载为类的友元函数。

（1）重载为类的成员函数

```
<函数类型> operator <运算符>(<形参表>)
```

```
  {
        <函数体>;
   }
```

（2）重载为类的友元函数

重载为类的友元函数需要先在类体中进行声明，然后在类体外定义。

声明格式如下：

```
friend <函数类型>   operator <运算符>(<形参表>);
```

定义格式如下：

```
<函数类型>   operator <运算符>(<形参表>)
 {
        <函数体>;
 }
```

说明：

❶ “函数类型”指出重载运算符的运算结果的类型，operator 是运算符重载的关键字。

❷ 一般来说，单目运算符最好重载为类的成员函数，而双目运算符则最好重载为友元函数。

❸ 当重载为类的成员函数时，参数个数比原来的运算数个数少 1；重载为类的友元函数时，参数个数与原运算数个数相同。

例 7-10　双目运算符的重载。

（1）重载为类的成员函数。程序如下：

```
#include<iostream.h>
class Complex
{
private:
     double real;                              //实部
     double imag;                              //虚部
public:
     Complex(){}                               //定义构造函数
     Complex(double r,double i)                //重载构造函数
     {
          real=r;
          imag=i;
     }
     void display()
     {
          cout<<"("<<real<<","<<imag<<")"<<endl;
     }
     Complex operator +(Complex c2)       //重载加法运算符
     {
          Complex c;
          c.real=this->real+c2.real;
```

```
            c.imag=this->imag+c2.imag;
            return c;
        }
};
void main()
{
        Complex c,c1(3,5),c2(-5,6);
        c=c1+c2;                            //利用重载后的运算符求 c1，c2 的和
        cout<<"c1=";c1.display();
        cout<<"c2=";c2.display();
        cout<<"c1+c2=";c.display();
}
```

（2）重载为类的友元函数。程序如下：

```
#include <iostream.h>
class Complex
{
private:
        double real;                                            //实部
        double imag;                                            //虚部
public:
        Complex(){}                                             //定义构造函数
        Complex(double r,double i)                              //重载构造函数
        {
            real=r;
            imag=i;
        }
        void display()
        {
            cout<<"("<<real<<","<<imag<<")"<<endl;
        }
        friend Complex operator +(Complex c1,Complex c2);       //定义友元函数
};
Complex operator +(Complex c1,Complex c2)                       //重载为类的友元函数
{
        Complex c;
        c.real=c1.real+c2.real;
        c.imag=c1.imag+c2.imag;
        return c;
}
void main()
{
        Complex c,c1(3,5),c2(-5,6);
        c=c1+c2;                                                //利用重载后的运算符求 c1 和 c2 的和
        cout<<"c1=";c1.display();
        cout<<"c2=";c2.display();
        cout<<"c1+c2=";c.display();
}
```

分析：重载为成员函数或友元函数时，二者参数个数不同。由于类的非静态成员函数都有一个默认参数 this，重载为成员函数时，总是隐含了一个参数，该参数就是 this 指针（this 指针指向调用该成员函数的对象），所以在重载为成员函数时，参数个数比原来的运算数个数要少一个；当重载为友元函数时，没有隐含的参数 this 指针，这样，对于双目运算符，友元函数有两个参数，对于单目运算符，友元函数有一个参数。

例 7-11　单目运算符的重载（重载自增、自减运算符）。

由于重载后单目运算符的操作对象只能是类对象，因此多将单目运算符重载为类的成员函数。

自增、自减运算符重载的语法格式为：

```
<函数类型>operator ++();    //前缀运算
<函数类型>operator ++(int); //后缀运算
```

重载自增运算符的程序如下：

```
#include<iostream.h>
class Counter
{
private:
      int v;
public:
      Counter() {}
      Counter(int v)
      {
            this->v=v;
      }
      Counter operator ++()
      {
            v++;
            return *this;
      }
      Counter operator ++(int )
      {
            Counter t;
            t.v=v++;
            return t;
      }
      void display()
      {
            cout<<v<<endl;
      }
};
void main()
{
      Counter c1(3),c2(3),c;
      c=c1++;
      cout<<"c=c1++后，c:";c.display();
```

```
    cout<<"c=c1++后，c1:";c1.display();
    c=++c2;
    cout<<"c=++c2 后，c:";c.display();
    cout<<"c=++c2 后，c2:";c2.display();
}
```

程序的运行结果如图 7-2 所示。

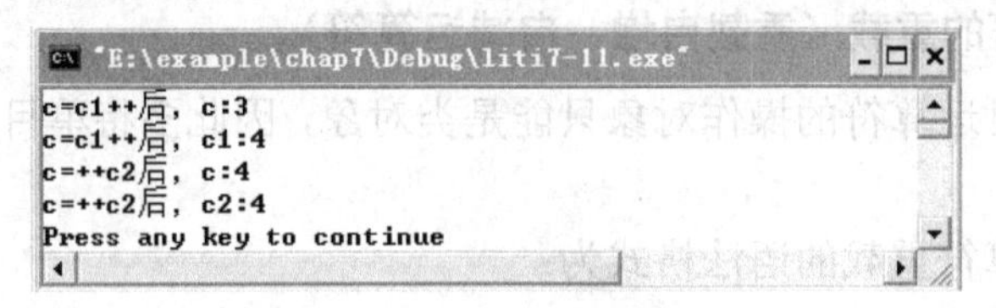

图 7-2　重载自增运算符

读者可以自行设计自减运算符的重载。

7.2.3　重载运算符的调用

以双目运算符为例，来看一下重载运算符的调用。在例 7-10 中，首先把“+”重载为成员函数，调用的方式为 c1+c2，即 c1 是左操作数，c2 是右操作数，编译系统将其解释为：

```
c1.operator+(c2)
```

其中，c1 和 c2 是 Complex 类的对象，operator+()是运算符“+”的重载函数。该运算符重载函数仅有一个参数 c2，它作为运算符的右操作数，而调用该成员函数的对象 c1 作为运算符的左操作数。可见，当重载为成员函数时，双目运算符仅有一个参数。

7.2.4　重载复合赋值运算符

复合赋值运算符共有 10 个，这里介绍“+=”和“-=”，对于基本数据类型，“+=”和“-=”的作用是将一个数据与另一个数据进行加法或减法运算，然后再将结果回送给运算符左边的变量中。对它们重载后，使其实现相关的功能。

例 7-12　重载复合赋值运算符“+=”和“-=”。

程序如下：

```
#include<iostream.h>
class Vector
{
private:
    int x,y;
public:
    Vector(){}
    Vector(int a,int b)
    {
        x=a;y=b;
    }
```

```
    void display()
    {
        cout<<"("<<x<<","<<y<<")"<<endl;
    }
    void operator +=(Vector v2)            //重载为成员函数
    {
        x+=v2.x;
        y+=v2.y;
    }
    void operator -=(Vector v2)            //重载为成员函数
    {
        x-=v2.x;
        y-=v2.y;
    }
};
void main()
{
    Vector v1(1,2),v2(3,4);
    cout<<"v1:";
    v1.display();
    cout<<"v2:";
    v2.display();
    v1+=v2;                                //使用重载的复合赋值运算符
    cout<<"执行 v1+=v2 后，v1:";v1.display();
    v1-=v2;                                //使用重载的复合赋值运算符
    cout<<"继续执行 v1-=v2 后，v1:";v1.display();
}
```

程序的运行结果如图 7-3 所示。

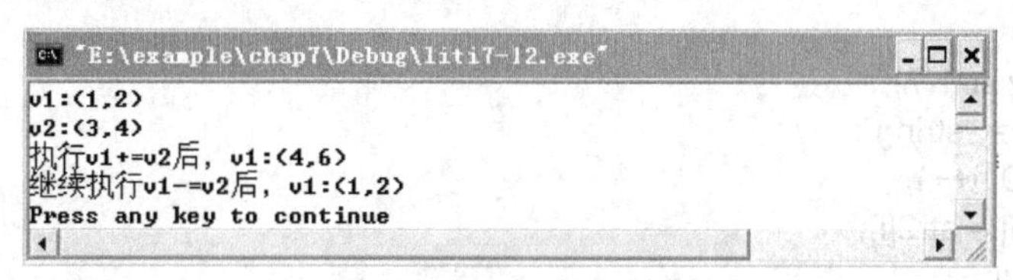

图 7-3 重载复合赋值运算符

读者可以自行设计“*=”和“/=”运算符的重载。

7.2.5 重载下标运算符

下标运算符“[]”通常用于获取数组的某个元素，由于 C++中的数组中并没有保存其大小，因此，不能对数组元素进行越界检查。利用 C++的类可以定义一种更安全、功能更强的数组类型。因此，为类定义重载运算符“[]”。

例 7-13 重载下标运算符。

程序如下：

```
#include<iostream.h>
class CharArray
```

```
{
private:
    int length;                    //保存数据的长度
    char *buff;
public:
    CharArray(int l)
    {
        length=l;
        buff=new char[length];
    }
    ~CharArray() { delete buff; }
    int GetLength() { return length; }
    void display(){cout<<buff<<endl;}
    char& operator [](int i)       //因为需要进行左值运算，所以定义为字符类型的引用
    {
        if(i<length&&i>=0)
            return buff[i];
        else
        {
            char ch=' ';
            cout<<endl<<"Index out of range";
            return ch;
        }
    }
};
void main()
{
    int i;
    CharArray str1(7);
    char *str2 = "string";
    for(i=0; i<9; i++)
        str1[i] = str2[i];
    cout<<endl;
    for(i=0; i<9; i++)
        cout<<str1[i];
    cout<<endl;
    cout<<str1.GetLength()<<endl;
}
```

程序的运行结果如图 7-4 所示。

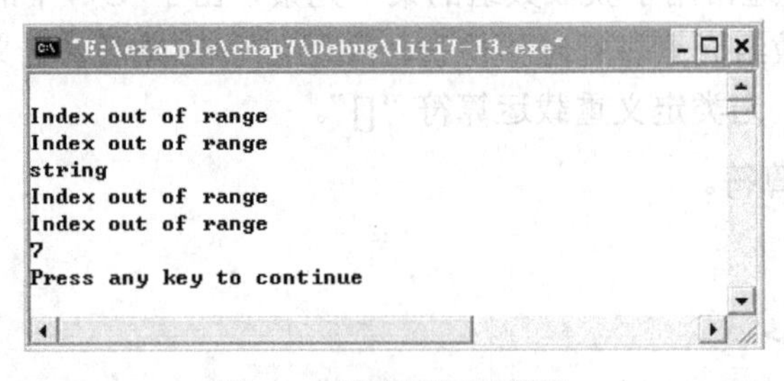

图 7-4　重载下标运算符

该数组类有如下优点：

（1）数据的大小不一定是一个常量。

（2）运行时动态指定大小可以不使用 new 和 delete。

（3）当使用该类数组作为函数参数时，不必分别传递数组变量本身及其大小，因为该对象中已经保存数组的大小。

在重载下标运算符函数时应该注意，不能将其重载为友元函数，只能重载为类的成员函数。

7.3 小　　结

静态多态性是通过重载实现的，重载是面向对象程序设计中的一种重要机制，通过重载可以提高程序的可读性。

函数重载简单地说就是赋给同一个函数名多个含义。具体地讲，C++中允许在相同的作用域内以相同的名字定义几个不同实现的函数，可以是成员函数，也可以是非成员函数。定义重载函数时，要求函数的参数类型、个数和顺序不能同时相同，而对于返回值的类型没有要求，可以相同，也可以不同。参数完全相同、仅返回值不同的重载函数是非法的，因为编译程序在选择相同名字的重载函数时仅考虑参数表，也就是说，要靠函数参数表的差异进行选择。由此可以看出，重载函数的意义在于它可以用相同的名字访问一组相互关联的函数，由编译程序来进行选择，因而非常有助于解决程序复杂性问题。如在定义类时，构造函数重载给初始化带来了多种方式，为用户提供了更大的灵活性。

运算符重载，就是运用函数重载的方法对 C++提供的标准运算符重新定义，以完成某种特定的操作。运算符重载允许 C++运算符在用户自定义类型（类）上拥有一个用户定义的意义，为类的用户提供了一个更简洁的接口。

7.4 上 机 实 践

1．实现重载函数 twofold(x)，要求返回值为输入参数的两倍，参数分别为整型、双精度型。

程序如下：

```
#include<iostream.h>
int twofold(int);
double twofold(double);
void main()
{
    int a=10;
    double b=25.5;
    cout<<"2*"<<a<<"="<<twofold(a)<<endl;
    cout<<"2*"<<b<<"="<<twofold(b)<<endl;
```

```
}
int twofold(int x)
{
    return 2*x;
}
double twofold(double x)
{
    return 2*x;
}
```

2．设计一个日期类 Date，包括年、月、日等私有数据成员。要求通过重载运算符实现日期的基本运算，如某一日期加上天数、某一日期减去天数和两日期相差的天数等。

程序如下：

```
#include<iostream.h>
const int day_tab[2][12]={{31,28,31,30,31,30,31,31,30,31,30,31},
{31,29,31,30,31,31,30,31,30,31}};
// day_tab 二维数组存放各月天数，第一行对应非闰年，第二行对应闰年
class Date
{
private:
    int year,month,day;
public:
    Date(){}
    Date(int y,int m,int d) { year=y;month=m;day=d; }
    void setday(int d){day=d;}
    void setmonth(int m){month=m;}
    void setyear(int y){year=y;}
    int getday(){return day;}
    int getmonth(){return month;}
    int getyear(){return year;}
    int leap(int);                  //判断指定的年份是否为闰年
    int dton(Date &);               //将指定日期转换为从 0 年 0 月 0 日起的天数
    Date ntod(int);                 //将指定的 0 年 0 月 0 日起的天数转换为对应的日期
    Date operator+(int days)        //返回一日期加一天数得到的日期
    {
        Date date;
        int number=dton(*this)+days;
        date=ntod(number);
        return date;
    }
    Date operator-(int days)        //返回一日期减去天数得到的日期
    {
        Date date;
        int number=dton(*this);
        number-=days;
        date=ntod(number);
        return date;
    }
```

```
    int operator-(Date &b)              //返回两日期相差的天数
    {
        int days=dton(*this)-dton(b)-1;
        return days;
    }
    void disp()
    {
        cout<<year<<"/"<<month<<"/"<<day<<endl;
    }
};
int Date::leap(int year)
{
    if(year%4==0&&year%100!=0||year%400==0)//是闰年
        return 1;
    else                                //不是闰年
        return 0;
}
int Date::dton(Date &d)                 //将指定日期转换为从0年0月0日起的天数
{
    int y,m,days=0;
    for(y=1;y<=d.year;y++)
        if(leap(y))
            days+=366;
        else
            days+=365;
    for(m=0;m<d.month-1;m++)
        if(leap(d.year))
            days+=day_tab[1][m];
        else
            days+=day_tab[0][m];
    days+=d.day;
    return days;
}
Date Date::ntod(int n)                  //将指定的0年0月0日起的天数转换为对应的日期
{
    int y=1,m=1,d,rest=n,lp;
    while(1)
    {
        if(leap(y))
        {
            if(rest<=366)
                break;
            else
                rest-=366;
        }
        else
        {
            if(rest<=365)
                break;
```

```
                else
                    rest-=365;
            }
            y++;
        }
        y--;
        lp=leap(y);
        while(1)
        {
            if(lp)
            {
                if(rest>day_tab[1][m-1])
                    rest-=day_tab[1][m-1];
                else
                    break;
            }
            else
            {
                if(rest>day_tab[0][m-1])
                    rest-=day_tab[0][m-1];
                else
                    break;
            }
            m++;
        }
        d=rest;
        return Date(y,m,d);
}
void main()
{
        Date now(2010,10,1),then(2009,10,1);
        cout<<"now:"; now.disp();
        cout<<"then:"; then.disp();
        cout<<"相差天数:"<<(then-now)<<endl;
        Date d1=now+100,d2=now-100;
        cout<<"now+100:"; d1.disp();
        cout<<"now-100:"; d2.disp();
}
```

3．重载关系运算符。重载关系运算符是一个很简单的过程。不过，也有一个小问题需要考虑。重载运算符函数经常返回所重载的类的对象，而一般情况下重载的关系运算符返回 true 或 false，这是为了保持与关系运算符的标准方法一致，并允许在条件表达式中使用关系运算符。

程序如下：

```
#include<iostream.h>
class Sample
{
```

```
private:
    int x,y;
public:
    Sample(){}
    Sample(int a,int b)
    {
        x=a;y=b;
    }
    void display()
    {
        cout<<"x="<<x<<endl;
        cout<<"y="<<y<<endl;
    }
    friend int operator>(Sample,Sample); //重载为类的友元函数
};
int operator>(Sample s1,Sample s2)
{
    if((s1.x>s2.x)&&(s1.y>s2.y)) return 1;
    else return 0;
}
void main()
{
    Sample s1(3,4),s2(7,8);
    if(s1>s2) cout<<"s1 大于 s2"<<endl;
    else cout<<"s1 不大于 s2"<<endl;
}
```

习　　题

一、单项选择题

1．下列关于运算符重载的描述中，正确的是（　　）。

A．改变优先级　　　　B．不改变结合性

C．改变操作数个数　　D．改变语法结构

2．函数重载是指（　　）。

A．两个或两个以上的函数取相同的函数名，但形参的个数或类型不同

B．两个以上的函数取相同的名字和具有相同的参数个数，但形参的类型可以不同

C．两个以上的函数名字不同，但形参的个数或类型相同

D．两个以上的函数取相同的函数名，并且函数的返回类型相同

3．假定要对类 AB 定义加号操作符重载成员函数，实现两个 AB 类对象的加法，并返回相加结果，则该成员函数的声明语句为（　　）。

A．AB operator+(AB&a,AB&b)　　B．AB operator+(AB& a)

C．operator+(AB a)　　D．AB & operator+()

4．调用重载函数时的选择依据中，错误的是（　　）。

A．函数的参数　　　　　　　　B．参数的类型

C．函数的名字　　　　　　　　D．函数的类型

5．下面的函数声明中，（　　）是 void BC(int a, int b);的重载函数。

A．int BC(int a, int b)

B．void BC(int a, char b)

C．float BC(int a, int b, int c = 0)

D．void BC(int a, int b=0)

6．先加 1 再使用“++”运算符的重载形式是（　　）。

A．operator ++()　　　　　　B．operator ()++

C．operator ++() int　　　　D．operator ++() char

7．下面（　　）函数重载是错误的。

A．void add(int,int)　　void add(float,float)

B．void display(int,char)　　int display(int,char)

C．int get(int)　　int get(int,int)

D．int square(int)　　float square(float)

二、填空题

1．当两个函数的函数名_____，但参数的个数或对应参数的类型________时，称为函数重载。

2．在 C++中，定义重载函数时，应至少使重载函数的_______________不同。

3．运算符重载后，原运算符的优先级和结合特性________改变。（会/不会）

4．单目运算符重载为类成员函数时________形参；双目运算符重载为___________时需声明其右操作数，作为________重载时需声明全部操作数。

5．运算符重载本质上是通过_________来实现操作要求的。

6．运算符重载的目的是____________________________。

三、分析题

1．分析以下程序的执行结果。

```
#include<iostream.h>
class Sample
{
    int n;
public:
    Sample(){}
    Sample(int i){n=i;}
    Sample &operator =(Sample s)    //重载赋值运算符
    {
        n=s.n;
        return *this;
```

```
    }
    void disp(){cout<<"n="<<n<<endl;}
};
void main()
{
    Sample s1(10),s2;
    s2=s1;
    cout<<"s1:";s1.disp();
    cout<<"s2:";s2.disp();
}
```

说明：本题说明重载运算符“=”的使用方法，“operator=成员函数”实现两个对象的赋值。但是，如果去掉重载运算符的成员函数，程序依然可以执行。所以正常情况下，系统会为每一个类自动生成一个默认的赋值运算符，用来完成对象之间的赋值运算。

2．分析以下程序的执行结果。

```
#include<iostream.h>
int add(int x,int y)
{
    return x+y;
}
int add(int x,int y,int z)
{
    return x+y+z;
}
void main()
{
    int a=4,b=6,c=10;
    cout<<add(a,b)<<","<<add(a,b,c)<<endl;
}
```

3．分析以下程序的执行结果。

```
#include<iostream.h>
class Sample
{
    int i;
    double d;
public:
    void setdata(int n){i=n;d=0;}
    void setdata(int n,double x)
    {
        i=n;d=x;
    }
    void disp()
    {
        cout<<"i="<<i<<",d="<<d<<endl;
    }
};
```

```
void main()
{
        Sample s;
        s.setdata(10);
        s.disp();
        s.setdata(2,15.6);
        s.disp();
}
```

四、程序设计题

1．利用运算符重载实现复数类的四则运算。

2．设计一个 String 类，通过重载“+=”运算符，实现对两个 String 类对象 s1 和 s2 的操作。

3．定义一个描述矩阵的类 Array，其数据成员为二维实型数组 a[3][3]，用 put()成员函数给 a[3][3]输入元素值，重载“+”运算符，完成两个矩阵的相加。分别用友元函数与成员函数编写运算符重载函数，并设计相关数据进行测试。

第 8 章　继承性与派生类

继承是面向对象程序设计方法的重要特征，是使代码可以复用的最重要的方法之一。通过继承，程序员可以在一个已有类的基础上快速地建立一个新类，而不必从零开始设计这个新类。该新类除具有原来类的属性和服务外，还可以添加新的属性和服务。本章将详细介绍 C++语言中继承和派生的方法。

8.1 继承与派生

8.1.1 继承和派生的基本概念

日常生活中，人们常用“…是一种（is-a）…”的表达方式表示一种关系，从而将知识组织成一种有层次、可分类的结构。下面来仔细体会一下人们在描述“狗”和“黄狗”时的表达差别。在描述“狗”时，人们会说“狗是一种哺乳动物，有 4 条腿、1 条尾巴，喜欢啃肉骨头……”。在描述“黄狗”时，人们当然也可以说：“黄狗是一种哺乳动物，有 4 条腿、1 条尾巴，喜欢啃肉骨头……并且它的毛是黄色的”。但是人们通常不会这么说，而会简单地说“黄狗就是黄毛狗”。

比较一下上述两种说法，显然后一种说法更好。第一，它更简练；第二，它反映了狗和黄狗这两个概念之间的内在联系，即所有的黄狗都是狗，黄狗是一类特殊的狗。因此，狗所具有的特征，例如 4 条腿、1 条尾巴等，黄狗自然也都具有，即黄狗从狗那里继承了狗的全部特征，如图 8-1 所示。从图中可以看出，is-a 关系是一种继承关系。

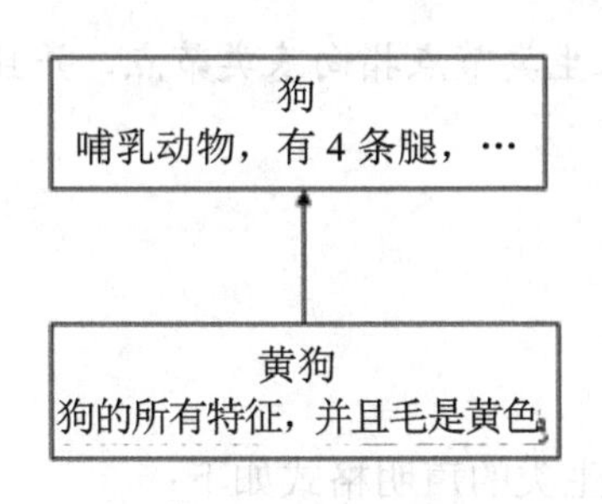

图 8-1　继承关系

下面，来研究如何用 C++语言描述这一继承关系。

C++提供了类的继承机制，这使得人们可以像“黄狗就是黄毛狗”那样，简单明了地定义一个新类。首先，定义一个描述狗的类 Dog；接下来，利用 C++的继承机制，从 Dog 类中派生出来一个黄狗的类 YellowDog。此时，类 YellowDog 自动拥有类 Dog 的所有数据成员和成员函数，该类的每一个对象都是类 Dog 的对象（该关系类似于“每一条黄狗都是狗”）。

在上面的描述中，YellowDog 类是通过对一般的 Dog 类进行特殊化而得到的。这种通过特殊化已有的类来建立新类的过程叫做类的派生，原有的类称为基类，新建立的类则称为派生类。例如，类 Dog 就是基类，而类 YellowDog 是派生类。

从类的成员角度看，派生类自动地将基类的所有成员作为自己的成员，这叫做继承。因此，基类和派生类又可以分别叫做父类和子类。

类的派生和继承是面向对象程序设计方法最重要的特征之一。通过继承程序员可以在一个已有类的基础上很快地建立一个新类，而不必从零开始设计该新类，从而为程序代码的重用提供重要的技术实现手段。

继承关系具有以下双重作用。

（1）作为类的构造机制。继承通过扩充、组合现有的类来构造新类。其中，扩充是指形成现有类的特例——派生类；组合是指抽取出若干现有类的共性形成新的抽象层次——基类。

（2）作为类型的构造机制。如果类 B 继承了类 A，则所有使用类 A 类型对象的地方也可以接受类 B 类型的对象。正如，黄狗是一种狗，所有出现“狗”的地方用“黄狗”来代替是合理的；反之不然，出现“黄狗”的地方不一定能用“狗”代替。

如图 8-2 所示，C++中有两种继承：单一继承和多重继承。对于单一继承，派生类只能有一个直接基类；对于多重继承，派生类可以有多个直接基类。

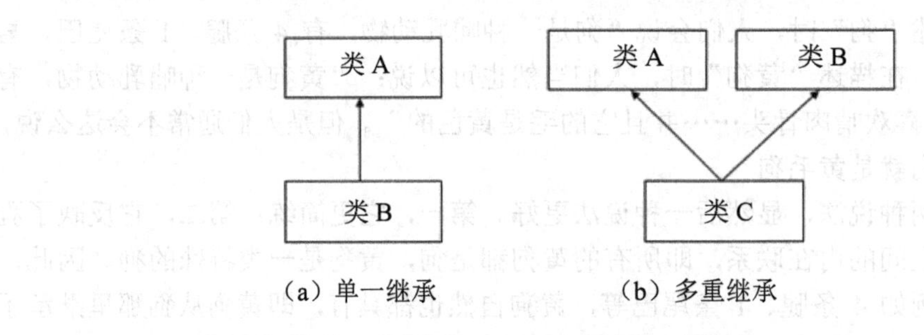

图 8-2　单一继承和多重继承

注意：图 8-2 中，箭头从派生类节点指向基类节点，并且将基类放在上面，派生类放在下面。

8.1.2　单一继承

1．单一继承的一般格式

在 C++中，单一继承中派生类的声明格式如下：

```
class 派生类名：继承方式 基类名
{
    //派生类新定义成员
};
```

说明：

❶ “派生类名”是新定义的一个类的名字，它是从“基类名”中按指定的“继承方式”

派生的。

❷ 继承方式有 3 种，包括 public（公有继承）、private（私有继承）以及 protected（保护继承），将在 8.2 节详细介绍。

例 8-1　先定义 Person 类，然后定义 Person 类的派生类 Student。

程序如下：

```
class Person
{
    char name[10];
    int age;
    char sex;
    public:
    void show();
};
class Student : public Person
{
    int sno;
    int english_score;
    int math_score
public:
    void calculate_sum_avg();
};
```

派生类 Student 中的成员分为两大部分，一部分是从基类 Person 继承来的成员；另一部分是在声明派生类时增加的新成员。每一部分均分别包括数据成员和成员函数，如图 8-3 所示。

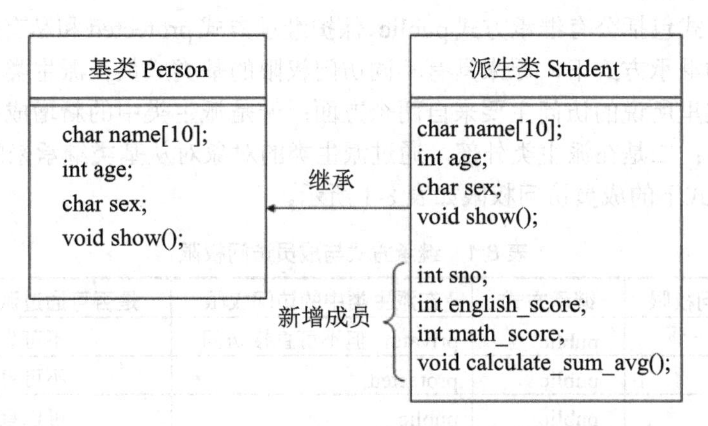

图 8-3　派生类 Student 的成员构成

2．派生类的生成过程

在 C++程序设计中，一般先建立基类，然后建立派生类，再通过派生类创建对象进行实际问题的处理。

派生新类一般要经过吸收基类成员、改造基类成员和添加新的成员 3 个阶段。

（1）吸收基类成员

在 C++的类继承中，首先是将基类的成员全部接收，这样，派生类实际上就包含了其所有基类中除构造函数和析构函数之外的全部成员。

（2）改造基类成员

对基类成员的改造包括两个方面：

① 基类成员的访问控制问题，主要依靠派生类定义时的继承方式来控制。

② 对基类数据成员或成员函数的覆盖，即在派生类中定义一个和基类数据成员或成员函数同名的成员，由于作用域不同，会发生同名覆盖，基类中的成员被替换成派生类中的同名成员。注意，对于派生类中与基类同名的成员函数，其参数表也必须和基类同名成员函数的一样，否则不能发生同名覆盖。

（3）添加新的成员

派生类新成员的加入是继承与派生机制的核心，是保证派生类在功能上有所发展的关键。可以根据实际情况的需要，给派生类添加适当的数据成员和成员函数，来实现必要的新增功能。同时，在派生过程中，基类的构造函数和析构函数是不能被继承下来的，在派生类中，一些特别的初始化和扫尾清理工作，也需要重新加入新的构造函数和析构函数。

8.2 继承方式

基类的成员可以有 3 种访问权限，分别是 public、protected 和 private。基类中的成员函数可以对基类中任何一个其他成员进行访问，但是在基类外部，通过基类的对象只能访问该类的 public 成员。

类的继承方式包括公有继承方式 public、保护继承方式 protected 和私有继承方式 private 3 种。在不同的继承方式下，原来具有不同访问权限的基类成员在派生类中的访问权限可能发生改变。这里所说的访问主要来自两个方面：一是派生类中的新增成员对从基类继承来的成员的访问；二是在派生类外部，通过派生类的对象对从基类继承来的成员的访问。

3 种继承方式下的成员访问权限如表 8-1 所示。

表 8-1 继承方式与成员访问权限

在基类中的访问权限	继承方式	在派生类中的访问权限	是否可通过派生类对象访问
private	public	private，但不可直接访问	不可直接访问
protected	public	protected	不可直接访问
public	public	public	可以直接访问
private	private	private，但不可直接访问	不可直接访问
protected	private	private	不可直接访问
public	private	private	不可直接访问
private	protected	private，但不可直接访问	不可直接访问
protected	protected	protected	不可直接访问
public	protected	protected	不可直接访问

8.2.1　公有继承方式 public

当类的继承方式为 public 时，基类的 public 成员和 protected 成员被继承到派生类中后变为派生类的 public 成员和 protected 成员，派生类的其他成员可以直接访问它们；基类中的 private 成员被继承到派生类中后仍然是 private 成员，且派生类的其他成员无法直接访问它。

在派生类外部，通过派生类对象可以访问从基类继承来的 public 成员，但不可访问从基类继承来的 protected 成员和 private 成员。

例 8-2　公有继承应用实例。

程序如下：

```
#include<iostream.h>
//基类
class Base
{
private:
    int a;
protected:
    int b;
public:
    void setB (int x,int y)
    {
        a=x;
        b=y;
    }
void dispB ()
    {
        cout<<a<<","<<b<<endl;
    }
};
//派生类
class Derived:public Base
{
private:
    int p;
protected:
    int q;
public:
    void setD (int x,int y)
    {
        a=x;            //不可直接访问基类中的 private 成员
        b=y;            //基类中的 protected 成员在派生类中还是 protected 成员，可以访问
        setB(x,y);      //基类中的 public 成员在派生类中还是 public 成员，可以访问
        p=2*x;
        q=2*y;
    }
    void dispD()
```

```
    {
        dispB();                //基类中的 public 成员在派生类中还是 public 成员，可以访问
        cout<<p<<","<<q<<endl;
    }
};
void main()
{
    Derived dVar;
    dVar.a=10;                  //错误，不可直接访问
    dVar.b=20;                  //错误，不可直接访问
    dVar.setB(1,2);             //可以访问
    dVar.dispB();               //可以访问
    dVar.setD(10,20);
    dVar.dispD();
}
```

图 8-4 给出了例 8-2 中 public 继承方式下成员访问权限的控制。

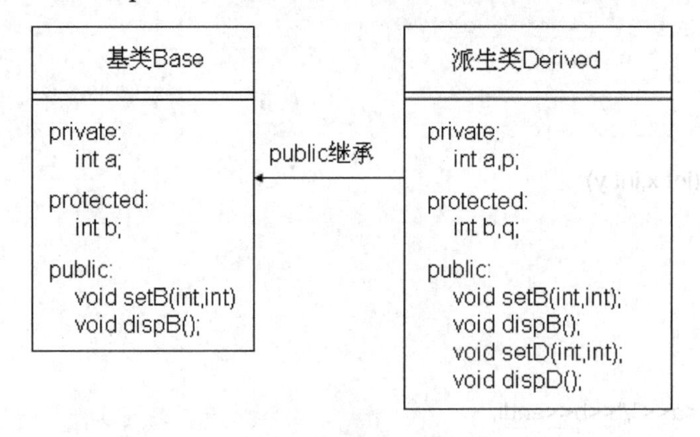

图 8-4　公有继承方式

注意：基类中的 private 成员虽然被派生类继承，但它只能被基类内部的其他成员直接访问，而不能被派生类中其他成员访问。

8.2.2　私有继承方式 private

当类的继承方式为 private 时，基类的 public 成员和 protected 成员被继承到派生类中后变为派生类的 private 成员，派生类的其他成员可以直接访问它们；基类的 private 成员被继承到派生类中后仍然是 private 成员，但派生类的其他成员不可以直接访问它。

在派生类外部，不允许通过派生类对象访问从基类继承来的任何成员。

例 8-3　私有继承应用实例。

程序如下：

```
#include<iostream.h>
//基类
class Base
```

```
{
private:
      int a;
protected:
      int b;
public:
      void setB (int x,int y)
      {
            a=x;
            b=y;
      }
      void dispB ()
      {
            cout<<a<<","<<b<<endl;
      }
};
//派生类
class Derived:private Base
{
private:
      int p;
protected:
      int q;
public:
      void setD (int x,int y)
      {
            a=x;                //不可直接访问基类中的 private 成员
            b=y;                //基类中的 protected 成员在派生类中变为 private 成员，可以访问
            setB(x,y);          //基类的 public 成员在派生类中变为 private 成员，可以访问
            p=2*x;
            q=2*y;
      }

      void dispD()
      {
            dispB();
            cout<<p<<","<<q<<endl;
      }
};
void main()
{
      Derived dVar;
      dVar.a=10;               //错误，不可直接访问
      dVar.b=20;               //错误，不可直接访问
      dVar.setB(1,2);          //错误，不可直接访问
      dVar.dispB();            //错误，不可直接访问
      dVar.setD(10,20);
      dVar.dispD();
}
```

图 8-5 给出了例 8-3 中 private 继承方式下成员访问权限的控制。

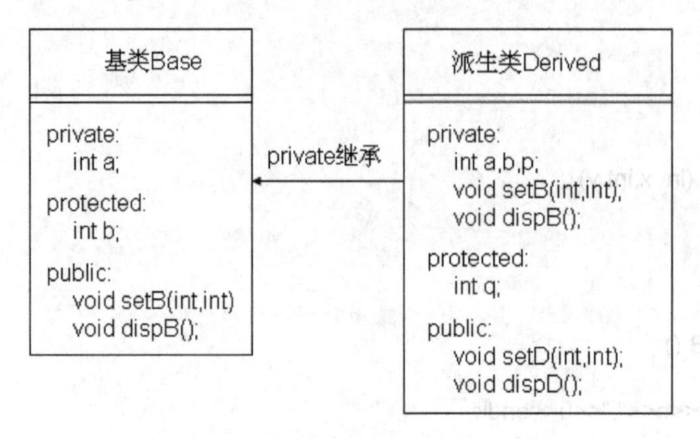

图 8-5　私有继承方式

经过私有继承之后，基类中的所有成员都变为派生类中的私有成员。此时，如果进一步派生，则基类中的成员无法在新的派生类中被访问。因此，私有继承之后，基类中的成员再也无法在以后的派生类中发挥作用，相当于终止了基类功能的继续派生。

8.2.3　保护继承方式 protected

当类的继承方式为 protected 时，基类中的 public 成员和 protected 成员被继承到派生类中后变为派生类的 protected 成员，派生类中的其他成员可以直接访问它们；基类的 private 成员被继承到派生类中后仍然是 private 成员，且派生类的其他成员不可以直接访问它。

在派生类外部，通过派生类对象不可以访问基类中的任何成员。

将例 8-3 中派生类 Derived 的继承方式改为 protected，则基类中的成员被继承到派生类中，访问权限的控制如图 8-6 所示。

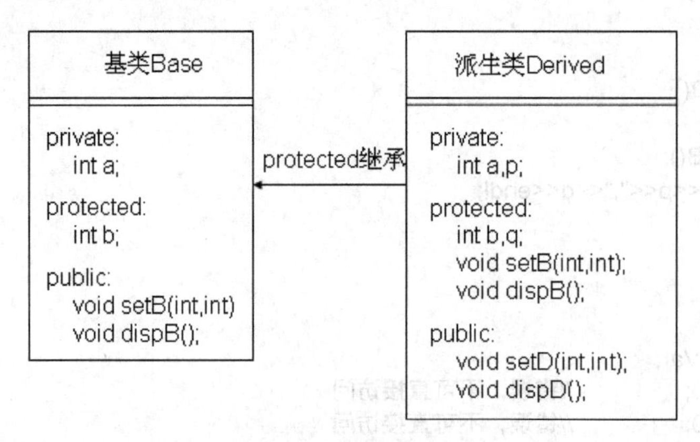

图 8-6　保护继承方式

比较私有继承方式和保护继承方式可以看出，在直接派生类中，所有成员的访问权限都是完全相同的，但是，如果派生类作为新的基类继续派生，两者就出现了差别。假设类 B 以私有继承方式继承了类 A 后，又派生出类 C，那么类 C 中的成员和对象不能访问间接

从类 A 中继承来的成员。如果类 B 是以保护继承方式继承了类 A，那么类 A 中的公有和保护成员在类 B 中都是保护的，类 B 再派生出类 C 后，类 C 中的成员则有可能访问间接从类 A 中继承来的成员。

8.3　派生类的构造函数和析构函数

8.3.1　派生类的构造函数

派生类中的成员由从基类中继承下来的成员和在派生类中新增加的成员组成。由于构造函数不能够继承，所以在定义派生类的构造函数时，除了需要对新增加的数据成员进行初始化外，还必须调用基类的构造函数，使基类中的数据成员也得以初始化。如果派生类中还有子对象，还应调用子对象的构造函数，使子对象中的数据成员也得以初始化。

派生类构造函数的定义格式如下：

```
派生类名(派生类构造函数参数表):基类构造函数(参数表),子对象构造函数(参数表)
{
    //派生类中新增成员初始化
}
```

派生类构造函数的调用顺序为：

（1）调用基类的构造函数。

（2）如果存在子对象，调用子对象的构造函数。

（3）调用派生类的构造函数。

例 8-4　分析以下程序的运行结果。

程序如下：

```
#include<iostream.h>
//基类
class A
{
private:
    int x;
public:
    A(int a)
    {
        x=a;
        cout<<"类 A 的构造函数"<<endl;
    }
    void dispA()
    {
        cout<<x<<endl;
    }
};
```

```
//派生类
class B:public A
{
private:
    int y;
public:
    //派生类构造函数
    B(int a,int b):A(a)
    {
        y=b;
        cout<<"类 B 的构造函数"<<endl;
    }
    void dispB()
    {
        dispA();
        cout<<y<<endl;
    }
};
void main()
{
    cout<<"程序开始运行"<<endl;
    B obj(10,20);
    obj.dispB();
    cout<<"程序运行结束"<<endl;
}
```

程序的运行结果如图 8-7 所示。

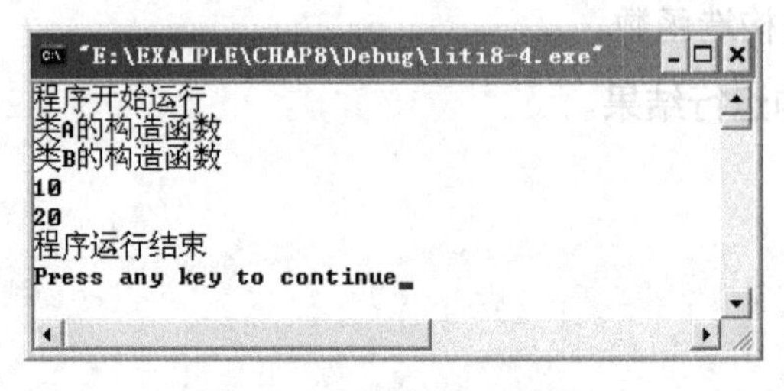

图 8-7　程序的运行结果

分析：

（1）派生类 B 的构造函数如下：

```
B(int a,int b):A(a)
{
    //…
}
```

该构造函数有两个参数：a 用来初始化基类 A 中的数据成员 x，b 用来初始化派生类 B 中的数据成员 y。

（2）定义派生类构造函数时，只需要对本类中新增成员进行初始化，对继承来的基类成员的初始化由基类完成。

（3）从运行结果中可以看出，构造函数的调用顺序为先调用基类 A 的构造函数，后调用派生类 B 的构造函数。

注意：如果基类中有默认的构造函数或者没有构造函数，则在派生类构造函数的定义中，可以省略对基类构造函数的调用，而使用默认构造函数初始化基类中的数据成员。当基类的构造函数使用一个或多个参数时，派生类必须定义构造函数，提供将参数传递给基类构造函数的途径。

例 8-5　分析以下程序的运行结果。

程序如下：

```
#include<iostream.h>
class A
{
private:
    int x1;
public:
    A()
    {
        x1=0;
        cout<<"A Constructor1"<<endl;
    }
    A(int i)
    {
        x1=i;
        cout<<"A Constructor2"<<endl;
    }
    void disp()
    {
        cout<<"x1="<<x1<<endl;
    }
};
class B
{
    int x2;
public:
    B()
    {
        x2=0;
        cout<<"B Constructor1"<<endl;
    }
    B(int i)
    {
        x2=i;
        cout<<"B Constructor2"<<endl;
    }
    void disp()
    {
```

```
            cout<<"x2="<<x2<<endl;
        }
};
class C:public A
{
private:
        int x3;
        B b1;
public:
        C()
        {
            x3=0;
            cout<<"C Constructor1"<<endl;
        }
        C(int x,int y,int z):A(x),b1(y)
        {
            x3=z;
            cout<<"C Constructor2"<<endl;
        }
        void disp()         //成员函数的覆盖
        {
            //调用基类的 disp()成员函数
            A::disp();
            b1.disp();
            cout<<"x3="<<x3<<endl;
        }
};
void main()
{
        C c1;
        c1.disp();
        C c2(1,2,3);
        c2.disp();
}
```

程序的运行结果如图 8-8 所示。

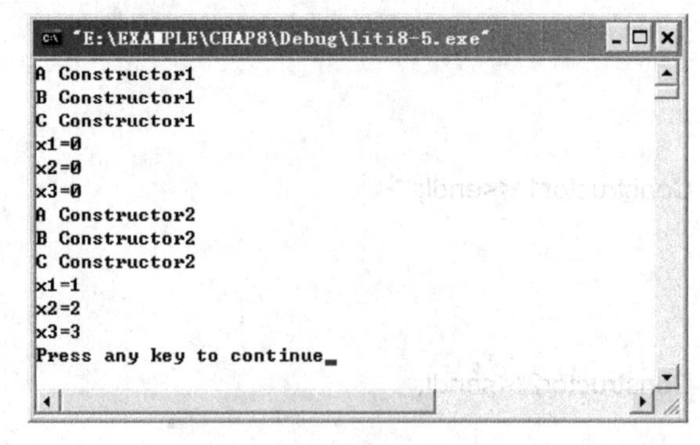

图 8-8　构造函数调用顺序

分析：

（1）本例中，类 A 和类 C 之间存在继承关系，类 A 为基类，类 C 为派生类。类 B 的对象 b1 是类 C 中的数据成员，因此类 B 和类 C 之间存在组合关系。

（2）基类 A 定义了两个构造函数：

```
A();
A(int i);
```

类 B 中也定义了两个构造函数：

```
B();
B(int i);
```

说明：

❶ 派生类 C 中的第一个构造函数没有显式地调用基类 A 和子对象 b1 的构造函数，但它却隐式地调用了基类 A 中的无参构造函数 A()和子对象 b1 的无参默认构造函数 B()。由于不需要任何参数，所以可以在派生类的构造函数中省去对它们的调用。

❷ 派生类C中的第二个构造函数显示地调用基类A和子对象b1的带参数的构造函数，将参数 x 的值传递给基类 A 的构造函数初始化基类中的 x1 成员，将参数 y 的值传递给子对象 b1 的构造函数初始化子对象中的 x2 成员。

（3）在 C++语言中，派生类中的成员函数可以与基类中的成员函数有相同的名称和参数表，由于作用域不同，会发生成员函数的覆盖。在本例中，基类 A 中有一个成员函数 disp()，派生类 C 中也有一个成员函数 disp()，同名同参数，发生同名覆盖。这时通过派生类 C 的对象 c1 或 c2 调用成员函数 disp()时，调用的是派生类中的 disp()函数；通过基类 A 的对象调用成员函数 disp()时，调用的是基类中的 disp()函数。如果派生类的成员函数 disp()要调用相同名称的基类成员函数 disp()，则必须使用成员名限定法，即使用"A::disp()";语句指明调用的是基类 A 的 disp()函数。

8.3.2　派生类的析构函数

和构造函数一样，析构函数也不能被继承，因此在执行派生类的析构函数时，基类的析构函数也将被调用，其执行顺序与构造函数的执行顺序正好相反。派生类析构函数的调用顺序为：

（1）执行派生类的析构函数。

（2）调用子对象的析构函数，按类声明中子对象出现的逆序调用。

（3）调用基类的析构函数。

例 8-6　分析以下程序的运行结果。

程序如下：

```
#include<iostream.h>
class A
{
public:
```

```
    A()
    {
        cout<<"A Constructor"<<endl;
    }
    ~A()
    {
        cout<<"A Destructor"<<endl;
    }
};
class B
{
public:
    B()
    {
        cout<<"B Constructor"<<endl;
    }
    ~B()
    {
        cout<<"B Destructor"<<endl;
    }
};
class C:public A
{
private:
    B b1;
public:
    C()
    {
        cout<<"C Constructor"<<endl;
    }
    ~C()
    {
        cout<<"C Destructor"<<endl;
    }
};
void main()
{
    cout<<"main begin..."<<endl;
    C c1;
    cout<<"main end..."<<endl;
}
```

程序的运行结果如图 8-9 所示。

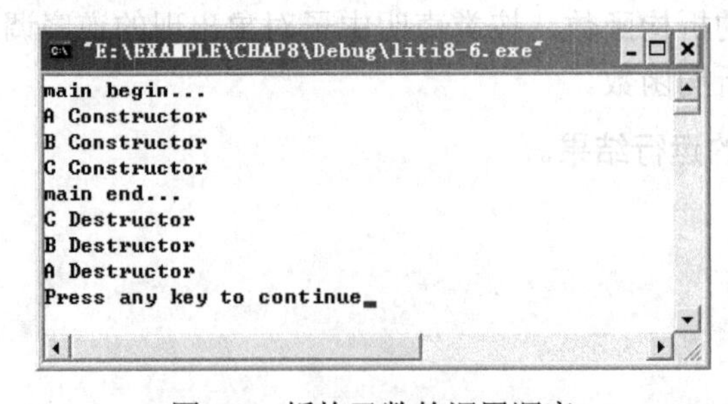

图 8-9　析构函数的调用顺序

分析：

（1）构造函数的调用顺序为：先调用基类 A 的构造函数，再调用子对象的构造函数，最后调用派生类 C 的构造函数。

（2）析构函数的调用顺序为：先调用派生类 C 的析构函数，再调用子对象的析构函数，最后调用基类 A 的析构函数，刚好与构造函数相反。

8.4　多 重 继 承

多重继承中，派生类具有多个直接基类，但派生类与每个基类之间的关系仍可看做是单一继承。因此，多重继承可以看做是单一继承的扩展。

8.4.1　多重继承的定义

多重继承的定义格式如下：

```
class 派生类名：继承方式 1 基类名 1，继承方式 2 基类名 2，…
{
      //派生类新增数据成员和成员函数
}
```

其中，继承方式有同样包括私有继承方式 private、保护继承方式 protected 和公有继承方式 public 3 种。每种继承方式都只能限制紧随其后的基类的继承。

例 8-7　多重继承示例。

程序如下：

```
#include<iostream.h>
class Base1
{
protected:
      int iVar1;
public:
      void show_1()
      {
            cout<<iVar1<<endl;
      }
};
class Base2
{
protected:
      int iVar2;
public:
      void show_2()
      {
            cout<<iVar2<<endl;
```

```
    }
};
class Derived:public Base1,public Base2
{
public:
    void set(int ix,int iy)
    {
        iVar1=ix;
        iVar2=iy;
    }
};
void main()
{
    Derived dVar;
    dVar.set(19,30);
    dVar.show_1();
    dVar.show_2();
}
```

程序运行结果为：

```
19
30
```

在该例中，派生类 Derived 有两个基类 Base1 和 Base2，因此是多重继承。派生类 Derived 包含了基类 Base1 和 Base2 的成员以及该类本身的成员。

如果例 8-7 所示代码中，基类 Base2 前省略了继承方式，则意味着是私有继承，因此以下代码片段中：

```
class Derived:public Base1，Base2
{
};
```

派生类 Derived 以公有方式继承基类 Base1，而以私有方式继承基类 Base2。

8.4.2 多重继承的构造函数

多重继承下派生类的构造函数与单一继承下派生类的构造函数相似，除了需要对自身的数据成员进行初始化外，还必须负责调用基类构造函数使基类的数据成员得以初始化。如果派生类中有子对象，还应该调用对子对象进行初始化的构造函数。派生类构造函数的定义格式如下：

```
派生类名(参数表):基类名 1(参数表 1),基类名 2(参数表 2),…,基类名 n(参数表 n), 子对象 1(子对象参数),…,子对象 m(子对象参数 m)
{
    //派生类新增成员的初始化语句;
}
```

注意： 在派生类构造函数的参数表中，给出了初始化基类数据、新增子对象数据及新增一般成员数据所需的全部参数。在生成派生类对象时，系统会使用这里列出的参数，来调用基类和子对象的构造函数。

派生类构造函数的执行顺序如下：

（1）调用基类的构造函数，多个基类则按派生类声明时的次序从左到右依次调用，而不是初始化列表中的次序。

（2）调用子对象的构造函数，按类声明中对象成员出现的次序进行调用，而不按初始化列表中的次序进行调用。

（3）执行派生类的构造函数。

例 8-8　派生类构造函数的调用顺序。

程序如下：

```
#include<iostream.h>
class Base1
{
protected:
	int iVar1;
public:
	Base1(int ix)
	{
		iVar1=ix;
		cout<<"调用基类 Base1 的构造函数"<<endl;
	}
	void show_1()
	{
		cout<<iVar1<<endl;
	}
};
class Base2
{
protected:
	int iVar2;
public:
	Base2(int ix)
	{
		iVar2=ix;
		cout<<"调用基类 Base2 的构造函数"<<endl;
	}
	void show_2()
	{
		cout<<iVar2<<endl;
	}
};
class Derived:public Base1,public Base2
{
```

```
    int   iVar3;
public:
    Derived(int ix,int iy,int iz):Base2(ix),Base1(iy)
    {
        iVar3=iz;
        cout<<"调用派生类的构造函数"<<endl;
    }
    void display()
    {
        show_1();
        show_2();
        cout<<iVar3<<endl;
    }
};
void main()
{
    Derived dVar(10,20,30);
    dVar.display();
}
```

程序的输出结果如图 8-10 所示。

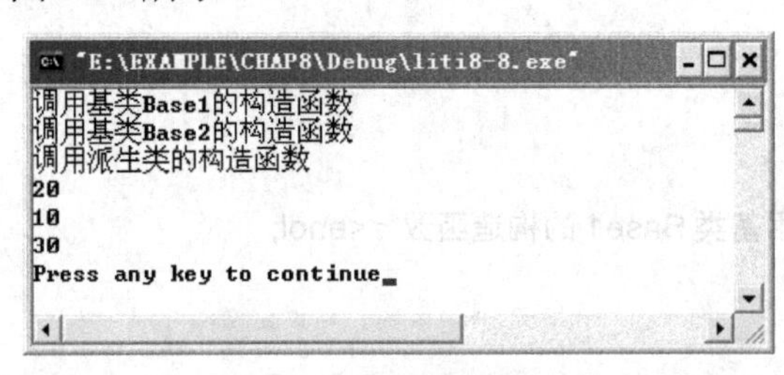

图 8-10　多重继承下构造函数的调用顺序

在例 8-8 中，派生类 Derived 的构造函数的首部如下：

```
Derived(int ix,int iy,int iz):Base2(ix),Base1(iy)
```

该构造函数有 3 个参数，Base2(ix)初始化了基类 Base2 的数据成员 iVar2，Base1(iy)初始化了基类 Base1 的数据成员 iVar1。构造函数的执行顺序为：

（1）调用基类构造函数 Base1(iy)和 Base2(ix)，其调用顺序为它们被继承时声明的顺序。

（2）执行派生类构造函数体中的内容。

注意：多重继承的析构函数的执行顺序与多重继承的构造函数的执行顺序相反。

8.5　虚　基　类

8.5.1　多重继承中的二义性

一般说来，在派生类中对基类成员的访问应该是唯一的，但是，在多重继承情况下，

若多个基类之间存在同名成员，则可能出现对基类中某成员的访问不唯一的情况，这就是对基类成员访问的二义性问题。

例 8-9　多重继承中访问基类同名成员带来的二义性问题。

程序如下：

```
#include <iostream.h>
class Base1
{
public:
      void disp()
      {
            cout<<"Base1"<<endl;
      }
};
class Base2
{
public:
      void disp()
      {
            cout<<"Base2"<<endl;
      }
};
class Derived:public Base1,public Base2
{
};
void main()
{
      Derived dVar;
      dVar.disp();     //存在二义性
}
```

例 8-9 中派生类的继承如图 8-11 所示。

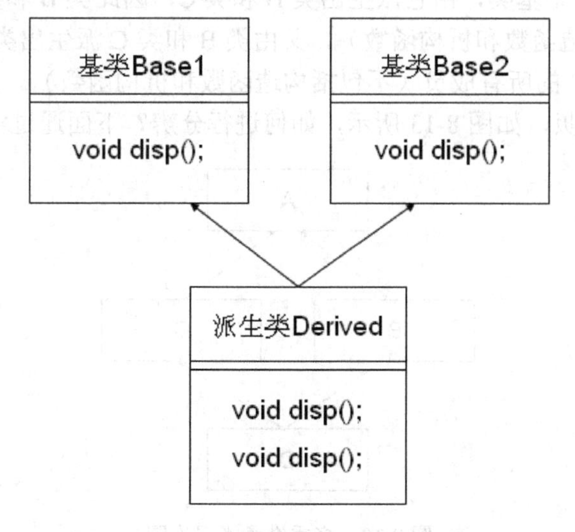

图 8-11　派生类和基类的继承关系

类Base1和类Base2之间没有任何继承与被继承关系，但二者中有同名、同参数的成员函数disp()。如果类Derived从类Base1和类Base2继承而来，那么在类Derived中将有两个同名、同参数的成员函数disp()，则在函数main()中通过派生类对象dVar调用函数disp()时会产生二义性问题。此时，编译器不知道该调用哪一个disp()函数，是类Base1的还是类Base2的。

可通过成员名限定法来消除多重继承中的二义性，如：

```
dVar.Base1::disp();
```

或者

```
dVar.Base2::disp();
```

而最好的解决办法是在类Derived中定义一个同名、同参数的成员函数disp()，由disp()根据需要来决定调用Base1::disp()、Base2::disp()或两者皆有。如：

```
class Derived:public Base1,public Base2
{
public：
	void disp()
	{
		Base1::disp();
		cout<<"Derived"<<endl;
	}
};
void main()
{
	Derived dVar;
	dVar.disp();			//这时调用的是Derived类中的disp()成员函数
}
```

当同一基类中的成员在其派生类中出现多份拷贝时，也会产生多重继承的二义性问题。如图8-12所示，类A是基类，由它派生出类B和类C，因此类B和类C中都拥有类A的所有成员（不包括构造函数和析构函数），又由类B和类C派生出类D（多重继承），则类D拥有类B和类C的所有成员（不包括构造函数和析构函数）。这时类A中的成员会在类D中出现两个拷贝，如图8-13所示，如何进行分辨？下面通过实例来说明。

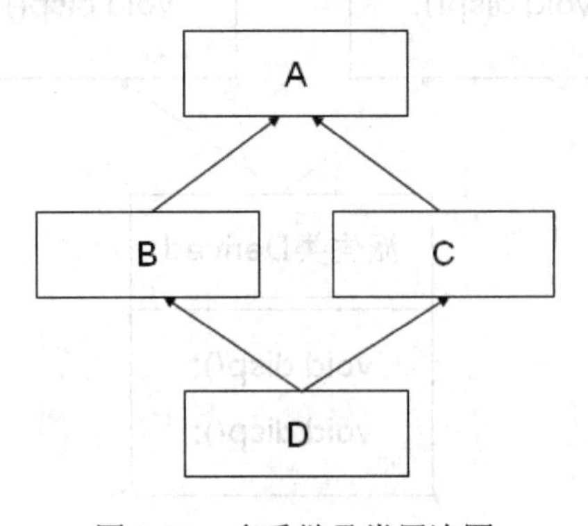

图8-12 多重继承类层次图

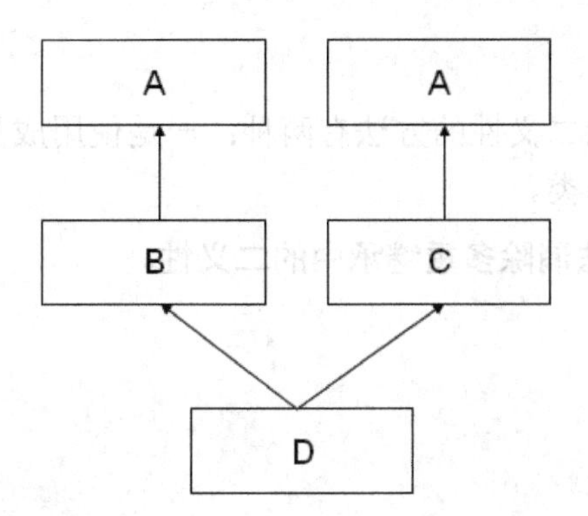

图 8-13　派生类中包含同一基类的两个拷贝

例 8-10　分析以下程序的运行结果。

程序如下：

```
#include <iostream.h>
class A
{
public:
    int x;
};
class B:public A
{
public:
    int y;
};
class C:public A
{
public:
    int z;
};
class D:public B,public C
{
public:
    int m;
    void disp()
    {
        x=10;      //产生二义性
        y=20;
        z=30;
        m=40;
        cout<<x<<","<<y<<","<<z<<","<<m<<endl;      //产生二义性
    }
};
void main()
{
    D d1;
    d1.disp();
```

```
}
```

该程序编译报错，消除二义性的方法有两种：一是使用成员名限定法来唯一标识并分别访问它们；二是使用虚基类。

例 8-11　使用成员名限定法消除多重继承中的二义性。

程序如下：

```
#include <iostream.h>
class A
{
public:
	int x;
};
class B:public A
{
public:
	int y;
};
class C:public A
{
public:
	int z;
};
class D:public B,public C
{
public:
	int m;
	void disp()
	{
		B::x=10;
		C::x=15;
		y=20;
		z=30;
		m=40;
		cout<<B::x<<","<<C::x<<","<<y<<","<<z<<","<<m<<endl;
	}
};
void main()
{
	D d1;
	d1.disp();
}
```

程序运行结果为：

```
10,15,20,30,40
```

由输出结果可以看出，在类 D 中包含了基类 A 的两个不同拷贝，如图 8-14 所示。

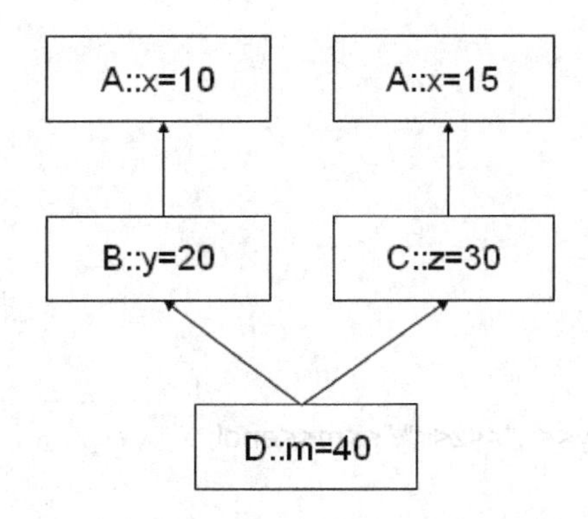

图 8-14　类 D 中包含基类 A 的两个拷贝

如果希望类 A 中的成员 x 通过不同的路径到达类 D 中时只存在一个拷贝，而不是两个，则应使用虚基类。

8.5.2　虚基类

虚基类是指当基类被继承时，在基类的继承方式前加上关键字 virtual。虚基类的声明格式如下：

```
class 派生类：virtual 继承方式 基类名
{
};
```

其中，virtual 是虚基类的关键字。使用虚基类进行派生类声明时内存中基类成员只会存在一份拷贝。

例 8-12　使用虚基类消除多重继承中的二义性。

程序如下：

```
#include<iostream.h>
class A
{
public:
      int x;
};
class B:virtual public A
{
public:
      int y;
};
class C:virtual public A
{
public:
      int z;
};
class D:public B,public C
```

```
{
public:
	int m;
	void disp()
	{
		x=10;
		y=20;
		z=30;
		m=40;
		cout<<x<<","<<y<<","<<z<<","<<m<<endl;
	}
};
void main()
{
	D d1;
	d1.disp();
}
```

程序运行结果为：

```
10,20,30,40
```

虽然类 B 和类 C 是由基类 A 派生而来，但由于引入了虚基类，其类继承层次如图 8-15 所示，这时数据成员 x 在内存中只有一份拷贝，无论是 B::x 还是 C::x，其结果都是一样的，所以可以用 x 直接访问其值。

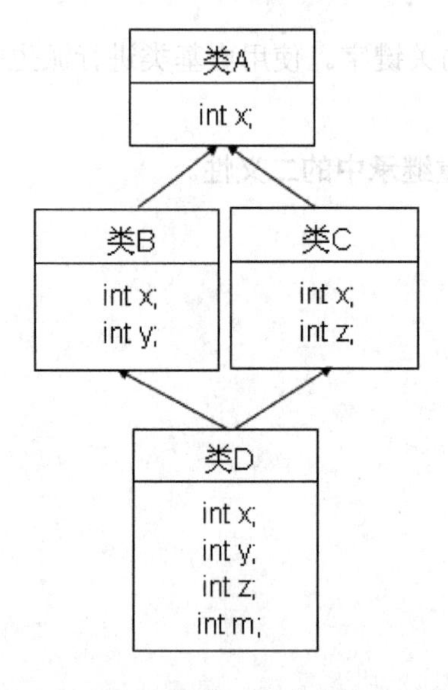

图 8-15　引入虚基类后派生类的继承关系

注意： 虚基类不是在声明基类时声明的，而是在声明派生类和指定继承方式时声明的。这是因为一个基类可以在生成一个派生类时作为虚基类，而在生成另一个派生类时不作为虚基类。

8.5.3 虚基类及其派生类的构造函数

在多重继承的情况下，将派生类实例化为对象时，构造函数的调用顺序如下：

（1）调用虚基类的构造函数，多个虚基类则按派生类声明时列出的次序，从左到右依次调用。

（2）调用基类的构造函数，多个基类则按派生类声明时列出的次序，从左到右依次调用，而不是按初始化列表中的次序进行调用。

（3）调用派生类中子对象的构造函数，按子对象出现的次序依次调用，而不是按初始化列表中的次序进行调用。

（4）执行派生类的构造函数。

例 8-13 分析以下程序的运行结果。

程序如下：

```
#include<iostream.h>
class A
{
public:
	A()
	{
		cout<<"类 A 的构造函数"<<endl;
	}
	~A()
	{
		cout<<"类 A 的析构函数"<<endl;
	}
};
class B
{
public:
	B()
	{
		cout<<"类 B 的构造函数"<<endl;
	}
	~B()
	{
		cout<<"类 B 的析构函数"<<endl;
	}
};
class C:virtual public A
{
public:
	C()
	{
		cout<<"类 C 的构造函数"<<endl;
	}
```

```
    ~C()
    {
        cout<<"类 C 的析构函数"<<endl;
    }
};
class D:virtual public A
{
public:
    D()
    {
        cout<<"类 D 的构造函数"<<endl;
    }
    ~D()
    {
        cout<<"类 D 的析构函数"<<endl;
    }
};
class E
{
public:
    E()
    {
        cout<<"类 E 的构造函数"<<endl;
    }
    ~E()
    {
        cout<<"类 E 的析构函数"<<endl;
    }
};
class F:public B,public C,public D
{
private:
    E eVar;
public:
    F()
    {
        cout<<"类 F 的构造函数"<<endl;
    }
    ~F()
    {
        cout<<"类 F 的析构函数"<<endl;
    }
};
void main()
{
    F fVar;
    cout<<"程序结束！"<<endl;
}
```

该程序中，各类之间构成的类层次如图 8-16 所示。

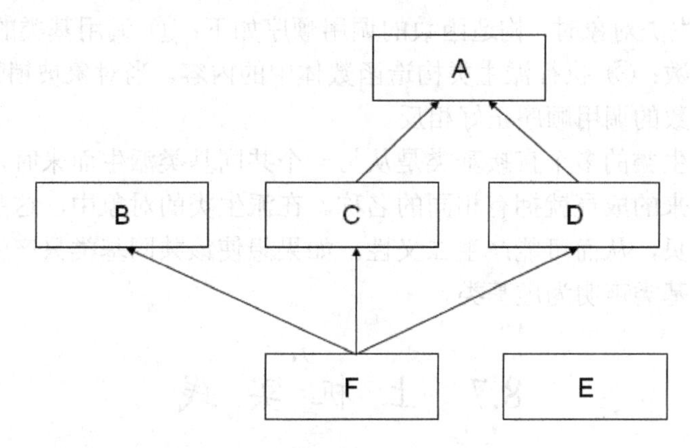

图 8-16　各类之间构成的类层次

程序的运行结果如图 8-17 所示。

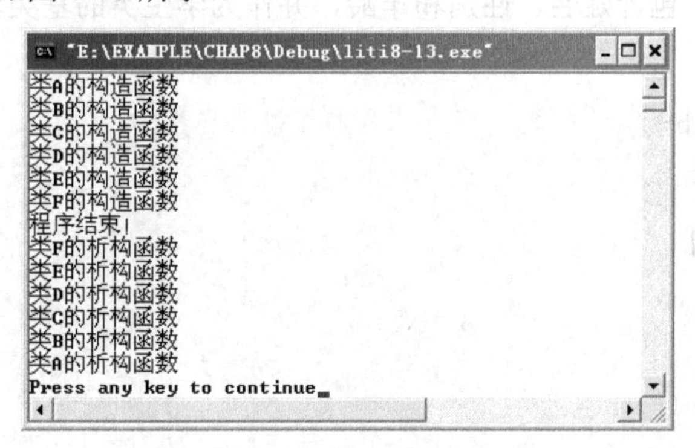

图 8-17　程序的运行结果

从运行结果可以看到，虚基类 A 的构造函数只调用了一次。

思考：如果将例 8-13 中的 virtual 关键字去掉，运行结果又将如何？请读者自行分析。

8.6　小　　结

代码复用是 C++语言中最重要的性能之一，它是通过类继承机制来实现的。通过类继承，可以复用基类的代码，并可以在继承类中增加新代码或者覆盖基类的成员函数，为基类成员函数赋予新的意义，实现最大限度的代码复用。

（1）C++中有两种继承：单一继承和多重继承。本章详细介绍了单一继承和多重继承中派生类的声明格式。

（2）类的继承方式有公有继承（public）、保护继承（protected）和私有继承（private）3 种，不同的继承方式下，原来具有不同访问权限的基类成员在派生类中的访问权限会有所不同。

（3）派生类不能继承基类中的构造函数和析构函数。当基类含有带参数的构造函数时，派生类必须定义构造函数，以提供把参数传递给基类构造函数的途径。

（4）在定义派生类对象时，构造函数的调用顺序如下：① 调用基类的构造函数；② 调用子对象的构造函数；③ 执行派生类构造函数体中的内容。当对象被销毁时，析构函数的调用顺序与构造函数的调用顺序正好相反。

（5）当某个派生类的多个直接基类是从另一个共同基类派生而来时，这些直接基类中从上一级基类继承来的成员就拥有相同的名称。在派生类的对象中，这些同名成员在内存中同时拥有多个拷贝，从而可能产生二义性。如果想使该共同基类只产生一个拷贝，则在声明派生类时将该基类声明为虚基类。

8.7 上机实践

1．创建一个学生类（Student），包括学号和成绩，编程输入和显示学生的信息。建立一个人类（Person），包含姓名、性别和年龄，并作为学生类的基类。

源代码如下：

```
#include <iostream.h>
class Person
{
	char name[10];
	char sex;
	int age;
public:
	void input()
	{
		cout<<"请输入姓名：";
		cin>>name;
		cout<<"请输入性别：";
		cin>>sex;
		cout<<"请输入年龄：";
		cin>>age;
	}
	void display()
	{
		cout<<"姓名："<<name<<"，性别："<<sex<<"，年龄："<<age<<endl;
	}

};
class Student:public Person
{
	char sno[10];
	int score;
public:
	void input()
	{
```

```
            Person::input();
            cout<<"请输入学号：";
            cin>>sno;
            cout<<"请输入成绩：";
            cin>>score;
        }
        void display()
        {
            Person::display();
            cout<<"学号："<<sno<<"，成绩："<<score<<endl;
        }
};
void main()
{
        Student s1;
        s1.input();
        s1.display();
}
```

2．完成代码，识别和修正其中的错误。

源代码如下：

```
#include<iostream.h>
class application
{
protected:
        char appcode[4];
        int storagespace;
public:
        void getapp();
        void showapp()
};
class spellcheck:public application
{
protected:
        char lang[5];
public:
        void getspell();
        void showspell();
};
class calculator:virtual application
{
protected:
        int noofoperations;
public:
        void getcal();
        void showcal();
};
class spreadsheet:public spellchecker,calculator
```

```
{
private:
    int noofsheets;
public:
    void getsheet();
    void showsheet();
};
void main()
{
    spreadsheet s;
    s.getsheet();
    s.showsheet();
}
```

习　题

一、单项选择题

1．下列关于继承的描述，正确的是（　　）。

A．继承不是类之间的一种关系

B．C++语言仅支持单一继承

C．继承会增加程序的冗余性

D．继承是面向对象方法中一个很重要的特性

2．下列对派生类的描述中，错误的是（　　）。

A．派生类至少有一个基类

B．派生类可作为另一个派生类的基类

C．派生类除了包含它直接定义的成员外，还包含其基类的成员

D．派生类所继承的基类成员的访问权限保持不变

3．派生类对象可访问的基类成员是（　　）。

A．公有继承方式的基类的公有成员　　B．公有继承方式的基类的保护成员

C．保护继承方式的基类的公有成员　　D．保护继承方式的基类的保护成员

4．当派生类中有和基类一样名字的成员时，一般来说（　　）。

A．将产生二义性　　B．派生类的同名成员将覆盖基类的成员

C．是不能允许的　　D．基类的同名成员将覆盖派生类的成员

5．在定义一个派生类时，若不使用关键字显式地规定采用何种继承方式，则默认为（　　）方式。

A．私有继承　　B．非私有继承　　C．保护继承　　D．公有继承

6．C++中的虚基类机制可以保证（　　）。

A．限定基类只通过一条路径派生出派生类

B．允许基类通过多条路径派生出派生类，派生类也就能多次继承该基类

C．当一个类多次间接从基类派生以后，派生类对象能保留多份间接基类的成员

D．当一个类多次间接从基类派生以后，其基类只被一次继承

7．下列关于派生类构造函数和析构函数的说法中，错误的是（　　）。

A．派生类的构造函数会隐含调用基类的构造函数

B．如果基类中没有默认的构造函数，那么派生类必须定义构造函数

C．在建立派生类对象时，先调用基类的构造函数，再调用派生类的构造函数

D．在销毁派生类对象时，先调用基类的析构函数，在调用派生类的析构函数

8．以下叙述错误的是（　　）。

A．基类的保护成员在公有派生类中仍然是保护成员

B．基类的保护成员在派生类中仍然是保护成员

C．基类的保护成员在私有派生类中是私有成员

D．基类的保护成员不能被派生类的对象访问

二、填空题

1．派生类的构造函数的初始化表中，通常应包含基类构造函数和__________构造函数。

2．请将下列类声明补充完整。

```
class Base
{
public:
    void fun()
    {
        cout<<"Base::fun"<<endl;
    }
};
class Derived:public Base
{
public:
    void fun()
    {
        ______________________________        //显示调用基类的fun()函数
        cout<<"Derived::fun"<<endl;
    }
};
```

3．基类和派生类的关系称为______________。

4．用来派生新类的类称为______________，而派生出的新类称为该类的子类或派生类。

5．如果一个派生类只有一个唯一的基类，则这样的继承关系称为______________。

三、程序分析题

分析以下程序的运行结果。

```
#include<iostream.h>
class A
```

```
{
private:
    int a;
public:
    void set(int x)
    {
        a=x;
    }
    void show()
    {
        cout<<"a="<<a<<",";
    }
};
class B:public A
{
private:
    int b;
public:
    void set(int x=0)
    {
        A::set(x);
        b=x;
    }
    void set(int x,iint y)
    {
        A::set(x);
        b=y;
    }
    void show()
    {
        A::show();
        cout<<"b="<<b<<endl;
    }
};
void main()
{
    B b;
    b.set(12);
    b.show();
    b.set(34,56);
    b.show();
}
```

第9章　动态多态性

多态性是面向对象程序设计的重要特征之一。所谓多态性，是指一个名字可以具有多种语义，具体表现为一个对外接口、多个内在实现方法。多态性分为静态多态性和动态多态性两种。第7章介绍了静态多态性，它是通过函数重载和运算符重载实现的。本章重点讨论动态多态性，它是通过虚函数实现的。

9.1　联编的概念

多态性是通过联编来实现的。所谓联编，是把函数调用与适当的函数代码相关联的动作，分为静态联编和动态联编。静态联编在程序执行前完成，在编译阶段决定执行哪个同名的被调用函数，其所支持的多态性称为编译时的多态性，也称静态多态性，是通过函数重载和运算符重载实现的；而动态联编是在执行阶段才能依据要处理的对象的类型来决定执行哪个类的成员函数，其所支持的多态性称为运行时的多态性，也称动态多态性，是通过继承和虚函数实现的。

例9-1　分析程序的运行结果。

程序如下：

```
#include<iostream.h>
class A
{
public:
      void print() {cout<<"This is A"<<endl;}
};
class B:public A
{
public:
      void print() {cout<<"This is B"<<endl;}
};
class C:public A
{
public:
      void print(){cout<<"This is C"<<endl;}
};
void fn(A &s)
{
   s.print();
}
void main()
```

```
{
    A a,*p;
    B  b;
    C  c;
    cout<<"通过对象调用 print():"<<endl;
    a.print();
    b.print();
    c.print();
    cout<<"通过对象的引用调用 print():"<<endl;
    fn(a);
    fn(b);
    fn(c);
    cout<<"通过指向对象的指针调用 print():"<<endl;
    p=&a;p->print();
    p=&b;p->print();
    p=&c;p->print();
    cout<<endl;
}
```

程序的运行结果如图 9-1 所示。

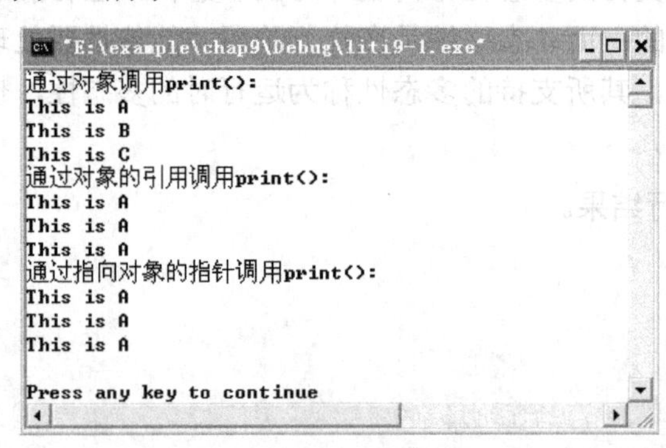

图 9-1　程序的运行结果

例 9-1 中程序在基类 A 中设计了一个成员函数 print()，在派生类 B 和 C 中也设计了同名的成员函数 print()，这种情况被称为隐藏，即在派生类中新增的 print()隐藏了从基类中继承的同名函数。

当通过对象来调用 print()时，a.print()调用的是类 A 的成员函数，输出结果为 This is A；执行 b.print()时，由于新增的成员函数隐藏了从基类中继承的同名成员函数，所以调用的是类 B 新增的同名成员函数，输出结果为 This is B；同样，c.print();调用的是类 C 新增的同名成员函数，输出结果为 This is C。这部分的结果与预期是完全一致的。

当通过函数 fn()中的引用和 main()中的指针来调用 print()时，输出的结果却出乎意料，这就是联编问题。在这里采用的是静态联编，即在编译时就确定了函数 fn(A &s)的参数 s 是类 A 对象的引用，同样指针 p 为类 A 对象的指针。所以在 main()中调用函数 fn()时，无论传递的实参是哪个类的对象，都会调用到类 A 的 print()。使用指针来调用 print()时，由于指针 p 是类 A 对象的指针，所以不管实际上 p 指向的是什么样的对象，都会调用类 A 的

print()。

该结果并不是我们想要的，我们希望的是，当通过类 B 对象的引用或指向类 B 对象的指针来调用 print()时，能够输出 This is B；同样，当通过类 C 对象的引用或指向类 C 对象的指针来调用 print()时，能够输出结果 This is C。

要想解决这一问题，必须采用动态联编，即在执行时才依据参数的类型来确定究竟调用哪个类的print()。虚函数是实现动态联编的基础。

9.2　虚　函　数

虚函数的作用是用来实现动态多态性。当编译器看到通过指针或引用调用此类函数时，对其执行动态联编，即通过指针（或引用）实际指向的对象的类型信息来决定执行哪个类的成员函数。通常此类指针或引用都声明为基类的，它可以指向基类或派生类的对象。

9.2.1　虚函数的声明

虚函数的定义格式如下：

```
virtual <类型说明符>   <函数名>(<参数表>)
{函数体}
```

说明：

❶ virtual 关键字声明的函数称为虚函数。

❷ 如果某类中的一个成员函数声明为虚函数，则意味着该成员函数在派生类中可能有不同的实现。在基类的派生类中就可以定义一个与其函数名、参数、返回值均相同的虚函数。

❸ 当通过指针或者引用来调用该虚函数时，将会采用动态联编的方式。

例 9-2　采用动态联编的方式重新实现例 9-1。

程序如下：

```
#include<iostream.h>
class A
{
public:
    virtual void print() {cout<<"This is A"<<endl;}
};
class B:public A
{
public:
    virtual void print() {cout<<"This is B"<<endl;}
};
class C:public A
{
public:
```

```
        virtual void print(){cout<<"This is C"<<endl;}
};
void fn(A &s)
{
    s.print();
}
void main()
{
        A a,*p;
        B   b;
        C   c;
        cout<<"通过对象调用 print():"<<endl;
        a.print();b.print();c.print();
        cout<<"通过函数调用 print():"<<endl;
        fn(a);fn(b);fn(c);
        cout<<"通过指向对象的指针调用 print():"<<endl;
        p=&a;p->print();
        p=&b;p->print();
        p=&c;p->print();
        cout<<endl;
}
```

程序的运行结果如图 9-2 所示。

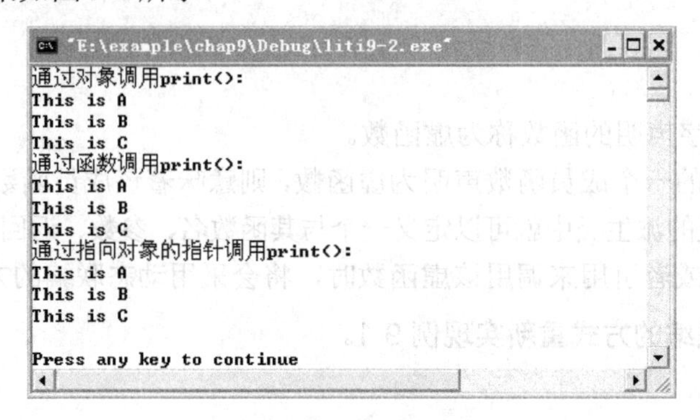

图 9-2　程序的运行结果

在本例中，基类 A 的成员函数 print()被声明为虚函数，在其派生类 B 和 C 中相应的函数也会自动变为虚函数。这样，在通过对象引用或指针来调用 print()时，会采用动态联编，也就是说，当执行语句“fn(b);”或者“fn(c);”时，会依据传递的实参的类型，决定究竟调用哪个类的成员函数。对于 fn(b)，由于 b 是类 B 的对象，所以自然会调用类 B 的 print()，fn(c)是同样的道理。通过指针来调用虚函数时，也是根据指针所指向的对象的实际类型来决定调用哪个类的 print()函数。

9.2.2　虚函数的调用

通过例 9-2 可以看到，在调用虚函数时，可以通过对象、指针和引用等方式。

当通过对象来调用虚函数时，调用到的虚函数是引用它的对象所在类中的虚函数，是

唯一确定的，因此不可能实现多态性。

而通过对象指针或引用来调用虚函数时，调用到的虚函数由对象指针或对象引用所关联的实际对象所决定。因此，对象指针或引用关联到不同类的对象时，调用到的虚函数就不同，实现了动态多态性。

由此可见，利用虚函数来实现动态多态性，需要做以下工作：首先，在基类中定义虚函数；然后，在派生类中定义与基类虚函数同名、同参数、同返回值类型的成员函数，但是函数体不同，以实现对不同对象的操作；最后，在 main()中通过对象指针或者引用来调用虚函数。

通过上面的学习，对虚函数有了一个基本的认识。在使用虚函数时，需要注意以下问题：

（1）虚函数必须是类的非静态成员函数，并且不能是构造函数，但可以是析构函数。普通函数不能声明为虚函数。

（2）定义基类中的虚函数之后，派生类中的虚函数必须与基类中的虚函数具有相同的函数原型，即除函数名相同外，函数形参和返回值都要完全相同。

（3）定义派生类中的虚函数时，可以省略关键字 virtual，但提倡不省略。

（4）实现动态多态性时，必须使用基类的指针或引用，使基类型指针或引用与不同派生类对象关联，然后调用虚函数。

例 9-3　设计基类 Circle，定义成员函数 area()，用来求圆的面积。然后由 Circle 派生出球类 Globe 和圆柱体类 Cylinder，并在两个派生类中定义成员函数 area()，用来求球和圆柱体的表面积。

程序如下：

```
#include<iostream.h>
const double PI=3.14;
class Circle
{
protected:
      double r;
public:
      Circle(){}
      Circle(double rr) { r=rr; }
      virtual double area()                //基类中的虚函数
      {
            return PI*r*r;
      }
      virtual void display()               //基类中的虚函数
      {
            cout<<"圆的半径为："<<r<<endl;
      }
};
class Globe:public Circle
{
public:
      Globe(double rr):Circle(rr){}
```

```
    virtual double area()                    //派生类中的虚函数与基类中的虚函数有不同的实现
    {
        return 4*PI*r*r;
    }
    virtual void display()                   //派生类中的虚函数与基类中的虚函数有不同的实现
    {
        cout<<"球的半径为："<<r<<endl;
    }
};
class Cylinder:public Circle
{
protected:
    double h;
public:
    Cylinder(){}
    Cylinder(double rr,double hh):Circle(rr)
    {
        h=hh;
    }
    virtual double area()                    //派生类中的虚函数与基类中的虚函数有不同的实现
    {
        return 2*PI*r*r+2*PI*r*h;
    }
    virtual void display()                   /派生类中的虚函数与基类中的虚函数有不同的实现
    {
        cout<<"圆柱体的底面半径为："<<r<<",高为："<<h<<endl;
    }
};
void fun(Circle &c)
{
    c.display();
}
void main()
{
    Circle cir(2),*p;
    Globe glo(3);
    Cylinder cyl(4,2);
    cout<<"通过对象来调用相应的虚函数："<<endl;            //这样的调用不会实现多态性
    cir.display();
    cout<<"圆的面积："<<cir.area()<<endl;
    glo.display();
    cout<<"球的表面积："<<glo.area()<<endl;
    cyl.display();
    cout<<"圆柱体的表面积："<<cyl.area()<<endl;
    cout<<"通过引用和指针来调用相应的虚函数："<<endl;      //实现多态性
    fun(cir);
    p=&cir;
    cout<<"圆的面积："<<p->area()<<endl;
    fun(glo);
```

```
    p=&glo;
    cout<<"球的表面积："<<p->area()<<endl;
    fun(cyl);
    p=&cyl;
    cout<<"圆柱体的表面积："<<p->area()<<endl;
}
```

9.3　纯虚函数和抽象类

很多情况下，基类中的虚函数无法给出有意义的实现，此时，可将基类中的虚函数定义为纯虚函数，其具体实现在派生类中完成。

9.3.1　纯虚函数

纯虚函数是一个在基类中声明的虚函数，它在该基类中没有定义具体的函数体，要求各派生类根据实际需要定义自己的版本，纯虚函数的声明格式如下：

```
virtual <类型说明符>   <函数名>(<参数表>)=0;
```

说明：由于纯虚函数没有函数体，所以在派生类中没有重新定义纯虚函数之前，是不能调用该函数的。

例 9-4　分析程序结果。

程序如下：

```
#include<iostream.h>
const double PI=3.14;
class Shape                                                  //定义一个图形类
{
public:
    virtual double area()=0;                                 //声明一个求面积的纯虚函数
    virtual void shapeName()=0;                              //声明一个输出图形名称的纯虚函数
};
class Circle:public Shape
{
private:
    double r;
public:
    Circle(){}
    Circle(double rr){r=rr;}
    virtual double area(){   return PI*r*r;}                 //在派生类中实现求面积的功能
    virtual void shapeName() {cout<<"This is a circle.";}   //在派生类中输出图形的名称
};
class Rectangle:public Shape
{
```

```
private:
    double x,y;
public:
    Rectangle(){}
    Rectangle(double xx,double yy){x=xx;y=yy;}
    virtual double area(){   return x*y;}                         //在派生类中实现求面积的功能
    virtual void shapeName() {cout<<"This is a Rectangle.";}   //在派生类中输出图形的名称
};
void main( )
{
    Shape *p;                                                      //基类指针
    Circle c(2);
    Rectangle r(3,4);
    p=&c;
    p->shapeName();
    cout<<"area="<<p->area()<<endl;
    p=&r;
    p->shapeName();
    cout<<"area="<<p->area()<<endl;
}
```

程序的运行结果如图 9-3 所示。

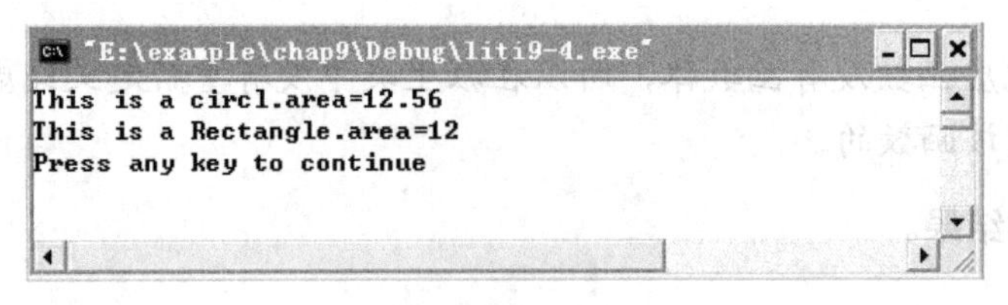

图 9-3　程序的运行结果

例 9-4 中，首先定义了一个基类 Shape，在定义这样一个类时，并不知道它具体代表什么样的图形，所以对于函数 area()和 shapeName()，无法给出有意义的实现，只有定义为纯虚函数。而在其派生类 Circle 或 Rectangle 中，就可以具体来实现这两个函数了。

9.3.2　抽象类

所谓抽象类是指至少有一个纯虚函数的类。例 9-4 中的类 Shape 就是一个抽象类，它仅表示一个抽象的图形概念，并不代表一类具体的图形。

对于抽象类的使用有以下规定：

（1）抽象类只能用作其他类的基类，不能建立抽象类对象。一个抽象类自身无法实例化，只能通过继承机制，生成抽象类的非抽象派生类，然后再实例化。

（2）抽象类派生出新的类以后，如果派生类给出了所有纯虚函数的实现，该派生类就不再是抽象类，因此可以声明自己的对象；反之，如果派生类没有给出全部纯虚函数的实现，这时的派生类仍然是一个抽象类。

（3）可以声明一个抽象类的指针或引用，通过指针或引用，可以指向并访问派生类对

象，以访问派生类的成员。

（4）抽象类不能作为参数类型、函数返回值或显式转换的类型。

抽象类的主要作用是将有关的类组织在一个继承层次结构中，并为它们提供一个公共的根，相关的子类都是从该根派生出来的。

抽象类设计了一组子类的操作接口，它只描述这组子类共同的操作接口，而完整的实现则留给子类。

在例 9-4 中，无论是 Circle 还是 Rectangle，都属于二维图形类，所以为它们设计了一个公共的根 Shape，相关的子类都是从该根派生的，增强了类与类之间的组织关系。另外，作为二维图形类，都应该具有求面积的功能，由于在 Shape 类中定义了这样的纯虚函数，所以其非抽象子类必须去实现这些函数，起到了规范的作用，为类设计了一个统一的公共接口。

例 9-5　分析、体会抽象类的作用。

程序如下：

```
#include <iostream.h>
class Vehicle                              //定义一个代表交通工具的抽象类
{
public:
virtual void run()=0;
};
class Car: public Vehicle                  //从 Vehicle 派生的具体类 Car
{
public:
      virtual void run(){ cout << "run a car\n"; }
};
class Airplane: public Vehicle             //从 Vehicle 派生的具体类 Airplane
{
public:
      virtual void run(){ cout << "run a airplane\n"; }
};
void main()
{
      Vehicle *pt;
      Car ca;
      Airplane ai;
      pt=&ca;pt->run();                    // 调用 Car::run()
      pt=&ai;pt->run();                    // 调用 Airplane::run()
}
```

9.4　静态多态性与动态多态性的比较

本节对静态多态性和动态多态性做一个简单的比较。在 C++中，静态多态性具体表现为重载（overload）；动态多态性具体表现为虚函数和覆盖（override）。另外，前面还提到了隐藏。下面通过几个实例来体会它们的不同。

例 9-6　分析下面的程序。

程序如下：

```
#include<iostream.h>
class Base
{
public:
      void fun(){cout<<"Base::fun()"<<endl;}                //重载
      void fun(int i){cout<<"Base::fun(int i)"<<endl;}    //重载
};
class Derive:public Base
{
public:
      void fun2(){cout<<"Derive::fun2()"<<endl;}        //派生类与基类没有同名所以没有隐藏
};
void main()
{
      Derive d;
      d.fun();
      d.fun(1);
}
```

📖**说明：** 在类 Base 中，定义了两个同名函数 fun()，这个属于重载的范畴。类 Derive 继承了类 Base，并新增了成员函数 fun2()，这样在类 Derive 中将有 3 个成员函数。当通过类 Derive 的对象 d 调用 fun()时，只涉及到了重载而没有覆盖。再看下面的程序。

```
#include<iostream.h>
class Base
{
public:
      void fun(){cout<<"Base::fun()"<<endl;}                        //重载
      void fun(int i){cout<<"Base::fun(int i)"<<endl;}            //重载
};
class Derive:public Base
{
public:
      void fun(int i){cout<<"Derive::fun(int i)"<<endl;}        //在派生类中会隐藏掉基类的同名函数
      void fun2(){cout<<"Derive::fun2()"<<endl;}
};
void main()
{
      Base b;
      b.fun();
b.fun(2);
      Derive d;
      d.fun(1);
```

```
    d.fun();                    //语法错误
}
```

注释掉出错的语句后，程序的运行结果如图 9-4 所示。

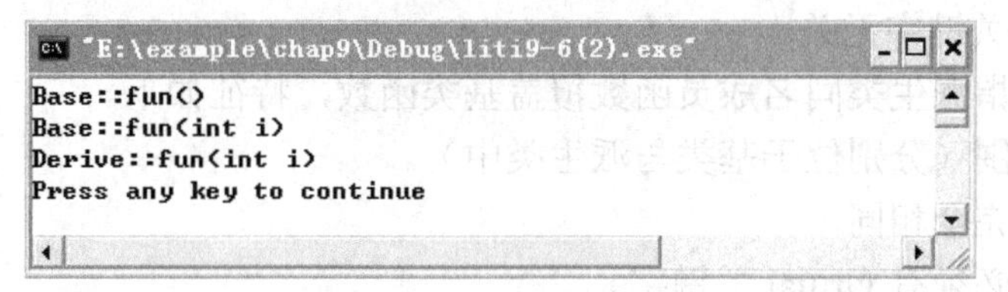

图 9-4 程序的运行结果

在例 9-6 中，对于基类 Base 来讲，存在函数重载。在派生类 Derive 中，定义了同名的函数 fun()，这样通过类 Derive 的对象 d 调用 fun()时，只能调用到新增的同名成员函数。这是因为，派生类新增的成员函数隐藏了基类的同名成员函数（注意是隐藏，并不是覆盖）。另外，在类 Derive 中新增的 fun()函数带有一个形参，所以，在调用函数 d.fun(1)时不会出错，而调用函数 d.fun()时会出错。由此可见，派生类中的函数如果要覆盖掉基类中的函数，只要函数名相同即可，与函数参数无关。

通过例 9-6 可以看出重载和隐藏的区别，而基类函数必须有 virtual 关键字时，才称为覆盖。程序如下：

```
#include <iostream.h>
class Base
{
public:
    void fun(){cout<<"Base::fun()"<<endl;}                    //重载
    virtual void fun(int i){cout<<"Base::fun(int i)"<<endl;}   //重载
};
class Derive:public Base
{
public:
    virtual void fun(int i){cout<<"Derive::fun(int i)"<<endl;}  //覆盖
    void fun2(){cout<<"Derive::fun2()"<<endl;}
};
void main()
{
    Base b,*p;
    p=&b;
    p->fun();p->fun(2);
    Derive d;
    d.fun(1);
    p=&d;p->fun(1);
}
```

重载、覆盖和隐藏的差别总结如下。

（1）成员函数具有以下的特征时发生重载（当然，普通函数也可以重载）。

① 相同的范围（同一个类中）。

② 函数的名字相同，参数不同。

③ 与 virtual 关键字无关。

（2）覆盖是指派生类同名成员函数覆盖基类函数，特征如下。

① 不同的范围（分别位于基类与派生类中）。

② 函数原型完全相同。

③ 基类函数必须有 virtual 关键字。

（3）隐藏是指派生类的成员函数屏蔽了与其同名的基类成员函数，特征如下。

① 只要派生类中新增的成员函数与基类的成员函数名相同，则所有基类的同名函数均被隐藏。

② 基类函数没有 virtual 关键字。

9.5 小　结

多态性是面向对象程序设计的重要特征之一，它与封装性和继承性构成了面向对象程序设计的三大特征。这三大特征是相互关联的。封装性是基础，继承性是关键，多态性是补充，而动态多态又必须存在于继承的环境之中。正确地实现 C++的多态性，能够充分发挥 C++的优势，并且提高程序的可读性和可维护性。

运行时的多态性是指在程序执行前，根据函数名和参数无法确定应该调用哪一个函数，必须在程序执行过程中，根据具体执行情况来动态地确定。这种多态性是通过类的继承关系和虚函数来实现的。虚函数是动态多态的基础，当用基类类型的指针或引用的方法指向不同派生类对象时，系统会在程序运行中根据所指向对象的不同自动选择适当的函数，从而实现运行时的多态性。

当通过基类指针或引用标识对象调用成员函数时，由于基类指针可以指向该基类的不同派生类对象，因此存在需要动态联编的可能性，但具体是否使用动态联编，还要看所调用的是否是虚函数。

虚函数可以在一个或多个派生类中被重新定义，但重新定义时必须与基类中的函数原型完全相同，包括函数名、返回值类型、参数个数、参数类型和参数的顺序。

只有类的成员函数才能声明为虚函数，类的构造函数以及全局函数和静态成员函数均不能声明为虚函数。

在定义一个表达抽象概念的基类时，有时可能会无法给出某些成员函数的具体实现。这时，就可以将这些函数声明为纯虚函数。声明了纯虚函数的类称为抽象类。抽象类只能用作基类来派生新类，而不能用来创建对象。抽象类仅作为一个接口，具体功能在其派生类中实现。

学习到这里，我们已经接触了面向对象的程序设计中的很多概念，对于这些概念，不能采用死记硬背的方法，一定要理解，并能够正确的区分与使用它们。

9.6　上 机 实 践

1．设计一个小学生类 Pupil，包括学号、姓名、班级、语文、数学、英语等学科的成绩，成员函数 display()用来显示学生信息。在此基础上派生出一个中学生类 Mstudent，添加物理、历史等学科成绩，并且也包括显示学生信息的成员函数 display()。

程序如下：

```
#include<iostream.h>
#include<string.h>
class Pupil
{
protected:
	int no;
	char name[9];
	char cg[12];                                //班级
	float chi;
	float math;
	float eng;
public:
	Pupil(){}
	Pupil(int n,char na[],char c[],float ch,float ma,float en)
	{
		no=n;
		strcpy(name,na);
		strcpy(cg,c);
		chi=ch;
		math=ma;
		eng=en;
	}
	virtual void display()
	{
		cout<<"班级："<<"\t"<<cg<<endl;
		cout<<"学号："<<"\t"<<no<<endl;
		cout<<"姓名："<<"\t"<<name<<endl;
		cout<<"语文："<<"\t"<<chi<<endl;
		cout<<"数学："<<"\t"<<math<<endl;
		cout<<"英语："<<"\t"<<eng<<endl;
	}
};
class Mstudent:public Pupil
{
protected:
	float phy;
	float his;
public:
	Mstudent(){}
```

```
    Mstudent(int n,char na[],char c[],float ch,float ma,float en,
        float p,float h):Pupil(n,na,c,ch,ma,en)
    {
        phy=p;
        his=h;
    }
    virtual void display()
    {
        Pupil::display();
        cout<<"物理："<<"\t"<<phy<<endl;
        cout<<"历史："<<"\t"<<his<<endl;
    }
};
void fun(Pupil &p)
{
    p.display();
}
void main()
{
    Pupil pu(200702010,"王强","五年级一班",93,92,98);
    Mstudent ms(200808012,"张伟","高二八班",87,80,89,79,99);
    fun(pu);
    fun(ms);
}
```

2．编写程序，定义抽象基类 Shape，由它派生出 3 个类：Circle（圆形）、Rectangle（矩形）和 Triangle（三角形），用一个函数 printarea()分别输出以上图形的面积，3 个图形的数据在定义对象时给定。

程序如下：

```
#include<iostream.h>
#include<math.h>
const double PI=3.14;
class Shape                         //定义抽象基类
{
public:
    virtual void printarea() =0;    //虚函数
};
class Circle:public Shape
{
private:
    float r;
public:
    Circle(float r){this->r=r;}     //构造函数
    virtual void printarea();       //虚函数

};
class Rectangle:public Shape
```

```
{
private:
    float l,w;
public:
    Rectangle(float l,float w){this->l=l;this->w=w;}            //构造函数
    virtual void printarea();                                   //虚函数
};
class Triangle:public Shape
{
private:
    float a,b,c;
public:
    Triangle(float i,float j,float k){a=i;b=j;c=k;}
    virtual void printarea();                                   //虚函数
};
void Circle::printarea()
{
   cout<<PI*r*r<<endl;
}
void Rectangle::printarea()
{
   cout<<l*w<<endl;
}
void Triangle::printarea()
{
   float s=(a+b+c)/2;
   cout<<sqrt(s*(s-a)*(s-b)*(s-c));
}
void main()
{
   Circle c(3);
   Rectangle r(3,4);
   Triangle t(5,6,7);
   Shape* ps;
   cout<<"area of Circle:" ;
   ps=&c;
   ps->printarea();
   cout<<"area of Rectangle:" ;
   ps=&r;
   ps->printarea();
   cout<<"area of Triangle:";
   ps=&t;
   ps->printarea();
   cout<<endl;
}
```

习　题

一、单项选择题

1．说明类中虚成员函数的关键字是（　　）。

A．public　　B．private　　C．virtual　　D．inline

2．动态联编要求类中应有（　　）。

A．成员函数　　B．内联函数　　C．虚函数　　D．构造函数

3．下列各个成员函数中，纯虚函数是（　　）。

A．void fun(int)=0　　B．virtual void fun(int)

C．virtual void fun(int){}　　D．virtual void fun(int)=0

4．抽象类应该含有（　　）。

A．至少一个纯虚函数　　B．至少一个虚函数

C．至多一个纯虚函数　　D．至多一个虚函数

5．抽象类不能定义该类的（　　）。

A．对象指针　　B．对象引用　　C．对象　　D．上述 3 项

6．关于虚函数的下述描述中，正确的是（　　）。

A．虚函数是一个非成员函数

B．虚函数是一个非静态成员函数

C．虚函数不能继承

D．派生类的虚函数应与基类的虚函数在参数上有所不同

7．当一个类的某个函数被说明为 virtual 时，该函数在该类的所有派生类中（　　）。

A．都是虚函数

B．只有被重新说明时才是虚函数

C．只有被重新说明为 virtual 时才是虚函数

D．都不是虚函数

8．关于虚函数的描述中，（　　）是正确的。

A．虚函数是一个 static 类型的成员函数

B．虚函数是一个非成员函数

C．基类中说明了虚函数后，派生类中与其对应的函数不必说明为虚函数

D．派生类的虚函数和基类的虚函数具有不同的参数个数和类型

9．编译时多态性通过使用（　　）获得。

A．继承　　B．虚函数　　C．重载函数　　D．析构函数

10．包含一个或多个纯虚函数的类称为（　　）。

A．抽象类　　B．虚拟类　　C．friend 类　　D．protected 类

11．下列关于动态联编的描述中，错误的是（　　）。

A．动态联编是以虚函数为基础的

B．动态联编是运行时确定所调用的函数代码的

C．动态联编调用函数操作是指向对象的指针或对象引用

D．动态联编是在编译时确定操作函数的

二、填空题

1．在 C++中，有一种不能定义对象的类，这样的类只能被继承，称为__________，定义该类至少具有一个__________。

2．__________是一个在基类中说明的虚函数，但未给出具体的实现，要求在其派生类中实现。

三、分析题

1．分析以下程序的执行结果，体会虚函数。

```
#include<iostream.h>
class Animal
{
public:
      virtual void breath() {    cout<<"animal"<<endl;}
      void eat() { cout<<"Animal eat"<<endl;}
};
class Fish:public Animal
{
public:
      virtual void breath(){    cout<<"Fish have gills breathing"<<endl;}
};
void fn(Animal *pAn)
{
    pAn->breath();
}
void main()
{
      Fish fh;
      Animal *p;
      p = &fh;
      fn(p);
}
```

2．分析以下程序的执行结果。

```
#include<iostream.h>
class A
{
      int a;
public:
      A(){}
      A(int i){ a=i;}
      virtual void fun()
```

```
	{
		cout<<"A::fun() called"<<endl;
	}
};
class B:public A
{
private:
	int b;
	virtual void fun()
	{
		cout<<"B::fun() called"<<endl;
	}
public:
	B(){}
	B(int i,int j):A(i){ b=j; }
};
void gfun(A &obj)
{
	obj.fun();
}
void main()
{
	A *p;
	B b(1,3);
	gfun(b);
	p=&b;p->fun();
}
```

3．分析以下程序的执行结果。

```
#include<iostream.h>
class Base
{
protected:
	int x,y;
public:
	Base(int a,int b){x=a;y=b;}
	virtual void f(){cout<<x+y<<endl;}
	virtual void g(){cout<<x*y<<endl;}
};
class Derive:public Base
{
	int z;
public:
	Derive(int a,int b,int c):Base(a,b)
	{
		z=c;
	}
	virtual void f(){cout<<x+y+z<<endl;}
	virtual void g(){cout<<x*y*z<<endl;}
```

```
};
void main()
{
    Base b(10,10),*p;
    Derive d(10,10,5);
    p=&b;p->f();p->g();
    p=&d;p->f();p->g();
}
```

四、程序设计题

1．声明一个哺乳动物类 Mammal，再由此派生出狗类 Dog，二者都定义 Speak()成员函数，基类中定义为虚函数。声明类 Dog 的一个对象，调用函数 Speak()，观察运行结果。

2．编写程序，定义抽象类 Shape，由它派生出 5 个派生类：Circle（圆形）、Square（正方形）、Rectangle（长方形）、Trapezoid（梯形）和 Triangle（三角形）。用虚函数分别计算几个图形的面积。要求使用基类指针数组，使其每一个元素指向一个派生类对象。

3．设计一个图形类 Shape，其中包含两个纯虚函数 Display()和 area()，然后派生出二维图形类 TwoDShape 和三维图形类 ThreeDShape，均包含各自的虚函数 perimeter()（求周长）和 volume()（求体积），之后由 TwoDShape 分别派生出圆类 Circle 和矩形类 Rectangle，由 ThreeDShape 类分别派生出正方体类 Box 和圆柱体类 Cylinder。在主函数中设计数据进行测试。

第10章 异 常

正常情况下，程序应具备一定的容错功能，这是因为在程序运行过程中，由于系统、环境或程序本身因素，可能会出现程序异常终止、死机等情况，这些情况都可能会造成数据丢失或带来一些灾难性的后果，所以，为了避免造成损失，在编写程序时应设计一定的处理机制来解决这些问题，这就是异常处理。C++提供了异常处理机制，它使程序出现错误时，力争做到允许用户排除环境错误，继续运行程序。本章详细介绍C++的异常处理机制。

10.1 异常的概念

程序运行时，会有两种情况造成程序非正常终止，一种情况是由于自然因素的影响造成的，如断电、操作系统异常等，称为灾难性错误，这种情况无法通过程序设计解决；另外一种情况是由程序编码的疏忽而导致程序执行过程中出现错误，称为异常。具体来说，异常是指程序运行过程中发生的、会打断程序正常执行的事件，如除数为 0、访问数组元素时下标越界、访问不存在的对象等，这些情况在程序编译时并不能发现，而运行时则会导致错误。对这些异常情况，应用程序如果不能进行合适的处理，将会使程序变得非常脆弱，甚至不可使用。

针对可以预料的错误，在程序设计时，应编制相应的预防或处理代码，以便防止异常发生后造成严重后果。一个应用程序，既要保证正确性，还应有容错能力，或者说，既能够在正确的应用环境中、用户正确操作时运行正常、准确，还能够在应用环境出现意外或用户操作不当时有合理的反应，这就是异常处理机制。

10.2 异常处理的实现

C++中的异常处理分为两部分进行：异常的检测和异常的处理。当在语句块中检测到异常条件存在，但无法确定该如何处理时将产生一个异常，并由相应的语句抛出，由特定方法处理该异常。异常的检测和处理可以用 3 个保留字来实现，即 throw、try 和 catch。将可能产生异常的语句放在 try 语句块中，当语句中出现异常时，使用 throw 抛出异常，当 try 检测到 throw 抛出的异常时，程序转向 catch 语句块，和 catch 语句块的参数匹配，如果找到合适的 catch 语句块，执行 catch 语句块的内容处理异常。

10.2.1 异常处理的语法

使用 throw、try 和 catch 语句捕获和处理异常的一般语法如下：

```
throw 异常对象;
try
{
    //try 语句块
}
    catch(异常类型 1  参数 1)
{
    //针对类型 1 的异常处理语句块
}
catch(异常类型 2  参数 2)
{
    //针对类型 2 的异常处理语句块
}
…
catch(异常类型 n  参数 n)
{
    //针对类型 n 的异常处理语句块
}
```

说明：

❶ 当产生异常时，可以使用 throw 语句抛出异常给调用者。throw 是关键字，表示抛出异常；“异常对象”可以是一个变量值，也可以是一个表达式；“异常类型”表示异常的类型，可以是一个类，也可以是某个简单数据类型。

❷ 异常由 try 语句块捕获，可能产生异常的语句放到 try 语句块中进行检测。try 是关键字，其后的语句叫做 try 语句块，throw 语句或使用了 throw 语句的函数一般放在 try 语句块中。

❸ throw 抛出的异常被 try 捕获后要进行处理，catch 语句块就是用来处理异常的。catch 是关键字，其后的小括号中带有一个参数，该参数用于说明 catch 语句要处理的异常对象类型。一个 try 语句块后可以有多个 catch 语句块，用来处理不同类型的异常对象，如果异常类型参数说明是一个省略号（…），则该 catch 语句块可以处理任何类型的异常。此外，第一个 catch 语句块要紧跟着 try 语句块。

例 10-1　举例演示异常的捕获和处理。

程序如下：

```
#include<iostream.h>
void main()
{
    int x=1,y=0;
    try
    {
        if(y==0)
            throw "除数为 0 异常";
        else
            cout<<"x/y="<<x/y<<endl;
    }
```

```
    catch(char *str)
    {
        cout<<str<<endl;
    }
}
```

程序的运行结果如图 10-1 所示。

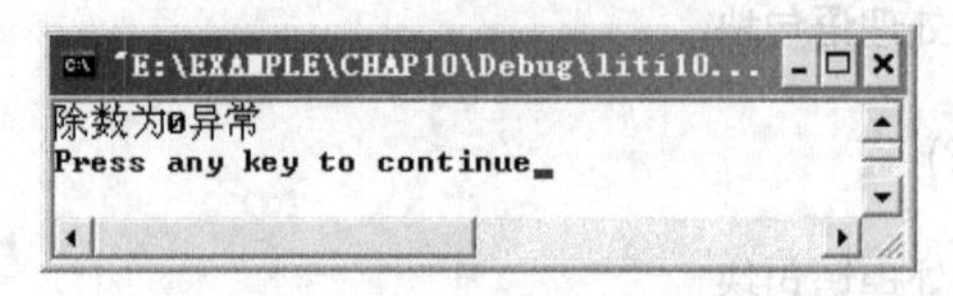

图 10-1　异常的捕获和处理

在例 10-1 中，要计算 x/y 的值，若除数 y 为 0，则抛出异常，因此，相关的语句要放在 try 语句块中，由 try 语句块捕获异常，并由对应的 catch 语句块处理异常；若除数 y 不为 0，则进行除法运算，并将结果输出。

10.2.2　异常处理的执行过程

异常处理的执行过程为：

（1）程序语句通过正常的顺序执行到达 try 语句，执行 try 语句块的内容。

（2）如果 try 语句块中的代码在执行过程中没有产生异常，就不会执行 try 语句块后的 catch 语句块，程序执行完 try 语句块内容后继续执行 catch 语句段之后的语句。

（3）如果 try 语句块中语句或调用的函数在执行过程中出现异常，则会通过 throw 计算出一个异常对象并抛出，程序执行会转向 try 后面紧跟的 catch 语句块，如果有多个 catch 语句块，则按照 catch 语句块出现的顺序，依次、逐个检查 catch 语句块的参数类型和 throw 抛出的异常对象类型是否匹配，直到找到相匹配的 catch 语句块。

（4）如果找到匹配的 catch 语句块，首先进行参数的传递，如果参数是简单数据类型，则其形参通过复制异常对象进行初始化；如果是复合数据类型，则参数复制异常对象的引用，通过引用指向异常对象，形参初始化后执行 catch 语句块内容。catch 语句块执行结束，程序跳转到所有 catch 语句块之后，继续执行其后的语句。

（5）如果一直没有找到匹配的 catch 语句块，则运行 terminate()函数，terminate()函数会自动调用 abort 终止程序。

例 10-2　举例演示异常处理的执行过程。

程序如下：

```
#include<iostream.h>
void fun(int x)
{
    if(x<=0)
        throw x;
    else
```

```
    {
        int result=1;
        for(int i=1;i<=x;i++)
            result*=i;
        cout<<x<<"!="<<result<<endl;
    }
}
void main()
{
    try
    {
        fun(5);
        fun(-6);
        fun(10);
    }
    catch(int m)
    {
        cout<<m<<"是非法数据"<<endl;
    }
    cout<<"异常捕获结束"<<endl;
}
```

程序的运行结果如图 10-2 所示。

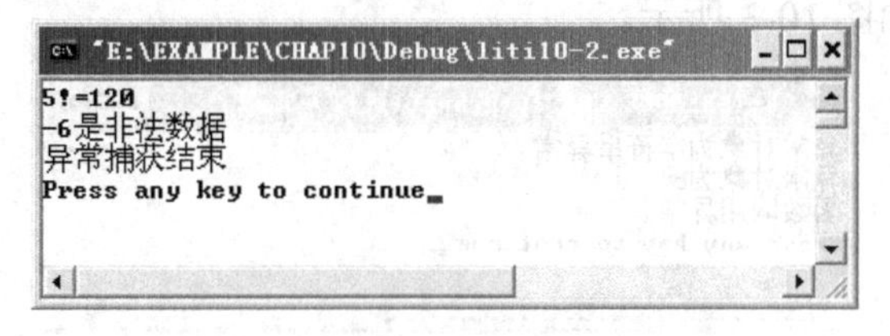

图 10-2 异常处理的执行过程演示

从例 10-2 中可以看出，try 语句块中 fun(5)正常执行，执行到 fun(-6)时，函数调用发生异常，异常对象为 int 类型，程序转向后面的 catch 语句块，和 catch 语句块参数类型匹配，把异常对象的值复制给参数 m，执行 catch 语句块内容，执行完后，继续执行 catch 语句后的内容，直到程序结束。

例 10-3 分析多个 catch 语句的执行。

程序如下：

```
#include<iostream.h>
void fun(int x)
{
    try
    {
        if(x==0)
            throw x;
        if(x<0)
            throw "字符串异常";
```

```
        if(x>0)
            throw 1.23;
    }
    catch(int n)
    {
        cout<<"异常对象为"<<n<<endl;
    }
    catch(char *ch)
    {
        cout<<"异常对象为"<<ch<<endl;
    }
    catch(...)
    {
        cout<<"函数调用异常"<<endl;
    }
}
void main()
{
    fun(-1);
    fun(0);
    fun(2);
}
```

程序的运行结果如图 10-3 所示。

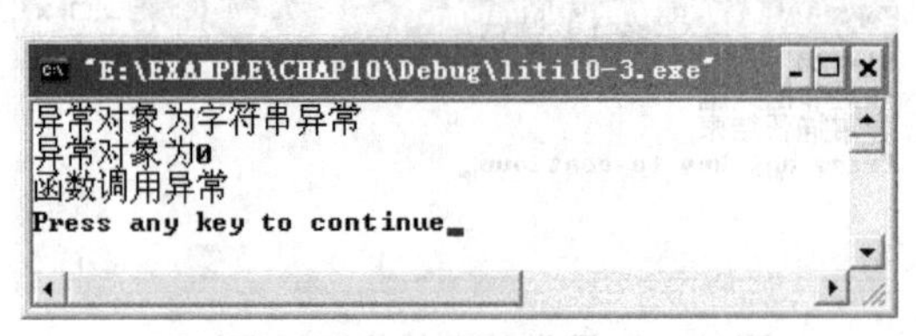

图 10-3　多个 catch 语句的执行

分析例 10-3 的运行结果，try 语句捕获到异常对象后，和后面的 catch 语句块依次匹配，找到参数匹配的 catch 语句块，则执行相应 catch 语句块内容；如果没找到，则执行 catch(…)语句块的内容，catch(…)可捕获任何类型的异常。

在进行参数匹配时应注意以下几点。

（1）如果参数是简单数据类型，一定要完全匹配，不允许进行类型转换。

（2）如果参数是类对象，则该 catch 语句只能捕获与参数同类的异常或其派生类的异常。

（3）catch(…)能匹配所有类型的异常，所以执行不到 catch(…)后面的其他 catch 语句块，catch(…)一定要放到所有 catch 语句的后面。

10.3　异常处理中对象的构造和析构

在 C++异常处理过程中，一旦语句有异常，则通过 throw 语句生成一个异常对象，try 捕获到该对象后，转到后面的 catch 语句块寻找参数匹配的 catch 语句，如果异常类型是一

个值参数，则初始化方式是复制被抛出的异常对象，如果 catch 参数是复合数据类型，则初始化该参数指向异常对象，然后对从相应的 try 语句块开始到异常被抛出处之间构造的所有对象进行析构。析构顺序和构造顺序相反。

例 10-4　分析异常处理中的对象构造和析构。

程序如下：

```
#include<iostream.h>
class A
{
public:
    A()
    {
        cout<<"构造 A 对象"<<endl;
    }
    A(A &a)
    {
        cout<<"复制 A 对象"<<endl;
    }
    ~A()
    {
        cout<<"析构 A 对象"<<endl;
    }
};
class B
{
public:
    B()
    {
        cout<<"构造 B 对象"<<endl;
    }
    ~B()
    {
        cout<<"析构 B 对象"<<endl;
    }
    void fun()
    {
        cout<<"抛出一个 A 异常"<<endl;
        throw A();
    }
};
void main()
{
    B b;
    try
    {
        b.fun();
    }
```

```
    catch(A a)
    {
        cout<<"主函数中处理 A 异常"<<endl;
    }
}
```

程序的运行结果如图 10-4 所示。

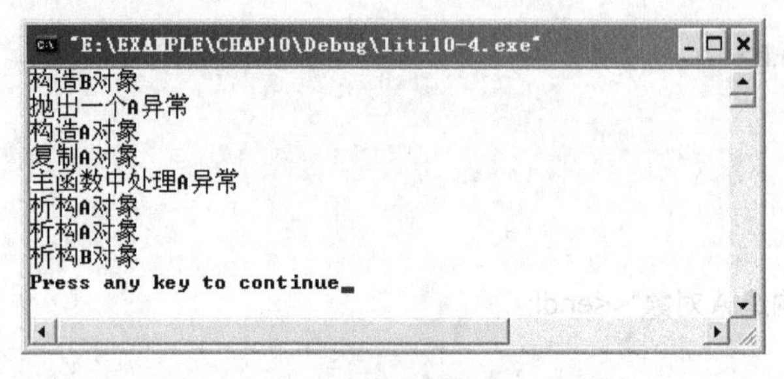

图 10-4　异常对象的构造和析构

从程序的运行结果可以看出，程序主函数运行时，首先构建 B 对象，然后进入 try 语句块，调用 fun()函数，执行 fun()的函数体，调用 A 构造函数抛出 A 类的异常对象，程序转到 try 后面的 catch 语句块匹配 catch 语句，找到参数为 A 类型的 catch 语句后，复制异常对象的引用，调用 A 类的复制构造函数，执行 catch 语句块内容，最后按照和对象构造顺序相反的顺序析构对象。

10.4　小　　结

通过本章的学习，可以了解什么是异常，即异常是程序运行过程中发生的、会打断程序正常执行的事件。使用 throw、try 和 catch 关键字可以捕获和处理异常，try 捕获到由 throw 语句抛出的异常对象后，转向后面的 catch 语句依次进行参数的匹配，找到相匹配的 catch 语句后，用异常对象初始化 catch 语句块的形参，执行 catch 语句块来处理异常，然后按与构造对象相反的顺序调用析构函数析构对象。通过异常处理，可以增强程序的健壮性，避免因程序容错能力差造成的损失。

10.5　上 机 实 践

1．分析程序，并给出输出结果。

程序如下：

```
#include<iostream.h>
class Exception
{
public:
    Exception(){}
```

```
};
void fun(char ch)
{
    try
    {
        cout<<"In block \n";
        if(ch<'a'||ch>'z')
            throw Exception();
         cout<<"Unexception.\n";
    }
    catch(Exception)
    {
        cout<<"Handle Exception.\n";
    }
    cout<<"Out of Exception Handling.\n";
}
void main()
{
    fun('s');
    fun('F');
}
```

2．定义一个异常类 CException，它拥有成员函数 printReason()显示异常信息。定义一个函数 fun()用来触发并抛出 CException 异常。在主函数中的 try 语句块中调用函数 fun()，在相应的 catch 语句块中捕获和处理异常。

习　题

一、单项选择题

1．下列关于异常的叙述错误的是（　　）。

A．编译错属于异常，可以抛出

B．运行错属于异常

C．硬件故障也可当异常抛出

D．只要是编程者认为是异常的都可当异常抛出

2．下列叙述错误的是（　　）。

A．throw 语句需写在语句块中

B．throw 语句必须在 try 语句块中直接运行或通过调用函数运行

C．一个程序中可以有 try 语句块而没有 throw 语句

D．throw 语句抛出的异常可以不被捕获

3．关于函数声明 float fun(int a,int b) throw，下列叙述正确的是（　　）。

A．表明函数抛出 float 类型异常　　B．表明函数抛出任何类型异常

C．表明函数不抛出任何类型异常　　D．表明函数实际抛出的异常

4．下列叙述错误的是（　　）。

A．catch(…)语句可捕获所有类型的异常

B．一个 try 语句可以有多个 catch 语句

C．catch(…)语句可以放在 catch 语句的中间

D．程序中 try 语句与 catch 语句是一个整体，缺一不可

二、填空题

补充以下程序，使整个程序能正确执行。

```
#include<iostream.h>
int a[5]={1,2,3,4,5};
int fun(int i)
{
    ____________________
    throw "error";
    return a[i];
}
void main()
{
    try
    {
    ________________
    }
    catch(char *)
    {
        cout<<"数组下标越界异常"<<endl;
    }
}
```

第 11 章 模　板

模板是 C++在 20 世纪 90 年代引进的一个新概念。作为 C++语言的新组成部分，模板引入了基于通用编程的概念，是泛型编程（Generic Programming）的基础。所谓泛型编程，就是对抽象算法的编程。泛型是指可以广泛地适用于不同的数据类型。C++是一种强类型语言，也就是说，编译器必须确切地知道一个变量类型，而模板就是构建在这个强类型语言基础上的泛型系统，它实现了真正的代码可重用性。

11.1 模板概述

简单地讲，模板就是一种参数化的类或函数，它把类或函数要处理的数据类型参数化。C++提供了两种模板机制，即函数模板和类模板。

下面通过例 11-1 来体会一下引入模板的必要性。

例 11-1　编写程序交换两个变量的值，分别考虑被交换的变量类型为 int、char 和 double。

分析：解决该问题可以采用前面学习的函数重载的方法。

程序如下：

```
#include<iostream.h>
void swap(char&,char&);
void swap(int&,int&);
void swap(double&,double&);
void main()
{
	char c1='a',c2='b';
	int i1=10,i2=20;
	double d1=1.23,d2=3.21;
	cout<<"c1="<<c1<<",c2="<<c2<<endl;
	cout<<"i1="<<i1<<",i2="<<i2<<endl;
	cout<<"d1="<<d1<<",d2="<<d2<<endl;
	swap(c1,c2);
	swap(i1,i2);
	swap(d1,d2);
	cout<<"交换后："<<endl;
	cout<<"c1="<<c1<<",c2="<<c2<<endl;
	cout<<"i1="<<i1<<",i2="<<i2<<endl;
	cout<<"d1="<<d1<<",d2="<<d2<<endl;
}
void swap(char &c1,char &c2)
{
	char temp;
```

```
        temp=c1;c1=c2;c2=temp;
}
void swap(int &i1,int &i2)
{
        int temp;
        temp=i1;i1=i2;i2=temp;
}
void swap(double &d1,double &d2)
{
        double temp;
        temp=d1;d1=d2;d2=temp;
}
```

这里存在两个问题，一是程序比较繁琐，重载函数除所处理的数据类型不同外，几乎完全相同，却重复写了 3 遍；二是如果需要交换两个其他类型的数据，就会因重载函数定义不全面而引起调用错误。为解决上述问题，C++引入了模板机制，即将所处理的数据类型说明为参数，使它们操作不同的数据类型，从而避免为每一种数据类型设计一个单独的类或函数。

11.2 函数模板

通过例 11-1 可以看到，在很多情况下，需要设计对多种数据类型进行相同处理的函数，这时虽然可以使用函数重载机制，但是仍然存在诸多问题。而函数模板之所以能以同样的程序代码对不同类型的数据进行处理，其关键是将所处理的数据类型声明为参数，即类型参数化。

11.2.1 函数模板的定义

函数模板的一般定义形式如下：

```
template <类型形式参数表>
返回类型 函数名( 形式参数表 )
{
// 函数体
}
```

说明：

❶ 所有函数模板的定义都是用关键字 template 开始的，该关键字之后是使用尖括号括起来的类型形式参数表。

❷ 类型形式参数表可以是基本数据类型，也可以是类类型。每个类型形式参数前都要使用关键字 class 或 typename。通常在定义一个函数时，需要给每个形参一个变量名，而这里的“形式参数表”是要给可能处理的数据类型一个通用的类型名。

❸ 在指定了类型形式参数后，就可以用它来定义函数模板本身的参数和返回值类型，

以及声明函数中的局部变量。

❹ 这样的函数模板定义不是一个实实在在的函数，编译系统不为其产生任何执行代码。该定义只是对函数的描述，表示它每次能单独处理在“类型形式参数表”中说明的数据类型。

例 11-2　将例 11-1 中的问题改用函数模板解决。

程序如下：

```
#include<iostream.h>
template<class T>                          //T 代表某种数据类型，也可用 template<typename T>
void swap(T &x1,T &x2)
{
    T temp;
    temp=x1;x1=x2;x2=temp;
}
void main()
{
    char c1='a',c2='b';
    int i1=10,i2=20;
    double d1=1.23,d2=3.21;
    cout<<"c1="<<c1<<",c2="<<c2<<endl;
    cout<<"i1="<<i1<<",i2="<<i2<<endl;
    cout<<"d1="<<d1<<",d2="<<d2<<endl;
    swap(c1,c2);
    swap(i1,i2);
    swap(d1,d2);
    cout<<"交换后："<<endl;
    cout<<"c1="<<c1<<",c2="<<c2<<endl;
    cout<<"i1="<<i1<<",i2="<<i2<<endl;
    cout<<"d1="<<d1<<",d2="<<d2<<endl;
}
```

通过例 11-2 可以看到，传统做法要进行 3 次函数定义来处理 3 种不同的数据类型。这里将 swap()设计成函数模板，只声明一次即可。

从函数重载机制改为模板机制，是在通常的函数定义前面加上 template<class T>，在设计函数模板时，T 就是一种通用的数据类型。将前面任何一个重载函数中的具体类型用 T 代替，即可得到一个函数模板。

例 11-3　编写一个对具有 n 个元素的数组求最小值的程序，要求将求最小值的函数设计成函数模板。

程序如下：

```
#include<iostream.h>
template<class T>
T min(T a[],int n)
{
    int i;
```

```
    T mina=a[0];
    for( i=1;i<n;i++)
    {
        if(mina>a[i])    mina=a[i];
    }
    return mina;
}
void main()
{
    int   a[]={1,3,0,2,7,6,4,5,2};
    double b[]={1.2,-3.4,6.8,9,8};
    cout<<"a 数组的最小值为："<<min(a,9)<< endl;
    cout<<"b 数组的最小值为："<<min(b,4)<<endl;
}
```

11.2.2 函数模板的使用

在定义了一个函数模板后，并不能直接执行，需要实例化为模板函数后才能执行。定义函数模板后，当编译系统发现有一个对应的函数调用时，将根据实参中的类型来确认是否匹配函数模板中对应的形参，然后生成一个重载函数。该重载函数的函数体与函数模板的函数体相同，称该重载函数为模板函数。这就是实例化的过程，该过程是隐式发生的。

函数模板与模板函数的区别是：函数模板是模板的定义，定义中用到通用类型参数；模板函数是实实在在的函数定义，它由编译系统在遇到具体的函数调用时生成，具有程序代码。

下面来分析例 11-2 中程序的执行过程。当编译系统发现“swap(c1,c2);”调用时，因为 c1、c2 为 char 类型，所以会实例化一个如下的模板函数，生成其程序代码：

```
void swap(char &c1,char &c2)
{
    char temp;
    temp=c1;c1=c2;c2=temp;
}
```

在这次实例化中，T 被 char 取代。在例 11-2 的程序中，swap()被实例化了 3 次，一次是针对两个 int 型变量，一次是针对两个 char 型变量，一次是针对两个 double 型变量。执行这些实例化的模板函数，即可得到程序的结果。

例 11-4　分析程序。

程序如下：

```
#include<iostream.h>
template<class T>
T max(T a,T b)
{
    return a>b?a:b;
```

```
}
void main()
{
    cout<<"Max(3,5) is:"<<max(3,5)<<endl;
    cout<<"Max(3.6,5.7) is:"<<max(3.6,5.7)<<endl;
    cout<<"Max(3,5.6) is:"<<max(3,5.6)<<endl; //错误
}
```

在上述程序中，声明了一个函数模板 T max(T a,T b)，其功能是从函数的两个参数中返回较大者。在发生函数调用 max(3,5);时，实例化为 max(int,int)；在发生函数调用“max(3.6,5.7);”时，实例化为 max(double,double)。但执行语句“cout<<"Max(3,5.6)is:"<<max(3,5.6)<<endl;”时会发生错误，因为给出的函数模板要求两个类型相同的形参，当发生函数调用“max(3,5.6);”时，因为实参类型不同，所以无法匹配，导致程序错误。注意，在这里并不会发生自动类型转换，这与函数重载不同。

例 11-5　具有多个参数的函数模板。

程序如下：

```
#include<iostream.h>
template<class T1,class T2>   //两个参数
void fun(T1 a,T2 b,int x)
{
    cout<<a<<","<<b<<","<<x<<endl;
}
void main()
{
    fun('*',4,5);
    fun(3,4,5);
    fun(3,2.6,8);
}
```

函数模板机制的引入，简化了 C++函数重载用相同函数名重写几个函数的程序，但是调试比较困难，一般先写一个特殊版本的函数，运行正确后再改成模板函数。

11.2.3　函数模板的重载与匹配约定

函数可以重载，同样，函数模板也可以重载。函数模板之间、函数模板与普通函数之间也可以重载。

例 11-6　函数模板的重载。

程序如下：

```
#include<iostream.h>
template<class T>
T   Max(T x, T y)                          //函数模板
{
    cout<<"A template function(T,T)!"<<endl;
```

```
    return (x>y)?x:y;
}
template <class T>
T Max(T a,T b,T c)                              //重载函数模板
{
    T s;
     cout<<"A template function(T,T,T)! "<<endl;
     s=Max(a,b);
     return Max(s,c);
}
int Max(int x,int y)                            //用普通函数重载函数模板
{
    cout<<"An overload function(int, int)!"<<endl;
    return (x>y)?x:y;
}
int Max(int x, char y)                          //用普通函数重载函数模板
{
    cout<<"An overload function(int,char)!"<<endl;
    return (x>y) ? x : y;
}
void main()
{
    int i=10;
      char c='a';
      double f=98.74;
    cout<<"Max("<<i<<","<<i<<")="<<Max(i,i)<<endl;
    cout<<"Max("<<c<<","<<c<<")="<<Max(c, c)<<endl;
    cout<<"Max(3.3, 5.6, 6.6)="<<Max(3.3, 5.6, 6.6)<<endl;
    cout<<"Max("<<i<<","<<c<<")="<<Max(i, c)<<endl;
    cout<<"Max("<<c<<","<<i<<")="<<Max(c, i)<<endl;
    cout<<"Max("<<f<<","<<f<<")="<<Max(f, f)<<endl;
    cout<<"Max("<<f<<","<<i<<")="<<Max(f, i)<<endl;
    cout<<"Max("<<i<<","<<f<<")="<<Max(i, f)<<endl;
}
```

程序的运行结果如图 11-1 所示。

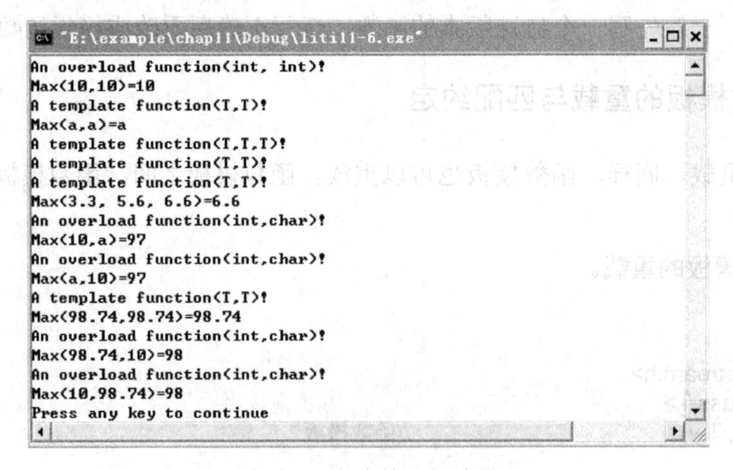

图 11-1　程序的运行结果

为什么会有这样的结果？首先来看在模板函数重载的情况下，重载函数调用的匹配约定如下：

（1）寻找和使用最符合函数名和参数类型的函数，若找到则调用它。

（2）寻找一个函数模板，将其实例化产生一个匹配的模板函数，若找到则调用它。

（3）寻找可以通过类型转换进行参数匹配的重载函数，若找到则调用它。

（4）如果按以上步骤均未找到匹配函数，则调用错误。

根据该匹配约定，来分析例 11-6 的结果。

（1）Max(i,i)：根据约定中的第（1）条，这次调用可以找到最符合的函数，即 int Max(int x,int y)。Max(i,c)与此相同。

（2）Max(c,c)：根据约定中的（1），找不到最符合的函数调用，然后根据约定中的（2）去寻找一个函数模板，即 T Max(T x, T y)，将此函数模板实例化后执行。Max(3.3, 5.6, 6.6)与此相同。

（3）Max(c,i)：根据约定中的（1）、（2）都找不到符合的函数调用，根据约定中的（3），通过类型转换后参数可以匹配，调用 int Max(int x, char y)。Max(f,i)和 Max(i,f)与此相同。

11.3　类　模　板

类模板可以根据不同参数建立不同类型成员的类。类模板中的数据成员、成员函数的参数和返回值可以取不同的类型，在实例化成对象时，根据传入的参数类型，实例化成具体类型的对象。

11.3.1　类模板的定义

类模板的一般定义形式如下：

```
template<类型形式参数表>
class 类名
{
//类体
};
template <类型形式参数表>                    //在类模板的外部定义类成员函数
返回类型 类名<类型名表>::成员函数 1(形式参数表)
{
    //成员函数体 1
}
template <类型形式参数表>
返回类型 类名<类型名表>::成员函数 2(形式参数表)
{
    //成员函数体 2
}
…
template <类型形式参数表>
```

```
返回类型 类名<类型名表>::成员函数 n(形式参数表)
{
    //成员函数体 n
}
```

说明：

❶ 其中的“<类型形式参数表>”与函数模板中的意义一样。后面的成员函数定义中，“类名<类型名表>”中的“类型名表”是类型形式参数的使用。

❷ 类模板的定义只是对类的描述，不是具体的类。

❸ 建立类模板后，可以通过创建类模板的实例来使用该类模板。

例 11-7　定义一个类模板。

程序如下：

```
template<class T>                    //指出在类模板中用到的通用数据类型
class Point                          //点类模板
{
private:
      T x,y;
public:
      Point(T x,T y){this->x=x;this->y=y;}
      T getX() {return x;}
      T getY() {return y;}
      void display();
};
template<class T>                    //成员函数的定义
void Point<T>::display()
{
      cout<<"("<<x<<","<<y<<")"<<endl;
}
```

11.3.2　类模板的实例化

定义一个类模板后，就可以创建类模板的实例，即生成模板类。类模板与模板类的区别是：类模板是模板的定义，不是一个实在的类，模板类才是实实在在的类，可以由它定义对象。所以在使用类模板定义对象时，首先根据给定的类型实在参数实例化成具体的模板类，然后再由模板类建立对象。类模板实例化、建立对象的格式如下：

```
类模板名<类型实在参数表> 对象名 1,对象名 2,……;
```

其中，“<类型实在参数表>”为具体的类型名。

例 11-8　类模板的实例化。

程序如下：

```
#include<iostream.h>
```

```
template<class T>
class Point                              //点类模板
{
private:
      T x,y;
public:
      Point(T x,T y){this->x=x;this->y=y;}
      T getX() {return x;}
      T getY() {return y;}
      void display();
};
template<class T>
void Point<T>::display()
{
      cout<<"("<<x<<","<<y<<")"<<endl;
}
void main()
{
      Point<int> p0(3,5);                //相当于把 int 代回模板中 T 的位置
      p0.display();
      Point<float> p1(100, 200.5);      //相当于把 float 代回模板中 T 的位置
      p1.display();
}
```

类模板在实例化时，实在参数不仅可以是基本数据类型，还可以是用户自定义类型，当然也包括自定义的类。

例 11-9　类模板的实在参数是类的实例。

程序如下：

```
#include<iostream.h>
class A
{
      int a;
public:
      A(){}
      A(int x){ a=x; }
      A(A *p){this->a=p->a;}
      void operator!(){cout<<"a="<<a<<endl;}
};
template<class T>
class B
{
      int b;
      T *x;
public:
      B(int y,T *p)
      {
            b=y;
```

```
            x=new T(p);
        }
        void operator!()
        {
            cout<<"b="<<b<<endl;
            !*x;
        }

};
void main()
{
    A a(1);
    B<A> b(2,&a);                    //实参是 A 类
    !b;
}
```

11.3.3 类模板的应用

例 11-10 设计一个满足下列条件的类模板，并用相关数据进行测试。

说明：该类模板表示一个线性表，并采用顺序结构进行存储，要求实现插入、删除和输出表元素等功能。

程序如下：

```
#include<iostream.h>
const int Maxsize=100;
template<class T>
class SeqList
{
private:
    T data[Maxsize];
    int length;
public:
    void Init();
    bool Insert(int,T);
    bool Delete(int);
    void Display();
};
template<class T>
void SeqList<T>::Init()
{
    length=0;
}
template<class T>
bool SeqList<T>::Insert(int i,T e)          //前插入
{
    if (length==Maxsize) return false;
    if(i<1||i>length+1)return false;
```

```
        for(int j=length-1;j>i;j--)
            data[j+1]=data[j];
        data[i-1]=e;
        length++;
        return true;
}
template<class T>
bool SeqList<T>::Delete(int i)
{
        if (length==0)return false;
        if(i<1||i>length) return false;
        for(int j=i;j<length;j++)
            data[j-1]=data[j];
        length--;
        return true;
}
template<class T>
void SeqList<T>::Display()
{
        cout<<"顺序表中，当前元素的个数为:"<<length<<endl;
        for(int i=0;i<length;i++)
            cout<<"第"<<i+1<<"个元素："<<data[i]<<endl;
};
void main()
{
        SeqList<int> s1;                    //类模板的实例化
        s1.Init();
        s1.Insert(1,4);
        s1.Insert(2,6);
        s1.Insert(3,8);
        s1.Insert(4,2);
        s1.Display();
        s1.Delete(1);
        s1.Delete(3);
        s1.Display();
        SeqList<double> s2;                 //类模板的实例化
        s2.Init();
        s2.Insert(1,4.5);
        s2.Insert(2,6.4);
        s2.Insert(3,8.5);
        s2.Insert(4,2.9);
        s2.Display();
        s2.Delete(2);
        s2.Delete(3);
        s2.Display();
}
```

例 11-11　栈类模板实例。

程序如下：

```
#include<iostream.h>
```

```
#include<cassert>
template<class T>
class Stack
{
	int top;                    //栈顶指针（下标）
	T *elem;                    //动态建立的栈
	int Maxsize;
public:
	Stack(int=20);              //如不指定栈的大小，则默认为 20
	~Stack()
	{
		delete[] elem;
	}
	void Push(T &data);         //入栈
	T Pop();                    //出栈
	T GetTop();                 //取栈顶
	void MakeEmpty()            //清空栈
	{
		top=-1;
	}
	bool IsEmpty()              //判断栈空
	{
		return top==-1;
	}
	bool IsFull()               //判断栈满
	{
		return top==Maxsize;
	}
	void PrintStack();          //输出栈内所有数据
};
template<class T>
Stack<T>::Stack(int maxs)
{
	Maxsize=maxs;
	top=-1;
	elem=new T[Maxsize];        //建立栈空间
	if(!elem) return;
}
template<class T>
void Stack<T>::PrintStack()
{
	for(int i=0;i<=top;i++)
	{
		cout<<elem[i]<<',';
	}
	cout<<endl;
}
template<class T>
void Stack<T>::Push(T &data)
```

```
{
    assert(!IsFull());              //栈满则退出程序
    elem[++top]=data;               //栈顶指针先加 1，元素再进栈，top 指向栈顶元素
}
template<typename T>
T Stack<T>::Pop()
{
    assert(!IsEmpty());             //栈空则退出程序
    return elem[top--];             //返回栈顶元素，同时栈顶指针减 1
}
template<typename T>
T Stack<T>::GetTop()
{
    assert(top==-1);                //超出栈的有效数据时出错，退出程序
    return elements[top];
}

void main()
{
    int i,a[10]={0,1,2,3,4,5,6,7,8,9},b[10];
    Stack<int>s(10);
    for(i=0;i<10;i++) s.Push(a[i]);
    s.PrintStack();
    for(i=0;i<10;i++)
    {
        b[i]=s.Pop();
    }
    if(s.IsEmpty())
    {
        cout<<"栈空"<<endl;
    }for(i=0;i<10;i++)
    {
        cout<<b[i]<<',';            //注意先进后出
    }
    cout<<endl;
}
```

11.4　小　　结

模板可以实现逻辑相同、数据类型不同的程序代码的复制，利用模板机制，可使程序具备更好的代码重用性能，减少编程和维护的工作量和难度。

模板并非实实在在的类或函数，仅是一个类或函数的描述，是一个包含有未指定类型的类或函数。当为模板函数或类指定了一种类型时，就生成了此模板的一个实例，该操作叫做模板实例化。

模板包括函数模板和类模板。函数模板将所处理的数据类型说明为参数，使它们可以

操作不同的数据类型，从而避免为每一种数据类型设计一个单独的函数。

如同函数模板一样，类模板可以为类定义一种模式，使得类中的某些数据成员、成员函数的参数和成员函数的返回值能取任意类型。类模板是对一批仅成员数据类型不同的类的抽象，程序员只要为这一批类所组成的整个类家族创建一个类模板，给出一套程序代码，就可以用来生成多种具体的类。

11.5 上机实践

1．编写程序，求一个数的绝对值，要求将求绝对值的函数设计成函数模板。

程序如下：

```
#include<iostream.h>
template<class T>
T abs(T x)
{
    return (x>0?x:-x);
}
void main()
{
    cout<<"|-3|="<<abs(-3)<<endl;
    cout<<"|-2.6|="<<abs(-2.6)<<endl;
}
```

2．编写一个函数模板，返回两个值中的较小者，同时能正确处理字符串。

分析：设计一个函数模板，能处理 int、float 和 char 等数据类型，为了能正确处理字符串，添加一个重载函数专门处理字符串比较。

程序如下：

```
#include<iostream.h>
#include<string.h>
template<class T>
T min(T a,T b)
{
    return (a<b?a:b);
}
char *min(char *a,char *b)
{
    return (strcmp(a,b)<0?a:b);
}
void main()
{
    double a=3.56,b=8.23;
    char s1[]="Hello",s2[]="Good";
    cout<<"输出结果:"<<endl;
    cout<<" "<<a<<","<<b<<"中较小者:"<<min(a,b)<<endl;
```

```
    cout<<" "<<s1<<","<<s2<<"中较小者:"<<min(s1,s2)<<endl;
}
```

3．定义数组类模板。

程序如下：

```
#include<iostream.h>
template<class T>
class Array
{
    T *ar;
public:
    Array(int c)
    {
        ar=new T[c];
    }
    void set(int i,T x)
    {
        ar[i]=x;
    }
    T& operator[](int i)
    {
        return ar[i];
    }
};

void main()
{
    Array<int> arr1(5);
    cout<<"input every element's value:"<<endl;
    for(int i=0;i<5;i++)
        cin>>arr1[i];
    cout<<"every element's value in Array is:"<<endl;
    for(i=0;i<5;i++)
    {
        cout<<"No "<<i<<":"<<arr1[i]<<endl;
    }
    Array<double> arr2(5);
    cout<<"input every element's value:"<<endl;
    for( i=0;i<5;i++)
        cin>>arr2[i];
    cout<<"every element's value in Array is:"<<endl;
    for(i=0;i<5;i++)
    {
        cout<<"No "<<i<<":"<<arr2[i]<<endl;
    }
}
```

4．一个 Sample 类模板的私有数据成员为 T n，在该类模板中设计一个 operator==()重载运算符函数，用于比较各对象的 n 数据是否相等。

程序如下：

```
#include<iostream.h>
template<class T>
class Sample
{
    T n;
public:
    Sample(T i){n=i;}
    int operator==(Sample &);
};
template <class T>
int Sample<T>::operator==(Sample &s)
{
    if(n==s.n)
        return 1;
    else
        return 0;
}
void main()
{
    Sample<int> s1(2),s2(3);
    cout<<"s1 与 s2 的数据成员"<<(s1==s2?"相等":"不相等")<<endl;
    Sample<double>s3(2.5),s4(2.5);
    cout<<"s3 与 s4 的数据成员"<<(s3==s4?"相等":"不相等")<<endl;
}
```

习　　题

一、单项选择题

1．以下关于函数模板的叙述中正确的是（　　）。

A．函数模板也是一个具体类型的函数

B．函数模板的类型参数与函数的参数是同一个概念

C．通过使用不同的类型参数，函数模板可以生成不同类型的函数

D．用函数模板定义的函数没有类型

2．定义函数模板时，使用的关键字是（　　）。

A．inline　　B．template　　C．class　　D．operator

3．下列关于函数模板和模板函数的描述中，错误的是（　　）。

A．函数模板是一组函数的模板

B．模板函数是一个实在的函数

C．函数模板是定义重载函数的一种工具

D．模板函数在编译时不生成可执行代码

4．已知函数模板定义为 template<class T> T max(T a,T b) { return a>b?a:b; }，下述描述中，错误的是（　　）。

A．该函数有一个模板参数

B．该函数模板生成的模板函数中，其参数和返回值的类型必须相同

C．该函数模板生成的模板函数中，其参数和返回值的类型可以不同

D．T 类型所允许的类型范围应对运算符“>”的操作有意义

5．已知函数模板定义为 template <class T> T max(T a,T b) {return a>b?a:b; }，不可能生成的模板函数是（　　）。

A．int max(int,int)　　　　B．double max(double,double)

C．char max(char,char)　　　　D．double max(int,double)

6．下列关于类模板的描述中，错误的是（　　）。

A．定义类模板时只允许有一个模板参数

B．类模板的成员函数的实现应与函数模板相似

C．由类模板生成模板类时，应给出模板参数被替代的类型

D．类模板描述一组类

7．已知类模板定义为 template<class ST> class A {publuc: A(int i){d=i;} ST d; }，下列关于模板类对象的定义中，正确的是（　　）。

A．A<ST> a(5);　　　　B．A<class ST> a(5);

C．A<int> a(5);　　　　D．A<class int> a(5);

二、填空题

1．当在同一个程序中存在一个普通函数是一个函数模板的重载函数时，则与函数调用表达式相符合的________将被优先调用执行。

2．当一个函数调用表达式只能与一个函数模板相符合时，将首先根据函数模板生成一个________，然后再调用它。

三、分析题

1．分析以下程序的执行结果。

```
#include<iostream.h>
template<class T>
class Sample
{
    T n;
public:
    Sample(T i){n=i;}
    void operator++();
    void disp(){cout<<"n="<<n<<endl;}
};
template <class T>
```

```
void Sample<T>::operator++()
{
    n+=1;
}
void main()
{
    Sample<char> sc('a');
    sc++;
    sc.disp();
    Sample<double> sd(3.4);
    sd++;
    sd.disp();
}
```

2．分析以下程序的执行结果。

```
#include<iostream.h>
template<class    Type>
void Disp(Type,Type)
{
    cout<<"函数模板"<<endl;
}
void Disp(double,double)
{
        cout<<"一般函数(d,d)"<<endl;
}
void Disp(double,int)
{
    cout<<"一般函数(d,i)" <<endl;
}
void main()
{
    int ival=0;
    double dval=0.8;
    float fd=0.5f;
    Disp(0,ival);
    Disp(0.25,dval);
    Disp(0,fd);
    Disp(0,'J');
}
```

3．分析以下程序的执行结果。

```
#include<iostream.h>
template<class T>
class Sample
{
    T n;
public:
    Sample(){}
```

```
	Sample(T i){n=i;}
	Sample<T>&operator+(Sample<T>&);
	void disp(){cout<<"n="<<n<<endl;}
};
template<class T>
Sample<T>&Sample<T>::operator+(Sample<T>&s)
{
	Sample<T> temp;
	temp.n=n+s.n;
	return temp;
}
void main()
{
	Sample<int>s1(10),s2(20),s3;
	s3=s1+s2;
	s3.disp();
}
```

四、程序设计题

1．设计一个函数模板求 x^3，并以整型和双精度型进行调用。

2．设计一个函数模板，分别求出一维数组中所有正数元素的个数和所有负数元素的个数。以整型和双精度型进行调用。

第 12 章　文件的输入和输出

前面章节中进行输入/输出时，都是以系统指定的标准设备为对象的，即从键盘输入数据，将处理结果输出到显示器。但是更多的时候需要用到文件，即待处理的数据已经存放在了文件中，需要从文件输入；处理的结果需要长期保存在文件中，而不是只输出到显示器。这时需要研究文件的输入与输出，简称文件 I/O。

12.1　文件流介绍

文件是存放在硬盘、软盘等外部存储介质上的数据集合。操作系统是以文件为单位对数据进行管理的。文件就像数据仓库一样，大小可以变化，并且支持随机访问。通常文件大小是以字节为单位计算的。每一个文件都有一个唯一的文件名，使用文件前首先要打开文件，使用完后要关闭文件。

C++对文件的操作是通过文件流类来实现的，为了使用这些文件流类，需要用#include 预编译指令将 fstream.h 文件包含进来。文件流按照它们的用途不同可分为 3 种：输入流、输出流和输入/输出流。要在程序里使用它们，必须定义相应的对象，如：

```
ifstream    inputFile;          //定义一个文件输入流对象
ofstream    outputFile;         //定义一个文件输出流对象
fstream     inputFile;          //定义一个文件输入/输出流对象
```

说明： 以上的流类继承自 istream、ostream 和 iostream 类，而 istream、ostream 和 iostream 类又继承自 ios 类。为了避免初学者陷入复杂且枯燥的类之间继承关系的讲解，所以关于类之间的继承关系和相关知识，本书不做讲解，有兴趣的读者可以查阅其他相关资料。

12.2　文件的打开与关闭

C++中，如果要使用文件，无论是读取文件还是写入文件，都需要先打开文件。所谓打开文件，即是 12.1 节中介绍的在流与文件之间建立映射。

open()函数是打开文件所使用的函数，它是文件流的方法。在定义文件流对象后，可以通过调用文件流对象的 open()方法来打开一个文件进行读或者写的操作。

open()函数的函数原型为：

```
void open(const char * filename, int mode, int prot=filebuf::openprot);
```

其中，函数形参 filename 是要打开的文件名称，可以带绝对或者相对路径说明；形参 mode 是文件打开模式，由一些流基类 ios 类的成员说明，文件打开模式的取值如表 12-1 所示。

表 12-1　文件打开模式的取值

取　值	作　用
ios::in	打开文件用于读操作
ios::out	打开文件用于写操作
ios::ate	打开文件，并把文件指针定位到文件尾部
ios::app	所有新写入文件内容都添加到文件尾部
ios::trunc	如果文件存在，则清空该文件
ios::nocreate	只有文件已经存在情况下才能打开文件，否则失败
ios::noreplace	只有文件不存在情况下才能打开文件，否则失败
ios::binary	以二进制（非文本）形式打开文件

说明：对于 ifstream 流，mode 默认值为 ios::in；对于 ofstream 流，mode 默认值为 ios::out。mode 参数可以使用按位或运算符“|”将多重选择组合在一起，如以二进制只读方式打开文件，mode 参数可以写为 ios::in|ios::binary。

形参 prot 决定了文件的访问方式，有 0（普通文件）、1（只读文件）、2（隐含文件）和 4（系统文件）等取值，一般情况下程序员不用显式设置 prot 的值而是使用默认值。如：

```
ofstream   outfile;
outfile.open("student.dat", ios::binary);
```

表示以二进制方式打开当前目录下的文件 student.dat 用于写文件操作。

除了显式调用 open()函数进行文件的打开操作外，还可以通过文件流的构造函数在定义对象的同时打开指定文件，下面的代码也可以二进制形式打开当前目录下的 student.dat 文件用于写操作。

```
ofstream outfile("student.dat", ios::binary);
```

由于文件操作涉及到对外设的操作，所以不能保证总是成功的，一般应使用异常处理以提高程序的健壮性。如果打开文件失败，文件流类中重载的运算符“!”将返回非 0 值，可以根据它来检测打开文件是否成功，如：

```
ifstream inputfile("student.dat");
if (! inputfile)
{
      //打开文件出错，错误处理代码
}
```

每个文件流类都有可用来显式关闭文件的 close()成员函数，当打开的文件使用完毕后，必须使用该函数将文件关闭。如：

```
ofstream outfile("student.dat"):
…
```

```
outfile.close();
```

12.3 文件的输入和输出

在 C++中可以通过多种方法读写文件，包括使用流运算符直接读写文件和使用流的成员函数读写文件。

12.3.1 使用流运算符读写文件

由于流插入运算符“<<”和流提取运算符“>>”都已经在 iostream 中被重载为能用于 ostream 和 istream 类对象的输入和输出，而 ofstream 和 ifstream 分别是 ostream 和 istream 类的派生类，所以利用“<<”和“>>”可以实现对磁盘文件的读写。

1. 整数文件的输入和输出

例 12-1 写入几个整数到当前目录下 int.dat 文件中。

程序如下：

```
#include<fstream.h>
int main()
{
    ofstream   outfile("int.dat");
    if (!outfile)
    {
        cout<<"打开写入文件失败！"<<endl;
        return -1;
    }
    outfile<<123<<" "<<456<<" "<<789;
    outfile.close();
    return 0;
}
```

本例中，首先创建了与当前目录下 int.dat 文件关联的 ofstream 流类的对象 outfile，然后使用“<<”运算符把 123、456 和 789 写入到文件中去。可以用编辑程序打开文件 int.dat 来查看程序执行的结果。

例 12-2 读出写入到 int.dat 文件中的 3 个整数。

程序如下：

```
#include<fstream.h>
int main()
{
    ifstream   inputfile("int.dat");
    int x,y,z;
    inputfile>>x>>y>>z;
```

```
    cout <<x<<" "<<y<<" "<<z<<endl;
    inputfile.close();
    return 0;
}
```

2．字符串文件的输入和输出

例 12-3　写入 Hello buddy!到当前目录下 string.dat 文件中。

程序如下：

```
#include<fstream.h>
int main()
{
    ofstream  outfile("string.dat");
    if (!outfile)
    {
        cout<<"打开写入文件失败！"<<endl;
        return -1;
    }
    outfile <<"Hello buddy!";
    outfile.close();
    return 0;
}
```

可以用例 12-4 的代码读出写入到 string.dat 文件中的字符串。

例 12-4　从文件中读出字符串。

```
#include <fstream.h>
int main()
{
    ifstream  inputfile("string.dat");
    char str1[1024],str2[1024];
    inputfile>>str1>>str2;
    cout<<str1<<" "<<str2<<endl;
    inputfile.close();
    return 0;
}
```

3．对象文件的输入和输出

例 12-5　建立一个雇员类，并把其数据保存在 employee.dat 文件中。

程序如下：

```
#include<fstream.h>
class employee
{
private:
    int employee_id;
```

```
        char employeeName[20];
        char address[256];
public:
        void setId()
        {
              cout<<"\n 输入雇员编号：";
              cin>>employee_id;
        }
        void setName()
        {
              cout<<"\n 输入雇员姓名：";
              cin>>employeeName;
        }
        void setAddress()
        {
              cout<<"\n 输入雇员地址：";
              cin>>address;
        }
        int getId()
        {
              return employee_id;
        }
        char *getAddress()
        {
              return address;
        }
        char *getName()
        {
              return employeeName;
        }
};
void main()
{
        ofstream outfile("employee.dat");
        char ch;
        employee empVar;
        empVar.setId();
        empVar.setName();
        empVar.setAddress();
        outfile<<empVar.getId()<<""<<empVar.getName()<<""<<empVar.getAddress();
        outfile.close();
        cout<<"\n 是否查看文件内容(y/n)?";
        cin>>ch;
        if(ch=='y')
        {
              ifstream infile("employee.dat");
              char id,   name[20], addr[256];
              infile>>id>>name>>addr;
              cout<<"\n 雇员编号："<<id<<"\n 雇员姓名:"<<name<<"\n 雇员地址:"<<addr<<endl;
        }
}
```

12.3.2　使用流的成员函数读写文件

除了使用流运算符直接读写文件外，更多的时候是使用流的成员函数进行文件读写操作，这些成员函数分为输出流成员函数和输入流成员函数，分别用于文件的写入和读取操作。

1．常用的输入流成员函数

（1）get()函数

get()函数用于读入一个字符，有 3 种形式：无参数的、有一个参数的和有 3 个参数的。

① 不带参数的 get()函数

不带参数的 get()函数的用法为：

```
get(),
```

其返回值即读取的字符，若遇到输入流中的文件结束符，则函数值返回文件结束标志 EOF（End Of File），一般以-1 代表 EOF（用-1 而不用 0 或正值，是考虑到不与字符的 ASCII 代码混淆，但不同 C++系统所用的 EOF 值有可能不同）。

例 12-6　从文件 string.dat 中读取每一个字符并显示在屏幕上。

```
#include<fstream.h>
int main()
{
	char c;
	ifstream inputfile("string.dat");
	while((c=inputfile.get())!=EOF) cout<<c;
	cout<<endl;
	inputfile.close();
	return 0;
}
```

② 有一个参数的 get()函数

有一个参数的 get()函数的用法为：

```
get(char ch)
```

其中，ch 为读取的字符。

可以将读入的字符直接存储于参数字符变量中，如果读取成功，则函数返回非 0 值（真）；如失败（遇文件结束符），则函数返回 0 值（假）。

例 12-7　使用一个参数的 get()函数实现例 12-6。

程序如下：

```
#include<fstream.h>
int main()
{
```

```
    char c;
    ifstream inputfile("string.dat");
    while(inputfile.get(c)) cout<<c;
    cout<<endl;
    inputfile.close();
    return 0;
}
```

③ 有 3 个参数的 get()函数。

有 3 个参数的 get()函数可以一次性读入指定个数的字符，直到读取完全部指定个数的字符或者遇到指定的结束符为止。

（2）getline()成员函数

getline()函数的作用是从输入流中读取 n−1 个字符，赋给指定的字符指针指向的数组 str（或字符数组），如果在读取 n−1 个字符之前遇到指定的终止字符 ch，则提前结束读取。如果读取成功则函数返回非 0 值（真）；如失败（遇文件结束符），则函数返回 0 值（假）。其用法为：

```
getline(char *str，int n，char ch)
```

其中，str 为保存读取结果的字符数组；n 为读取字符个数；ch 为结束字符。

例 12-8　从文件 string.dat 中读取多个字符并显示在屏幕上。

程序如下：

```
#include<fstream.h>
int main()
{
    char str[20];
    ifstream inputfile("string.dat");
    inputfile.getline(str, 20, '\n');              //读 19 个字符或遇'\n'结束
    cout<<str<<endl;
    inputfile.close();
    return 0;
}
```

注意：用 getline()函数从输入流读字符时，遇到终止标识字符时结束，指针移到该终止标识字符之后，下一个 getline()函数将从该终止标志的下一个字符开始接着读入。如果用 get()函数从输入流读字符，遇终止标识字符时停止读取，指针不向后移动，仍然停留在原位置，下一次读取时仍从该终止标识字符开始。这是 getline()函数和 get()函数的不同之处。因此用 get()函数时要特别注意，必要时用其他方法跳过终止标识字符（如用下面介绍的 ignore()函数），但一般来说还是用 getline()函数更方便。

（3）eof 成员函数

eof()成员函数用于判断是否到达文件尾。eof 是 end of file 的缩写，表示文件结束。从输入流读取数据时，如果到达文件末尾（遇文件结束符），eof 函数值为非 0 值（表示真），

否则为 0（假）。

（4）read()成员函数

read()函数的作用是从输入流中读取多个字节的数据。其用法为：

```
read(char *addr，int size)
```

其中，addr 是要读入文件到数组的指针，此数组必须为字符类型，因此，如果任何其他地址类型作为第一个参数传递，必须类型强制转换为字符指针；size 为要读入的字节个数。read()函数除了可用于字符数据的读取外，还可以用于数字或者二进制数据的读取。

2．常用的输出流成员函数

（1）put()成员函数

put()函数用于把一个字符写到输出流中。其用法为：

```
put(char ch)
```

其中，参数 ch 为要写入到输出流中的字符。

例 12-9　复制文件 source.dat 的内容到文件 object.dat 中。

程序如下：

```
#include<fstream.h>
void main()
{
    char c;
    ifstream inputfile("source.dat");
    ofstream outputfile("object.dat");
    while((c=inputfile.get())!=EOF)  outputfile.put(c);
    inputfile.close();
    outputfile.close();
    return 0;
}
```

（2）write()成员函数

write()函数用于把内存中的一块内容写到输出流中。其用法为：

```
write(char *addr, int size)
```

其中，addr 是要写入的数组的指针，此数组必须为字符类型，因此，如果任何其他地址类型作为第一个参数传递，必须类型强制转换为字符指针；size 为要写入的字节个数。和 read()成员函数一样，write()函数除了可用于字符数据的写入外，还可以用于数字或者二进制数据的写入操作。

例 12-10　写入 Hello buddy!字符串到当前目录下的文件 object.dat 中。

程序如下：

```
#include<fstream.h>
```

```
#include <string.h>
int main()
{
    char str[1024];
    strcpy(str, "Hello buddy!");
    ofstream outputfile("object.dat");
    if (!outputfile)
    {
        cout<<"打开写入文件失败！"<<endl;
        return -1;
    }
    outputfile.write(str, strlen(str));
    outputfile.close();
    return 0;
}
```

12.4 文本文件的读写

文本文件是指内容为ASCII码的文件，对文本文件进行处理时，将自动做一些字符转换，如输出换行字符时，自动转换为回车与换行两个字符存入该文本文件；读取文本文件时，则自动将回车与换行字符合并为一个换行字符。因此，内存中的文件内容与写入文件的内容之间不再是一一对应关系。下面是关于文本文件写入和读取的示例。

例 12-11　向文件 object.dat 中写入字符串“Hello buddy!”，然后从文件中读取该字符串并显示在屏幕上。

程序如下：

```
#include<fstream.h>
int main()
{
    char str[1024];
    ofstream outfile("object.dat");
    if (!outfile)
    {
        cout<<"打开写入文件失败！"<<endl;
        return (-1);
    }
    outfile<<"Hello buddy!";
    outfile.close();
    ifstream inputfile("object.dat");
    if (!inputfile)
    {
        cout<<"打开读取文件失败！"<<endl;
        return (-2);
    }
```

```
        inputfile>>str;
        inputfile.close();
        cout<<str<<endl;
        return(0);
}
```

例 12-11 中，在当前目录下创建文件 object.dat，然后以文本文件格式写入“Hello buddy!”字符串到该文件中。可以尝试使用任何编辑软件打开该文件，都能看到写入的“Hello buddy!”内容。最后以读方式打开该文件，将数据读入 str 数组中，由于遇到空格终止，所以最后只显示 Hello。

12.5　二进制文件的读写

二进制文件不同于文本文件，它可以处理各种类型的文件（包括文本文件）。二进制文件的读写操作不需要做类似于文本文件的转换，而直接是内存和文件之间的一一映射。通常使用 read()和 write()成员函数来处理二进制文件。

例 12-12　创建一个雇员类的对象，将其写入文件 object.dat 中，并从该文件中读出刚才写入的雇员对象并显示出来。

程序如下：

```
#include<fstream.h>
class employee
{
        private:
                int employee_id;
                char employeeName[20];
                char address[256];
        public:
                void setId()
                {
                        cout<<"\n 输入雇员编号：";
                        cin>>employee_id;
                }
                void setName()
                {
                        cout<<"\n 输入雇员姓名：";
                        cin>>employeeName;
                }
                void setAddress()
                {
                        cout<<"\n 输入雇员地址：";
                        cin>>address;
                }
                int getId()
```

```
            {
                return employee_id;
            }
            char * getAddress()
            {
                return address;
            }
            char * getName()
            {
                return employeeName;
            }
};

int main()
{
        ofstream outfile("object.dat", ios::binary);
        if( !outfile)
            return (-1);
        char ch;
        employee W_empVar;
        W_empVar.setId();
        W_empVar.setName();
        W_empVar.setAddress();
        outfile.write((char *)&W_empVar, sizeof(employee));
        outfile.close();
        cout<<"\n 是否查看文件内容(y/n)?";
        cin>>ch;
        if(ch=='y')
        {
            ifstream inputfile("object.dat", ios::binary);
            if(!inputfile)    return(-2);
            employee R_empVar;
            inputfile.read((char *)&R_empVar, sizeof(employee));
            cout<<"\n  雇员编号:"<<R_empVar.getId()<<"\n  雇员姓名："<< R_empVar.getName()
<<"\n 雇员地址："<< R_empVar.getAddress()<<endl;
            inputfile.close();
        }
        return(0);
}
```

例 12-12 中，由于是使用二进制方式写入文件 object.dat 的，所以使用编辑软件打开文件 object.dat 后，是看不到类似文本的文件内容的。

12.6 文件的随机读写

到目前为止，前面的实例中，对文件的读写不论是文本方式还是二进制方式，都是从

当前读取文件内容位置开始向下按顺序读写的。但是在实际应用中，处理文件并不总是按顺序进行的，有时需要从规定的位置读写文件内容，这就涉及到文件的随机读写操作。

C++中，每一个打开的文件都有两个指针，即读指针和写指针，它们分别指定读取文件和写入文件的当前位置，每次执行读写操作后，相应的读/写指针将向后移动。程序员可以通过人为操作设置读/写指针的位置，以实现随机读写文件内容的目的。下面介绍输入/输出流类中关于读/写指针操作的成员函数。

12.6.1　输出流写指针操作函数

1．seekp()成员函数

seekp()成员函数用于设置写指针，指出下一次写数据的位置。它有两种形式：有一个参数的和有两个参数的。

（1）带一个参数的 seekp()函数

带一个参数的 seekp()函数的用法为：

```
seekp(long streampos)
```

其中，streampos 为以字节为单位的写指针的绝对位置，即从输出流的起始处算起的位置。

（2）带两个参数的 seekp()函数

带两个参数的 seekp()函数的用法为：

```
seekp(long streampos，int cur)
```

其中，streampos 为以字节为单位的写指针的相对位置；cur 为参照位置，它指定 streampos 从何处开始计算，有如下 3 个取值：

① ios::cur：1，相对于当前写指针所指定的位置。

② ios::beg：0，相对于输出流的开始位置。

③ ios::end：2，相对于输出流的结尾位置。

2．tellp()成员函数

tellp()成员函数返回当前写指针的位置，其用法为：

```
tellp()
```

tellp()成员函数返回的是一个长整型数据，该数就是以字节为单位的当前写指针所在位置。

12.6.2　输入流读指针操作函数

1．seekg()成员函数

seekg()成员函数用于设置读指针，指出下一次从输入流的什么位置开始读取数据。成员函数 seekg()有两种形式：有一个参数的和两个参数的。

（1）带一个参数的seekg()函数

带一个参数的seekg()函数的用法为：

```
seekg(long streampos)
```

其中，streampos为以字节为单位的读指针的绝对位置，即从输入流的起始处算起的位置。

（2）带两个参数的seekg()函数

带两个参数的seekg()函数的用法为：

```
seekg(long streampos, int cur)
```

其中，streampos 为以字节为单位的读指针的相对位置；cur 为参照位置，它指定streampos从何处开始计算，有如下3个取值：

① ios::cur：1，相对于当前读指针所指定的位置。

② ios::beg：0，相对于输入流的开始位置。

③ ios::end：2，相对于输入流的结尾位置。

2．tellg()成员函数

tellg()成员函数返回当前输入流读指针的位置，其用法为：

```
tellg()
```

tellg()成员函数返回的是一个长整型数据，该数就是以字节为单位的当前输入流读指针所在位置。

例12-13　在雇员文件employee.dat中输入几个雇员的信息，并根据用户输入的雇员编号显示对应的雇员的详细信息。

程序如下：

```
#include<fstream.h>
#include<string.h>
class employee
{
	private:
		int employee_id;
		char employeeName[20];
		char address[256];
	public:
		employee() {}
		employee(int id, char *name, char *addr)
		{
			employee_id=id;
			strcpy(employeeName, name);
			strcpy(address, addr);
		}
		void disp_employee()
		{
```

```
            cout<<"\n 雇员编号："<<employee_id<<"\n 雇员姓名:"<<employeeName<<"\n 雇员
地址:"<<address<<endl;
        }
        int isFound(int id)
        {
            if(employee_id == id)
                return 1;
            else
                return 0;
        }
};

int main()
{
    employee eVar1;
    employee eVar2(1000,  "张三",   "河北");
    employee eVar3(1000,  "李四",   "河南");
    employee eVar4(1000,  "王五",   "山西");
    employee eVar5(1000,  "马六",   "四川");
    employee eVar6(1000,  "田七",   "西藏");
    fstream iofile("employee.dat",  ios::trunc|ios::binary);
    if( ! iofile )  return(-1);
    iofile.write((char *)&eVar2, sizeof(employee));
    iofile.write((char *)&eVar3, sizeof(employee));
    iofile.write((char *)&eVar4, sizeof(employee));
    iofile.write((char *)&eVar5, sizeof(employee));
    iofile.write((char *)&eVar6, sizeof(employee));
    iofile.seekg(0l, ios::beg);
    int id;
    cout<<"输入查询雇员编号：";
    cin>>id;
    int i;
    for(i=0; i<5; i++)
    {
        iofile.read((char *)&eVar1, sizeof(employee));
        if( eVar1.isFound(id))
        {
            eVar1.disp_employee();
            break;
        }
        else
            continue;
    }
    iofile.close();
    if ( i == 5 )
        cout<<"\n 无此编号雇员!"<<endl;
    return(0);
}
```

12.7 小　　结

本章主要学习了以下内容。

（1）文件可以定义为字符流或相关数据流，有两种类型：

① 输出流，允许写出或者存储数据。

② 输入流，允许读入或者取出数据。

（2）文件流类的组成，包括 ifstream、ofstream 和 fstream。

（3）文件的打开与关闭。一个文件在使用之前要打开，在使用完后要关闭，分别采用 open()和 close()成员函数来实现。

（4）文件流类的常用成员函数有 get()、getline()、eof()、put()、read()和 write()等。

（5）文本文件和二进制文件的输入和输出方法。

（6）随机读取文件。与随机读取相关的成员函数有 seekp()、tellp()、seekg()和 tellg()。

12.8 上 机 实 践

1．编写一个程序 cpfile，实现文本文件的复制功能。

程序如下：

```
#include<iostream.h>
#include<fstream.h>
int main(int argc, char *argv[])
{
    if(argc != 3)
    {
        cout<<"用法：cpfile  源文件   目标文件"<<endl;
        return -1;
    }
    ifstream   ifile(argv[1]);
    if(!ifile)
    {
        cout<<"源文件打开失败！"<<endl;
        return -1;
    }
    ofstream   ofile(argv[2]);
    if(!ofile)
    {
        cout<<"目标文件打开失败！"<<endl;
        return -1;
    }
    char ch;
    while (ifile.get(ch))
```

```
            ofile.put(ch);
        ifile.close();
        ofile.close();
        return 0;
}
```

2．下面是一个应用代码，功能是计算例 12-13 中生成的雇员文件 employee.dat 中雇员的人数及雇员文件的大小。该程序代码有几处错误，试进行调试，使其得到正确的结果。

程序如下：

```
#include<fstream.h>
class employee
{
    private:
        int employee_id;
        char employeeName[20];
        char address[256];
    public:
        employee() {}
        employee(int id, char *name, char *addr)
        {
            employee_id=id;
            strcpy(employeeName, name);
            strcpy(address, addr);
        }
        void disp_employee()
        {
            Cout<<"\n 雇员编号："<<employee_id<<"\n 雇员姓名："<<employeeName<<"\n 雇
员地址："<<address<<endl;
        }
        int isFound(int id)
        {
            if(employee_id == id)
                return 1;
            else
                return 0;
        }
};

int main()
{
    fstream ifile("employee.dat",   ios::in|ios::binary);
    ifile.seekg(0, ios::beg);
    int fileSize;
    fileSize=ifile.tellp();
    cout<<"\n 雇员文件大小："<<fileSize<<endl;
    cout<<"\n 雇员文件中共有："<<fileSize/sizeof(employee)<<"个雇员资料"<<endl;
        return 0;
}
```

习　　题

一、单项选择题

1. 在 fstream 类中，有一个成员函数 open()，是用来打开文件的，其原型是 void open(const char* filename,int mode,int access);，关于该函数的参数 access 正确的是（　　）。

　　A．ios::app：文件打开后定位到文件尾　　B．ios::binary：以二进制方式打开文件

　　C．ios::in：文件以输出方式打开　　　　D．ios::out：文件以输入方式打开

2．关于文件定位，下面选项中错误的是（　　）。

　　A．seekp(long streampos, int cur) 是用于输入流的定位函数

　　B．seekg(long streampos) 该函数执行后，读指针定位到距离文件末尾 streampos 个字节的位置

　　C．tellg()成员函数返回当前输入流读指针的位置

　　D．seekg(long streampos，　int cur)函数调用时，cur 参数可选项为 1、2、3

3．下列选项中正确的是（　　）。

　　A．file1.seekg(1234,ios::cur);　　//把文件的写指针从当前位置向后移 1234 个字节

　　B．file1.seekp(1234,ios::beg);　　//把文件的写指针从文件开头向后移 1234 个字节

　　C．file1.seekg(1024,ios::end);　　//把文件的读指针从文件末尾向前移 1024 个字节

　　D．file1.seekg(1234,1);　　　　　//把文件的读指针从当前位置向后移 1234 个字节

二、填空题

1．fstream 类中打开文件的函数名为________，该函数的 3 个参数分别描述要打开文件的__________、__________和__________。

2．open()函数打开文件的属性参数 access 可取值为____________、____________、______________和______________，表示的含义分别为______________、______________、________________和________________。

3．对于一个打开的 ifstream 对象，测试是否读到文件尾的函数是_________。

4．用 get()函数读取文件内容，到达文件尾时，返回____________。

5．C++的文件定位分为读位置和写位置的定位，与之相对应的成员函数分别是______和________。

6．对于定位函数 seekg(long streampos, int cur)，当希望从文件起始位置定位到文件的第 100 个字节时，cur 参数应该设置为________。

三、程序设计题

1．编写一个电话簿应用程序，在电话簿文件中保存几个人的电话号码、姓名和邮件等详细信息，并实现根据用户输入的个人姓名查找对应人详细信息的功能。

2．创建铁路订票系统的一部分应用程序，实现如下功能：

（1）接收乘客资料。

（2）将接收的乘客资料保存到文件中。

（3）显示乘客资料文件中的乘客详细信息。

3. 编写一个应用程序，实现反向顺序读入任何现有文本文件的内容，并显示在屏幕上。

附录 I　C++中运算符的优先级与结合性

<table>
<tr><th>优先级</th><th>运算符</th><th>含义</th><th>结合性</th></tr>
<tr><td>1</td><td>::</td><td>域运算符</td><td>从左到右</td></tr>
<tr><td>2</td><td>()
[]
->
.
++
--</td><td>括号
下标运算符
指向运算符
成员运算符
后缀自增运算符
后缀自减运算符</td><td>从左到右</td></tr>
<tr><td>3</td><td>!
~
++
--
-
*
&
(类型)
sizeof
new
delete</td><td>逻辑非
按位取反运算符
前缀自增运算符
前缀自减运算符
负号运算符
指针运算符
取地址运算符
类型转换运算符
长度运算符
动态分配空间运算符
释放空间运算符</td><td>从右到左</td></tr>
<tr><td>4</td><td>*
/
%</td><td>乘法运算符
除法运算符
求余运算符</td><td>从左到右</td></tr>
<tr><td>5</td><td>+
-</td><td>加法运算符
减法运算符</td><td>从左到右</td></tr>
<tr><td>6</td><td><<
>></td><td>按位左移运算符
按位右移运算符</td><td>从左到右</td></tr>
<tr><td>7</td><td><、<=、>、>=</td><td>关系运算符</td><td>从左到右</td></tr>
<tr><td>8</td><td>==
!=</td><td>等于运算符
不等于运算符</td><td>从左到右</td></tr>
<tr><td>9</td><td>&</td><td>按位与运算符</td><td>从左到右</td></tr>
<tr><td>10</td><td>^</td><td>按位异或运算符</td><td>从左到右</td></tr>
<tr><td>11</td><td>|</td><td>按位或运算符</td><td>从左到右</td></tr>
<tr><td>12</td><td>&&</td><td>逻辑与运算符</td><td>从左到右</td></tr>
<tr><td>13</td><td>||</td><td>逻辑或运算符</td><td>从左到右</td></tr>
<tr><td>14</td><td>? :</td><td>条件运算符</td><td>从右到左</td></tr>
<tr><td>15</td><td>=
+=、-=、*=、/=、%=、
&=、^=、|=、<<=、>>=</td><td>简单赋值运算符
复合赋值运算符</td><td>从右到左</td></tr>
<tr><td>16</td><td>,</td><td>逗号运算符</td><td>从左到右</td></tr>
</table>

附录 II　ASCII 码表

八 进 制	十六进制	十 进 制	字 符	八 进 制	十六进制	十 进 制	字 符
00	00	0	nul	100	40	64	@
01	01	1	soh	101	41	65	A
02	02	2	stx	102	42	66	B
03	03	3	etx	103	43	67	C
04	04	4	eot	104	44	68	D
05	05	5	enq	105	45	69	E
06	06	6	ack	106	46	70	F
07	07	7	bel	107	47	71	G
10	08	8	bs	110	48	72	H
11	09	9	ht	111	49	73	I
12	0a	10	nl	112	4a	74	J
13	0b	11	vt	113	4b	75	K
14	0c	12	ff	114	4c	76	L
15	0d	13	er	115	4d	77	M
16	0e	14	so	116	4e	78	N
17	0f	15	si	117	4f	79	O
20	10	16	dle	120	50	80	P
21	11	17	dc1	121	51	81	Q
22	12	18	dc2	122	52	82	R
23	13	19	dc3	123	53	83	S
24	14	20	dc4	124	54	84	T
25	15	21	nak	125	55	85	U
26	16	22	syn	126	56	86	V
27	17	23	etb	127	57	87	W
30	18	24	can	130	58	88	X
31	19	25	em	131	59	89	Y
32	1a	26	sub	132	5a	90	Z
33	1b	27	esc	133	5b	91	[
34	1c	28	fs	134	5c	92	\
35	1d	29	gs	135	5d	93	]
36	1e	30	re	136	5e	94	^
37	1f	31	us	137	5f	95	_
40	20	32	sp	140	60	96	'
41	21	33	!	141	61	97	a

续表

八 进 制	十六进制	十 进 制	字 符	八 进 制	十六进制	十 进 制	字 符
42	22	34	"	142	62	98	b
43	23	35	#	143	63	99	c
44	24	36	$	144	64	100	d
45	25	37	%	145	65	101	e
46	26	38	&	146	66	102	f
47	27	39	`	147	67	103	g
50	28	40	(	150	68	104	h
51	29	41	)	151	69	105	i
52	2a	42	*	152	6a	106	j
53	2b	43	+	153	6b	107	k
54	2c	44	,	154	6c	108	l
55	2d	45	-	155	6d	109	m
56	2e	46	.	156	6e	110	n
57	2f	47	/	157	6f	111	o
60	30	48	0	160	70	112	p
61	31	49	1	161	71	113	q
62	32	50	2	162	72	114	r
63	33	51	3	163	73	115	s
64	34	52	4	164	74	116	t
65	35	53	5	165	75	117	u
66	36	54	6	166	76	118	v
67	37	55	7	167	77	119	w
70	38	56	8	170	78	120	x
71	39	57	9	171	79	121	y
72	3a	58	:	172	7a	122	z
73	3b	59	;	173	7b	123	{
74	3c	60	<	174	7c	124	|
75	3d	61	=	175	7d	125	}
76	3e	62	>	176	7e	126	~
77	3f	63	?	177	7f	127	del